分数阶系统高阶逻辑形式化验证

赵春娜　蒋慕蓉　著

科学出版社

北京

内 容 简 介

本书是分数阶系统与高阶逻辑形式化验证的基础理论研究著作。分数阶系统是建立在分数阶微积分方程理论上实际系统的数学模型。分数阶微积分方程是扩展传统微积分学的一种直接方式，即允许微积分方程中对函数的阶次选择分数，而不仅是现有的整数。分数阶微积分不仅为系统科学提供了一个新的数学工具，它的广泛应用也表明了实际系统动态过程本质上是分数阶的。高阶逻辑形式化验证是形式化验证方法的一种，它是一种人机交互的定理证明方法。本书以分数阶微积分和高阶逻辑形式化验证为切入点，系统性研究了分数阶系统的求解、近似化、控制器设计与高阶逻辑形式化分析验证等内容。

本书填补了分数阶系统的高阶逻辑形式化验证研究著作方面的空白，可供数学、控制科学、形式化验证等相关学科的学生、科技工作者和教师参考。

图书在版编目(CIP)数据

分数阶系统高阶逻辑形式化验证 / 赵春娜，蒋慕蓉著. —北京：科学出版社，2023.9
　　ISBN 978-7-03-062206-8

Ⅰ.①分…　Ⅱ.①赵…　②蒋…　Ⅲ.①微积分-研究　Ⅳ.①O172

中国版本图书馆 CIP 数据核字(2019)第 188440 号

责任编辑：孟　锐　雷　蕾 / 责任校对：彭　映
责任印制：罗　科 / 封面设计：墨创文化

科 学 出 版 社 出版
北京东黄城根北街16号
邮政编码：100717
http://www.sciencep.com

成都锦瑞印刷有限责任公司 印刷
科学出版社发行　各地新华书店经销

*

2023 年 9 月第 一 版　　开本：787×1092 1/16
2023 年 9 月第一次印刷　　印张：18 1/2
字数：439 000

定价：149.00 元
(如有印装质量问题，我社负责调换)

前　言

分数阶系统是建立在分数阶微积分以及分数阶微积分方程理论上实际系统的数学模型。分数阶微积分方程是扩展传统微积分学的一种直接方式，即允许微积分方程中对函数求导或求积分阶次选择分数，而不是现有的整数。分数阶微积分不仅为系统科学提供了一个新的数学工具，它的广泛应用也表明了实际系统动态过程本质上是分数阶的。

在科学发展的过程中，很多进展都来源于所谓"in between"（这里指在整数之间，存在分数）的思想，例如，模糊逻辑在传统康托尔(Cantor)集合的[0,1]值之间引入了隶属度的概念，基于该理论的模糊控制理念无论在理论还是在实际应用中都有着重大的意义。分数阶微积分学理论也是基于这样的"in between"思想，该领域的研究将使得微积分学的研究范围进一步扩展。分数阶系统更准确描述系统动态过程，将使得人们更好地理解客观世界，对科学与工程领域的进展起着重要的作用。

高阶逻辑形式化验证是形式化验证方法的一种，它是一种人机交互的定理证明方法。形式化验证方法为分数阶系统的分析提供了一种高可靠的分析方法。形式化验证方法是基于严格的数学知识的，因为数学理论严谨的逻辑性、规律性和确定性，使得这种方法能克服传统方法精确度不高的缺点，并且分析结果的准确性不依赖测试用例，能保证分析的正确性和可靠性。定理证明将系统及其属性都形式化为数学模型，再由数学模型转换为逻辑模型，从逻辑上判断设计的正确性，是最为严格和规范的方法，结论的可信度也最高。

多年来，作者一直从事分数阶系统和形式化验证方面的研究，在分数阶系统的求解、近似化、控制器设计与高阶逻辑形式化验证等方面有一些成果。本书从分数阶系统的近似求解等方法入手，由最简单的成比例分数阶系统，再到一般的分数阶系统的分析与设计，层次清楚，条理清晰。针对过程控制中应用最广泛的比例-积分-微分(proportional-integral-derivative，PID)控制器进行扩展，提出性能更好的分数阶 PID 控制器及整定方法，将对过程工业控制有重要的理论意义和巨大的应用前景。引入形式化验证的方法分析分数阶系统，确保分数阶系统的可靠性与安全性。本书内容涉及科学运算、数学建模、控制系统设计和定理证明等与分数阶系统密切相关的知识，可作为计算机类应用研究型人才培养的教科书或参考书，还可供其他有兴趣的学生、科技工作者和教师作为控制理论、仿真建模等课程的实验辅助教材。

本书的写作与出版得到国家自然科学基金(61862062，61104035)和云南省基金项目的资助。

由于作者水平有限，书中的不妥之处在所难免，欢迎读者批评指正。

作者

2019 年 6 月

目　　录

第1章　分数阶系统概述

现实的世界本质上是分数阶的。分数阶微积分对于我们所能看到的、触摸到的、控制的自然界中的事物具有很大的影响。过去我们用整数阶微积分描述自然界中的事物。但自然界中许多现象依靠传统整数阶微积分方程是不能精确描述的,必须对传统的微积分学进行扩展才能更好地描述、研究这样的现象。分数阶微积分方程是扩展传统微积分学的一种直接方式,即允许微积分方程中对函数的导数阶次选择分数,而不仅是现有的整数。图 1.1 和图 1.2 给出了伊莎贝尔(Isabel)飓风的影像与分数阶微积分方程模型的计算结果,可见这样的现象是不能用整数阶微积分方程模型进行建模和研究的,而分数阶微积分方程则可以较好地描述这种现象。

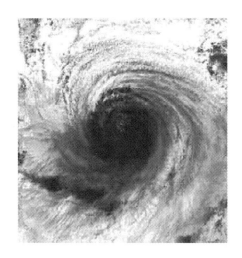

图 1.1　飓风的自然现象

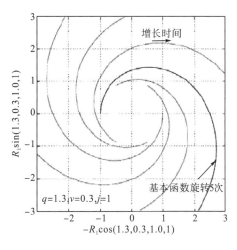

图 1.2　分数阶微积分方程仿真

在科学发展的过程中,很多进展都来源于所谓"中间"(in between)的思想。例如,模糊逻辑在传统的康托尔(Cantor)集合的[0,1]值之间引入了隶属度的概念,基于该理论的模糊控制理念无论在理论还是在实际应用中都有着重大的意义。分数阶微积分学理论也是基于这样的"in between"思想,该领域的研究将使得微积分学的研究范围进一步扩展。分数阶微积分学的引入将使得人们更好地理解客观世界,对科学与工程领域的进展起到重要的作用。

描述自然界现象的数学模型都应该是分数阶的。很多系统由于采用集中参数方式的近似后效果很好,可以用整数阶系统模型近似描述,忽略分数阶因素,故分数阶现象并未引起足够的重视。但在一些实际的系统,如电气、机械、生物工程系统中,分数阶现象是不能忽略的,需要考虑分布参数系统,这类系统在以往研究中通常采用偏微分方程来近似描述,传统的建模仿真和控制设计方法不适合处理这样的偏微分系统,使其难于分析控制。

如果引入分数阶微积分学的建模方法，则很多被偏微分方程描述的过程可以较好地用分数阶系统精确地描述，并且利用分数阶仿真和控制方法来进行准确研究分析。

分数阶微积分学的理论可以追溯到三百多年前微积分学创建者之一莱布尼茨(Leibniz)的工作，但分数阶微积分学在其他领域的应用是近十几年的事，较全面也是广为引用的描述分数阶微积分方程的著作出版于 1999 年[1]，国内的书籍《高等应用数学问题的 MATLAB 求解》是较早介绍分数阶微积分学及其计算的著作[2]。

1.1　分数阶系统简介

分数阶系统是建立在分数阶微积分以及分数阶微积分方程理论上的模型系统。分数阶微积分，指微分、积分的阶次可以是任意的或者说是分数的，它扩展了人们所熟知的整数阶微积分的描述能力。整数阶微积分仅仅决定于函数的局部特征，而分数阶微积分以加权的形式考虑了函数的整体信息，在很多方面应用分数阶微积分的数学模型，可以更准确地描述实际系统的动态响应，提高对于动态系统设计、表征和控制的能力。分数阶微积分积累了函数在一定范围内的整体信息，这也称作记忆性，它在物理、化学与工程中都有应用。分数阶微积分的发展为各个学科的发展提供了新的理论基础，在冶金、化工、电力、轻工和机械等工业过程中都有应用。分数阶微积分对于复杂的、成比例的系统过程和事件提供了更完善的数学模型，在物理、生物工程、控制理论等方面有很多应用。随着工业的发展，对于一些实际模型的建立提出了更高的要求，分数阶微积分方程的引入，使得数学模型变得更加简单准确，分数阶微积分的研究，也越来越受到关注。

过去分数阶微积分还没有广泛应用于系统工程领域，是由于在工程系统的数学模型中还没有广泛使用分数阶微积分，一般的偏微分方程对于动态系统的建立也提供了足够的自由度。近年来，这种情况开始发生变化，分数阶微积分不仅为工程系统提供了新的数学工具，而且特别适合描述动态系统的行为。最近，在漫射、光谱分析、电介质与黏弹性等行为中，一些数学家、物理学家和工程师等已经开始应用分数阶微积分来解决问题。分数阶微积分对于复杂的、成比例的过程和事件提供了更完善的数学模型。在生物工程领域，以前生物工程师很少直接应用分数阶微积分这个数学工具解决当时的生物医学问题。在大多数情况下，他们用传统的整数阶微积分方程为动态系统建模，并研究这些生物过程的控制系统。对于一些情况，这些工具方法是有效的。但是，在生物分子工程、细胞组织工程和神经网络工程的一些新兴领域，那些传统的方法有一定局限性。分数阶动力学遵循分数阶幂函数暂态响应，一些传感神经元就显示了这种活动，生物系统的暂态响应和频率响应数据表明这是一种潜在的分数阶动力学。这就迫使人们将传递函数的模型由整数阶扩展到分数阶，来更好地研究这些行为，分数阶微积分为其提供了一种有效的运算模型。

随着对分数阶微积分理论研究的不断深入，它的应用也越来越广，在力学、物理学、生物工程、分形理论和地震分析等方面都有涉及。第一个用分数阶微积分解决的工程问题是等时曲线问题。1823 年，阿贝尔(Abel)发现了一个微积分方程的解，这个微积分方程包含了当时分数阶微积分的黎曼-刘维尔(Riemann-Liouville)定义。由于当时分数阶微积分算子的不完善、定义的相互矛盾、缺乏统一的运算规则等，使得分数阶微积分在工程中的应用受到限制。直到 19 世纪中期刘维尔(Liouville)、黎曼(Riemann)、格伦瓦尔德(Grunwald)和列特尼科夫(Letnikov)发展了分数阶微积分定义的一般表达式。今天，最常用的分数阶微积分定义就是 Riemann-Liouville 定义和格伦瓦尔德-列特尼科夫(Grunwald-Letnikov)定义，这些定义在工程问题中的应用也经历了很长时间。

在将一些变换如拉普拉斯(Laplace)操作等应用到分数阶系统时，可以发现对于分数阶微积分的操作并不遵循那些整数阶微积分的规则。例如，对于一个时间常数 c 的 0.5 阶微分并不是零，而是 $c/\sqrt{\pi t}$。这个结果也显示了一个整数阶微积分中简单的定义在分数阶微积分中也是复杂的，这也表明要想获得这个新的数学工具并不能简单地套用传统的整数阶微积分的理论方法。分数阶微积分就像一门新的语言一样，对于人们熟悉的公式有自己不同的规则。在分数阶微积分领域里，为了更好地描述那些基本原则，需要设计新的定义。在仔细分析的基础上，还要证明对于描述函数、系统的方法和操作是正确的。因此，分数阶微积分不仅是更好的建模工具，而且还可以从数学上精确证明系统的正确性。

分数阶控制系统既可以应用到整数阶系统中，也可以应用到分数阶受控系统模型中。在复杂动态系统中，应用分数阶微积分方程建模要比整数阶系统模型更加准确，特别是在物理、生物医学等方面，分数阶系统模型可以准确描述动态系统的属性特征。分数阶模型，一般来说采用分数阶控制器才能起到很好的控制效果。分数阶控制器增加了可调参数，可以连续改变系统参数属性，其控制效果远远好于整数阶控制器。分数阶控制器不仅适用于分数阶系统模型，对于整数阶系统模型也能充分体现它的优越性。

越来越多的专家学者开始关注分数阶系统的研究。在 2003 年美国机械工程师协会上首次出现了关于分数阶微积分及其应用的座谈会，该会议接受了 29 篇关于分数阶微积分及其应用的文章，其中涉及建模、自动控制、热能系统和动态系统等多个领域。首次分数阶微积分及其应用的国际自动控制联合会(International Federation of Automatic Control，IFAC)会议于 2004 年夏天在法国波尔多召开，会议包括描述、分析、近似、仿真、建模、识别、可观、可控、模式识别、边缘检测等多方面。对于分数阶系统的研究包罗万千，类似于整数阶系统的各个方面，分数阶系统有很多方面值得人们去研究分析。

1.2 分数阶系统求解

随着分数阶微积分定义的出现，分数阶微积分方程的求解方法成为数学家至今仍在研究的主要课题。分数阶微积分方程的解析解不仅很难求得，而且在实际的工程中意义并不大，数值解在实际中的应用更广泛一些。数学家们给出了自己的解法，每种解法都随计算机技术的快速发展，得到了验证。

起初研究者针对特定的分数阶微积分方程的求解做了大量研究。对于分数阶布莱克-斯科尔斯(Black-Scholes)方程，Wyss[3]等给出了一个完整解。对于分数阶福克-普朗克(Fokker-Planck)方程的求解问题，Liu 等[4]曾进行过深入研究。关于亚当斯(Adams)类型的分数阶微积分方程，Diethelm 等[5]提出用预测校正方法来得到微积分方程的数值解。特别是在物理现象上，对于分数阶漫射方程，Wyss[6]研究了其在特定函数下解的形式，又进一步给出了分数阶漫射波方程及其相关属性。Gorenflo 等[7]用 Laplace 变换法得到了分数阶漫射波方程的几何不变解。Mainardi 等[8]在复平面内给出了分数阶漫射波一种关于格林函数的一般表达式。Anh 和 Leonenko[9]对于带有特定参数的分数阶漫射波方程提出了一些运算规则。Agrawal[10]也在卡普托(Caputo)分数阶微积分定义的基础上，求解了分数阶漫射波方程。Benson 等[11]经过大量研究，对于分数阶水平散射方程，给出了基于分数阶稳定误差函数的解析解。

研究者多数是针对分数阶微积分的 Caputo 定义来给出分数阶微积分方程的解。很多求解分数阶微积分方程的工作，都是针对单项的分数阶线性微积分方程来研究分析的，阶次小于 1 的分数阶微积分方程是学者研究的重点。在此基础上，将其扩展到高阶的多项的分数阶线性微积分方程，Edwards 等[12]对此进行了研究，将分数阶微积分方程看作一个方程系。Miller 和 Ross[13]给出了一种分数阶微积分方程求解方法，他们将分数阶微积分方程描述为一系列相关的分数阶微积分方程。Diethelm 和 Ford[14]在分数阶微积分的 Caputo 定义下给出了一种求解分数阶微积分的数值算法。Mesiry 等[15]对于线性分数阶微积分方程给出了一种计算其近似的数值解的算法，该方法需要很大的计算量来得到计算权数。大多数的研究还是针对分数阶线性微积分方程的。对于具有初值条件的分数阶非线性微积分方程的研究，也在逐渐得到学者的关注。Ortigueira[16]专门讨论了分数阶线性系统的初始条件问题。以上研究多是基于 Caputo 分数阶微积分定义，是相对于较低阶的分数阶微积分方程的求解研究，很多方法都具有一定的局限性，不能推广到高阶或是任意阶的分数阶微积分方程。也有研究者给出用分数多步法来求解高阶的微积分方程，经过大量研究证明该多步法理论上是有效的，但在实际中并不可行。也有人提出用多项方程式来近似离散分数阶微积分方程。Tseng 等[17]在最简洁的分数阶微积分柯西(Cauchy)定义的基础上，利用傅里叶(Fourier)变换的属性，在频域内，用最小方差法来求解分数阶微积分方程。该方法是用信号处理的工具来求出分数阶微积分的信号输出，信号的零均值就是该方法的内在要求，因此考虑在分数阶微积分 Cauchy 定义上进行。Diethelm 和 Ford[18]讨论了分数阶非线性微积分方程的求解问题,在特定初值和分数阶微积分 Riemann-Liouville 定义的条件下求解分数阶微积分方程的数值解。陈阳泉教授利用兰伯特(Lambert)函数，用解析表达式给出了一类分数阶延迟动态系统的稳定界。这些研究为今后分数阶系统理论的发展奠定了基础，为分数阶鲁棒控制的研究提供了必要条件。

分数阶微积分方程以及数值解的求解方法，为分数阶系统分析与控制提供了理论上的依据。对分数阶微积分方程进行一系列微积分变换，可以将分数阶系统从时域扩展到频域。对于建立在分数阶微积分基础上的分数阶系统来说，这些变换把经典的控制理论扩展到了分数阶控制理论中。分数阶系统问题的求解不能完全借用传统的微积分理论来实现，必须依据自己的理论体系。而很多分数阶微积分领域的计算，如一般非线性分数阶微积分方程尚不具备一般的数值解法，实用解法的提出将为分数阶系统的研究奠定基础。

1.3　分数阶系统近似化

由于分数阶系统中微积分的阶次是分数的，不能直接应用整数阶的理论方法。对分数阶系统进行有理函数的近似化、离散化是研究分数阶系统的主要方法之一。这样就可以将分数阶系统转化为一般的控制系统来进行研究。分数阶系统的近似化方法一般主要有两种：直接近似化和间接近似化。直接近似化是利用 Z 变换直接将分数阶系统转化为离散的整数阶系统。间接近似化是利用 Laplace 变换将分数阶系统转化为连续的整数阶系统。

直接近似化方法有欧拉(Euler)算子的幂级数扩展、斯汀(Tustin)操作算子的连分式扩展等。Tustin 操作算子的扩展法在高频部分存在很大的误差。随即产生了 Al-Alaoui 算子，它是融合了 Euler 算子和 Tustin 操作算子而得到的，可以采用 Al-Alaoui 算子连分式扩展的近似法。也有学者采用 Muir's 递归与 Tustin 操作算子相结合，连分式扩展与 Tustin 操作算子相结合的方法近似，等等。直接近似化主要采用级数展开或是连分式扩展等方法。利用级数展开的方法需要考虑级数收敛域的问题，在实际情况中，收敛速度较慢，收敛域有时是很难确定的，因此该方法在应用中有很大的局限性。应用连分式扩展来近似分数阶系统要比指数序列展开的收敛速度快，并且可以应用到频域中，但是连分式展开方法并不能确保离散化模型能保持原分数阶系统模型的稳定性，且在实现精度上不理想。

研究者们也考虑到借用信号处理的一些工具来近似分数阶系统。有些人采用有限冲激响应(finite impulse response，FIR)来近似分数阶系统，由于该方法得到的近似系统的阶次过高而失去有效性。也有学者考虑采用无限冲激响应(infinite impulse response，IIR)来近似分数阶系统，它以辛普森(Simpson)积分规则与梯形规则相结合的方法进行近似，该方法中对于权重的选取是一个有待进一步优化的问题。间接近似化过程也可以采用稳定最优有理函数拟合的方式来实现。最优有理函数拟合方法能克服连分式方法的缺点，并且拟合的效果要比连分式更好。Carlson 利用牛顿法，通过迭代根来得到分数阶算子的近似。松田(Matsuda)利用对数空间上的一系列点来逼近分数阶系统。Oustaloup 等分别提出了自己的方法，都取得了不错的拟合效果。效果较好的近似化方法是 Oustaloup(奥斯特卢)近似法，虽然在近似频段两端的效果不是很理想，但是总体的近似效果还是可以接受的，其近似的响应时间与实际的可行性使得该方法得到广泛使用。改进近似法通过提高近似频段两端的近似效果，提高了整体近似精度，成为目前最精确的间接近似法。

1.4　成比例分数阶系统

1. 系统分类

这里的分数阶系统不包括整数阶系统，一般的系统可以分为整数阶系统和非整数阶(即分数阶)系统两种情况(图 1.3)。分数阶系统又可以分为成比例分数阶系统和非成比例分数阶系统。成比例分数阶系统是分数阶系统中最简单且类似于整数阶线性系统的一类系统。

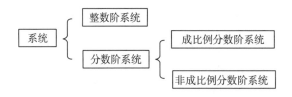

图 1.3　系统分类

2. 成比例分数阶系统

相对于一般分数阶系统来说，成比例分数阶系统比较简单，但是相对于整数阶系统就复杂得多。目前对于成比例分数阶系统的描述方式、能控性、能观性、稳定性等基本性能都已有了初步研究。对于成比例分数阶系统的研究可以采用现代控制理论的一些研究方法。对于成比例分数阶系统的响应分析，包括时域和频域的响应曲线，人们也有了一定的认识。对于成比例分数阶系统的静态误差，研究者也给出了基本的计算公式。这些都为分数阶系统的进一步研究做出了铺垫性的贡献。分数阶理想传递函数是只具有一个分数阶微积分项的系统函数，它是成比例分数阶系统的特例。Bode 等对这个特殊的分数阶系统进行了深入的研究，归纳了理想传递函数的一些具体特性。这些工作都进一步加深了人们对于分数阶系统的认识。还有一些计算成比例分数阶系统 H_2 范数和 H_∞ 范数的方法，这都为分数阶系统提供了理论和实际应用的基础。

1.5　分数阶 PID 控制器

PID 控制是控制系统中应用最广泛、技术最成熟的控制方法。实际运行经验及理论分析都充分证明 PID 控制对许多工业对象进行控制时，都能在现场获得直观满意的结果。PID 控制器由于其结构简单、鲁棒性强、易于操作等特点，被广泛地应用于冶金、化工、电力、轻工和机械等工业过程中，具有很强的生命力。据 1989 年一篇文章的统计，过程控制中 90% 以上的控制器为 PID 类控制器。1994 年加拿大某典型造纸工业 2000 多个控制回路中 97% 的控制器是 PID 类控制器，在我国过程工业等领域也有类似的情况。PID 类控制器的水平直接关系过程工业控制的水平。常规 PID 控制器的微分和积分都是整数阶的，对其的研究也比较深入。

作为常规 PID 控制器的变形，曾出现 TID(tilt ID)控制策略。利用分数阶积分代替常规 PID 控制器中的 P 控制，其中 T 项用于消除静态误差，而为简单起见还可以忽略 I 项，使得控制结构变得简单。

以 Oustaloup 教授为代表的法国学者从分数阶鲁棒性角度研究了分数阶控制器，提出了 CRONE 控制策略（CRONE 是法语"非整数阶鲁棒控制"的缩写），提出了基于等阻尼线的分数鲁棒性设计方法，推出了三代基于 MATLAB 语言的分数阶控制器设计程序。PID 控制器自整定算法也出现了等阻尼鲁棒算法等，经过适当扩展，可以将该算法直接应用于分数阶 PID 控制器的整定，该算法是基于相位成型技术整定相频特性的算法，在频域响应幅值趋于 1 时，确保幅频特性较平缓，从而使得闭环系统对控制器增益变化表现出较强的鲁棒性。由于分数阶控制器的性质，可以在截止频率处引入低阶微分作用，使得系统的幅频特性更平缓，这是整数阶控制器无法实现的。

将分数阶控制理论和 PID 控制器整定理论相结合，是一个很新的研究方向。分数阶 PID 控制器由波德卢布尼（Podlubny）教授提出，其一般格式简记为 $PI^{\lambda}D^{\mu}$，即取 λ 阶积分、μ 阶微分，比整数阶 PID 控制器多了两个可调参数。当 λ 和 μ 都取 1 时就是整数阶 PID 控制器。当这些阶次选择分数时，就超出了传统微积分的概念范围。可以说，分数阶 PID 控制器的出现是分数阶控制理论历史上的一个里程碑，为分数阶控制理论的发展奠定了基础。

在控制系统中，微分器和积分器的实现是很重要的内容，是 PID 控制中的基础内容。在分数阶控制系统中，微分器和积分器是同等重要的。较早出现的分数阶 PID 控制器的文章多是论述分数阶 PID 的控制效果，并侧重于和常规 PID 控制器对比分析，并未给出切实可行的通用分数阶 PID 控制器设计算法或整定算法。陈阳泉教授采用连分式展开的形式对系统进行离散化，给出了分数阶微分器和积分器的连续和离散情况的实现方法，并给出了一种数字分数阶微分器的实现方法。Podlubny 教授设计了一种基于可观性的分数阶控制器[19]。也有学者用连分式展开的方法实现了分数阶控制器的设计。分数阶控制器能够更灵活地控制受控对象，可以得出更好的控制效果。在机器人操纵中实现了分数阶模糊控制，用分数阶控制器来实现路径跟踪。在轨道优化中，有噪声的条件下，可以采用分数阶的动态控制来提高系统控制效果。薛定宇教授在总体上比较了四种分数阶控制器，这些都为分数阶 PID 控制器的实现与应用奠定了基础。

参 考 文 献

[1] Podlubny I. Fractional Differential Equations[M]. San Diego: Academic Press, 1999.

[2] 薛定宇，陈阳泉. 高等应用数学问题的 MATLAB 求解[M]. 北京：清华大学出版社，2004.

[3] Wyss W. The fractional black scholes equation[J]. Fractional Calculus Appl. Anal., 2000, 3: 51-61.

[4] Liu F, Anh V, Turner I. Numerical solution of the space fractional fokker-planck equation[J]. Journal of Computational and Applied Mathematics, 2004, 166: 209-219.

[5] Diethelm K, Ford N J, Freed A D. A predictor-corrector approach for the numerical solution of fractional differential equations[J]. Nonlinear Dynamics, 2002, 29: 3-22.

[6] Wyss W. The fractional diffusion equation [J]. J. Math. Phys., 1986, 27: 2782-2785.

[7] Gorenflo R, Luchko Y, Mainardi F. Wright function as scale-invariant solutions of the diffusion-wave equation[J]. J. Comp. Appl. Math., 2000, 118: 175-191.

[8] Mainardi F, Luchko Y, Pagnini G. The fundamental solution of the space time fractional diffusion equation[J]. Fractional Calculus Appl. Anal., 2001, 4: 153-192.

[9] Anh V V, Leonenko N N. Spectral analysis of fractional kinetic equations with random data[J]. J. Statist. Phys., 2001, 104: 239-252.

[10] Agrawal O P. Solution for a fractional diffusion-wave equation defined in a bounded domain[J]. Nonlinear Dynamics, 2002, 29: 145-155.

［11］ Benson D A, Meerschaert M M, Wheatcraft S W. Application of a fractional advection-despersion equation[J]. Water Resources. Res., 2000, 36(6): 1403-1412.

［12］ Edwards J T, Ford N J, Simpson A C. The numerical solution of linear multi-term fractional differential equations: Systems of equations[J]. Manchester Center for Numerical Computational Mathematics, 2002.

［13］ Miller K S, Ross B. An introduction to the fractional calculus and fractional differential equations[J]. Wiley, 1993, 209-217.

［14］ Diethelm K, Ford N J. The numerical solution of linear and nonlinear fractional differential equations involving fractional derivatives of several orders [R]. Numerical Analysis Report, Manchester Centre for Computational Mathematics, 2001.

［15］ Sayed A M A E, Mesiry A E M E, Saka H A A E. Numerical solution for multi-term fractional (arbitrary) orders differential equations[J]. Computational and Applied Mathematics, 2004, 23(1): 33-54.

［16］ Ortigueira M D. On the initial conditions in continuous-time fractional linear systems[J]. Signal Processing, 2003, 83: 2301-2309.

［17］ Tseng C C, Pei S C, Hsia S C. Computation of fractional derivatives using fourier transform and digital fir differentiator[J]. Signal Processing, 2000, 80: 151-159.

［18］ Diethelm K, Ford N J. Analysis of fractional differential equations[J]. Journal of Mathematical Analysis and Applications, 2002, 265: 229-248.

［19］ Matignon D, Novel B A. Observer-based controllers for fractional differential systems[J]. IEEE Proceedings of the 36th Conference on Decision and Control, 1997, 4: 4967-4972.

第2章　相关理论基础

分数阶系统是建立在分数阶微积分以及分数阶微积分方程理论上的。分数阶微积分的定义可以追溯到 300 年前，这些定义是在整数阶微积分定义的基础上扩展出来的。分数阶微积分方程理论也是整数阶微积分方程理论的扩展，特别是分数阶微积分方程的数值解法依然是现代数学家重要的研究课题。这些理论的发展为分数阶系统理论提供了理论基础。

伽马 (Gamma) 函数、贝塔 (Beta) 函数和米塔格–莱弗勒 (Mittag-Leffler) 函数等是分数阶微积分中广泛应用的基本函数。分数阶微积分还没有得到广泛应用的原因之一也是由于没有一个统一的定义。目前常用的分数阶微积分定义有：Grunwald-Letnikov 分数阶微积分定义、Riemann-Liouville 分数阶微积分定义和 Caputo 分数阶微积分定义。这些定义之间存在着一定的联系，在某些特定的条件下这些定义是等价的。分数阶微积分与整数阶微积分相似，也有一些基本的性质。分数阶微积分 Laplace 变换和 Fourier 变换，也是分数阶系统分析与控制的理论基础。

2.1　基　本　函　数

分数阶微积分定义是用 Gamma 函数、Beta 函数和 Mittag-Leffler 等基本函数表示出来的，每个函数都有各自的性质，这些函数之间还存在一定的联系。

1. Gamma 函数

Euler 的 Gamma 函数 $\Gamma(z)$ 是分数阶微积分的基本函数，它由 $n!$ 来计算，并且允许 n 取实数甚至复数。Gamma 函数可以由下面的积分给出：

$$\Gamma(z) = \int_0^{+\infty} \mathrm{e}^{-t} t^{z-1} \mathrm{d}t \tag{2.1}$$

其中，z 在复平面的右半平面取值，即 $\mathrm{Re}(z) > 0$。

Gamma 函数的极限形式为

$$\Gamma(z) = \lim_{n \to \infty} \frac{n! n^z}{z(z+1)\cdots(z+n)} \tag{2.2}$$

其中，$\mathrm{Re}(z) > 0$。

Gamma 函数一个最基本的性质是

$$\Gamma(z+1) = z\Gamma(z) \tag{2.3}$$

这个性质用分部积分可以证明：

$$\Gamma(z+1) = \int_0^{+\infty} \mathrm{e}^{-t} t^z \mathrm{d}t = \left[(-\mathrm{e}^{-t} t^z) \right]_0^{+\infty} - \int_0^{+\infty} (-\mathrm{e}^{-t}) z t^{z-1} \mathrm{d}t = z\Gamma(z) \tag{2.4}$$

2. Beta 函数

Beta 函数可以由下式来表示：

$$B(z,\omega) = \int_0^1 \tau^{z-1}(1-\tau)^{(\omega-1)} \mathrm{d}\tau \qquad (\mathrm{Re}(z) > 0, \mathrm{Re}(\omega) > 0) \tag{2.5}$$

在一些情况下，用 Beta 函数来表示 Gamma 函数更方便一些，用 Laplace 变换可以建立 Beta 函数和 Gamma 函数之间的关系，考虑积分：

$$h_{(z,\omega)}(t) = \int_0^t \tau^{z-1}(1-\tau)^{(\omega-1)} \mathrm{d}\tau \qquad (\mathrm{Re}(z) > 0, \mathrm{Re}(\omega) > 0) \tag{2.6}$$

很明显，$h_{z,\omega}(1) = B(z,\omega)$。

根据两个函数乘积的 Laplace 变换等于变换的乘积，因此可以得到：

$$H_{z,\omega}(s) = \frac{\Gamma(z)}{s^z} \frac{\Gamma(\omega)}{s^\omega} = \frac{\Gamma(z)\Gamma(\omega)}{s^{z+\omega}} \tag{2.7}$$

其中，$H_{z,\omega}(s)$ 是 $h_{z,\omega}(t)$ 的 Laplace 变换。

由于 $\Gamma(z)\Gamma(\omega)$ 是常数，由逆 Laplace 变换，根据 Laplace 变换的唯一性，可以得到：

$$h_{z,\omega}(t) = \frac{\Gamma(z)\Gamma(\omega)}{\Gamma(z+\omega)} t^{z+\omega-1} \tag{2.8}$$

令 $t = 1$，可以得到

$$B(z,\omega) = \frac{\Gamma(z)\Gamma(\omega)}{\Gamma(z+\omega)} \tag{2.9}$$

3. Mittag-Leffler 函数

指数函数 e^z 在整数阶微积分方程中起到非常重要的作用，它可以看作是 Mittag-Leffler 函数的特殊情况。Mittag-Leffler 函数在分数阶微积分方程中的作用同等重要。具有一个参数的 Mittag-Leffler 函数为

$$E_\alpha(z) = \sum_{j=0}^{+\infty} \frac{z^j}{\Gamma(\alpha j + 1)} \qquad (\alpha > 0) \tag{2.10}$$

带有两个参数的 Mittag-Leffler 函数可以由下式来表示：

$$E_{\alpha,\beta}(z) = \sum_{j=0}^{+\infty} \frac{z^j}{\Gamma(\alpha j + \beta)} \qquad (\alpha > 0, \beta > 0) \tag{2.11}$$

在式 (2.10) 中令 $\alpha = 1$，则有

$$E_1(z) = \sum_{j=0}^{+\infty} \frac{z^j}{\Gamma(j+1)} = \sum_{j=0}^{+\infty} \frac{z^j}{j!} = \mathrm{e}^z \tag{2.12}$$

其实由式 (2.11) 也可以得到

$$E_{1,1}(z) = \sum_{j=0}^{+\infty} \frac{z^j}{\Gamma(j+1)} = \sum_{j=0}^{+\infty} \frac{z^j}{j!} = \mathrm{e}^z \tag{2.13}$$

可见，单参数的 Mittag-Leffler 函数也可以看作二参数的 Mittag-Leffler 函数的特殊形式。二参数的 Mittag-Leffler 函数可以看作 Mittag-Leffler 函数的一般形式。二参数的 Mittag-Leffler 函数 [式 (2.11)] 的 k 阶导数为

$$E_{\alpha,\beta}^{(k)}(z) = \sum_{k=0}^{\infty} \frac{(j+k)!z^j}{j!\Gamma(\alpha j + \alpha k + \beta)} \quad (k=0,1,2,\cdots) \tag{2.14}$$

由 Mittag-Leffler 函数引入新的函数：

$$\varepsilon_k(t,y;\alpha,\beta) = t^{\alpha k + \beta - 1} E_{\alpha,\beta}^{(k)}(yt^\alpha) \quad (k=0,1,2,\cdots) \tag{2.15}$$

这个函数的 Laplace 变换为

$$\int_0^\infty \varepsilon_k(t,\pm y;\alpha,\beta) = \frac{k!s^{\alpha-\beta}}{(s^\alpha \mp y)^{k+1}} \quad (\mathrm{Re}(s) > |y|^{1/\alpha}) \tag{2.16}$$

函数 $\varepsilon_k(t,y;\alpha,\beta)$ 的导数为

$$_0D_t^\lambda \varepsilon_k(t,y;\alpha,\beta) = \varepsilon_k(t,y;\alpha,\beta-\lambda) \quad (\lambda < \beta) \tag{2.17}$$

4. 幂级数

通常幂级数写作无限和的形式：

$$a_0 + a_1 s + a_2 s^2 + a_3 s^3 + \cdots = \sum_{i=0}^{+\infty} a_i s^i \tag{2.18}$$

其中，a_i 可以是整数、实数、复数等任何数，称为幂级数的系数。

5. 二项式级数

对于正整数 n：

$$(x+a)^n = \sum_{k=0}^{n} \frac{n!}{k!(n-k)!}x^k a^{n-k} = \sum_{k=0}^{n} \binom{n}{k}x^k a^{n-k} \tag{2.19}$$

称为二项式级数(binomial series)。其中，$\binom{n}{k}$ 是二项式系数。在 1676 年牛顿对于负整数 n，提出了一个相似的公式：

$$(x+a)^{-n} = \sum_{k=0}^{+\infty} \binom{-n}{k}x^k a^{-n-k} \tag{2.20}$$

称为负的二项式级数，当 $|x| > |a|$ 时它是收敛的。

最常用的二项式级数是：当 $|x| < 1$ 时有

$$\begin{aligned}
(x+1)^n &= \sum_{k=0}^{+\infty} \binom{n}{k}x^k = \binom{n}{0}x^0 + \binom{n}{1}x^1 + \binom{n}{2}x^2 + \cdots \\
&= 1 + \frac{n!}{1!(n-1)!}x + \frac{n!}{2!(n-2)!}x^2 + \cdots \\
&= 1 + nx + \frac{n(n-1)}{2}x^2 + \cdots
\end{aligned} \tag{2.21}$$

6. 泰勒级数

泰勒级数(Taylor series)是一个函数在某一点的级数展开。函数 $f(x)$ 在 $x = x_0$ 点的一维泰勒级数展开为

$$f(x) = f(x_0) + (x - x_0)f'(x_0) + \frac{(x - x_0)^2}{2!}f''(x_0) + \cdots + \frac{(x - x_0)^n}{n!}f^n(x_0) \tag{2.22}$$

7. 麦克劳林级数

泰勒级数在 $x = 0$ 点的展开又称为麦克劳林级数（Maclaurin series）。函数 $f(x)$ 的 n 阶麦克劳林级数为

$$f(x) = f(0) + f'(0)x + \frac{f''(0)}{2!}x^2 + \cdots + \frac{f^n(0)}{n!}x^n = \sum_{k=0}^{n} \frac{f^k(0)}{k!}x^k \tag{2.23}$$

2.2 分数阶微积分定义

分数阶微积分就像一门新的语言一样，有它自己独特的逻辑和语法规则。在分数阶微积分领域里，为了更好地理解那些基本原则，需要设计新的定义。在严谨分析基础上，还要证明系统方法的正确性。因此，分数阶微积分不仅是很好的建模工具，而且还可以从逻辑上证明系统的有效性。控制系统中引入分数阶微积分将是个很好的发展方向。

最早提到分数阶微积分可以追溯到 1695 年 Leibniz 给霍斯皮特尔（L'Hospital）的信件，他提到能否考虑将整数阶微积分的阶次扩展到非整数。到现在这个话题已有三百多年的历史了。分数阶微积分理论的发展主要在 19 世纪。分数阶微积分实质上是任意阶微积分，阶数可以为实数甚至可以为复数。分数阶微积分的基本操作算子为 $_aD_t^\alpha$，其中 a 和 t 是操作算子的上下限，α 为微积分阶次，可以是任意复数，本书假定它为一实数。

$$_aD_t^\alpha = \begin{cases} \dfrac{\mathrm{d}^\alpha}{\mathrm{d}t^\alpha}, & R(\alpha) > 0 \\ 1, & R(\alpha) = 0 \\ \displaystyle\int_a^t (\mathrm{d}\tau)^{(-\alpha)}, & R(\alpha) < 0 \end{cases} \tag{2.24}$$

其中，$R(\alpha)$ 是 α 的实部。

可以看到通过引入分数阶操作算子 $_aD_t^\alpha$，积分和微分可以被统一在一起。分数阶微积分还没有得到广泛应用的原因之一就是到现在为止也不存在一个统一的定义。在分数阶微积分理论发展过程中，出现了很多种分数阶微积分定义，如 Grunwald-Letnikov（GL）分数阶微积分定义、Riemann-Liouville（RL）分数阶微积分定义以及 Caputo 定义等。数学家们从各自不同的角度入手，给出了分数阶微积分的几种不同的定义，其定义的合理性与科学性已经在实践中得到检验。下面简单介绍这三种分数阶微积分定义。

2.2.1 Grunwald-Letnikov 分数阶微积分定义

定义 2.1 对于任意的实数 m，记 m 的整数部分为 $[m]$（即 $[m]$ 为小于 m 的最大整数），则函数 $f(t)$ 的 α 阶微积分为

$$_aD_t^\alpha f(t) = \lim_{h \to 0} h^{-\alpha} \sum_{j=0}^{[(t-\alpha)/h]} (-1)^j \binom{\alpha}{j} f(t-jh)$$

$$= \lim_{h \to 0} \frac{1}{\Gamma(\alpha)h^\alpha} \sum_{j=0}^{[(t-\alpha)/h]} \frac{\Gamma(\alpha+j)}{\Gamma(j+1)} f(t-jh) \tag{2.25}$$

其中,

$$\binom{\alpha}{j} = \frac{\alpha(\alpha-1)(\alpha-2)\cdots(\alpha-j+1)}{j!} = \frac{\alpha!}{j!(\alpha-j)!} \tag{2.26}$$

分数阶微积分 GL 定义是从寻找 n 阶导数和 n 阶积分的统一性出发归纳出来的。首先对于充分连续的函数 $f(t)$,先归纳出 n ($n \in N$) 阶导数的公式:

$$f^{(n)}(t) = \lim_{h \to 0} h^{-n} \sum_{j=0}^{[(t-\alpha)/h]} (-1)^j \binom{n}{j} f(t-jh) \tag{2.27}$$

其中,

$$\binom{n}{j} = \frac{n(n-1)(n-2)\cdots(n-j+1)}{j!} = \frac{n!}{j!(n-j)!} \tag{2.28}$$

然后把其中组合数式 (2.28) 中的 n 扩展为任意的整数 p。当 p 为负整数 $-n$ 时,$\binom{-n}{j} = (-1)^n \binom{n}{j}$,再把 p 扩展为任意的实数 α,扩展定义式 (2.28) 为式 (2.26),因此得到式 (2.25)。

2.2.2 Riemann-Liouville 分数阶微积分定义

定义 2.2 分数阶微分的 RL 定义为:对于任意的实数 $m-1 < \alpha < m$, $m \in \mathbf{N}$,

$$_aD_t^\alpha f(t) = \frac{1}{\Gamma(m-\alpha)} \frac{\mathrm{d}^m}{\mathrm{d}t^m} \int_a^t \frac{f(\tau)}{(t-\tau)^{\alpha-m+1}} \mathrm{d}\tau \tag{2.29}$$

分数阶积分的 RL 定义为

$$_aI_t^\alpha f(t) = \frac{1}{\Gamma(-\alpha)} \int_a^t \frac{f(\tau)}{(t-\tau)^{\alpha+1}} \mathrm{d}\tau \quad (t > 0, \alpha \in \mathbf{R}^+) \tag{2.30}$$

如果把式 (2.30) 写成卷积的形式,可以表示为

$$_aI_t^\alpha f(t) = \Phi_\alpha(t) * f(t) \quad (\alpha \in \mathbf{R}^+) \tag{2.31}$$

其中, $\Phi_\alpha(t) = \dfrac{t_+^{\alpha-1}}{\Gamma(\alpha)}$, $\alpha \in \mathbf{R}^+$。

分数阶微分和积分的 RL 定义也可以统一到一个表达式中。分数阶微积分 RL 定义为

$$_aD_t^\alpha f(t) = \frac{1}{\Gamma(m-\alpha)} \left(\frac{\mathrm{d}}{\mathrm{d}t}\right)^m \int_a^t \frac{f(\tau)}{(t-\tau)^{1-(m-\alpha)}} \mathrm{d}\tau \tag{2.32}$$

其中, $m-1 < \alpha < m$, $m \in \mathbf{N}$。

2.2.3 Caputo 分数阶微积分定义

定义 2.3 Caputo 分数阶微分定义为

$$_aD_t^\alpha f(t) = \frac{1}{\Gamma(1-\gamma)} \int_a^t \frac{f^{(m+1)}(\tau)}{(t-\tau)^\gamma} d\tau \tag{2.33}$$

其中，$\alpha = m + \gamma$，m 为整数，$0 < \gamma \leqslant 1$。

Caputo 分数阶积分定义为

$$_aD_t^\gamma f(t) = \frac{1}{\Gamma(-\gamma)} \int_a^t \frac{f(\tau)}{(t-\tau)^{1+\gamma}} d\tau \tag{2.34}$$

Caputo 分数阶微积分定义也可以统一地写作：

$$_aD_t^\alpha f(t) = \frac{1}{\Gamma(m-\alpha)} \int_a^t \frac{f^{(m)}(\tau)}{(t-\tau)^{\alpha-m+1}} d\tau \tag{2.35}$$

其中，$m-1 < \alpha < m$，$m \in \mathbf{N}$。

2.2.4 分数阶微积分定义间的关系

Riemann-Liouville 分数阶微积分定义和 Caputo 分数阶微积分定义都是对 Grunwald-Letnikov 分数阶微积分定义的改进。Riemann-Liouville 分数阶微积分定义是对于 $f(t)$ 的正的非整数 α 阶导数，先进行 $m-\alpha$ 阶积分〔相当于 $-(m-\alpha)$ 阶导数〕，再进行 m 阶导数。Caputo 分数阶微积分定义是对于函数 $f(t)$ 的正的非整数 α 阶导数，先进行 m 阶导数，再进行 $m-\alpha$ 阶积分〔相当于 $-(m-\alpha)$ 阶导数〕。

在阶次 α 为负实数和正整数时，在下列条件下 Riemann-Liouville 分数阶微积分定义和 Caputo 定义是等价的：

(1) 函数 $f(t)$ 有 $n+1$ 阶导数，n 至少取 $[\alpha] = m-1$；

(2) $f^k(\alpha) = 0$，$k = 0, 1, 2, \cdots, m-1$。

除此之外，它们是不等价的。

引入 Riemann-Liouville 分数阶微积分定义，可以简化分数阶导数的计算；引入 Caputo 分数阶微积分定义，让 Laplace 变换更简洁，有利于分数阶微积分方程的讨论。

2.2.5 分数阶微积分的性质

类似整数阶微积分，分数阶微积分也具有一些基本性质：

(1) 解析函数 $f(t)$ 的分数阶导数 $_0D_t^\alpha f(t)$ 对 t 和 α 都是解析的。

(2) 当 $\alpha = n$ 为整数时，分数阶微积分与整数阶微积分的值完全一致，且 $_0D_t^0 f(t) = f(t)$。

(3) 分数阶微积分算子为线性的，即对任意常数 a、b，有

$$_0D_t^\alpha[af(t) + bg(t)] = a\,_0D_t^\alpha f(t) + b\,_0D_t^\alpha g(t) \tag{2.36}$$

(4) 分数阶微积分算子满足交换律，并满足叠加关系：

$$_0D_t^\alpha[_0D_t^\beta f(t)] = \,_0D_t^\beta[_0D_t^\alpha f(t)] = \,_0D_t^{\alpha+\beta} f(t) \tag{2.37}$$

2.3　分数阶微积分的基本变换

微积分变换可以将某些难以分析的问题通过映射的方式映射到其他域内的表达式后再进行分析，使一些比较复杂的问题得到简化。在自动控制理论中，Laplace 变换和 Fourier 变换是最重要的两种微积分变换。同样分数阶微积分也存在 Laplace 变换和 Fourier 变换。

2.3.1　Laplace 变换

Laplace 变换方法是工程中应用非常广泛的工具之一，将系统从时域转化到频域。下面给出分数阶微积分 Laplace 变换的一些基本定义以及 Laplace 变换形式。

函数 $f(t)$ 的 Laplace 变换是用复变量 s 来定义的函数 $F(s)$：

$$F(s) = L\{f(t); s\} = \int_0^{+\infty} \mathrm{e}^{-st} f(t)\mathrm{d}t \tag{2.38}$$

原函数 $f(t)$ 可以由 Laplace 变换 $F(s)$ 通过逆 Laplace 变换得到。

$$f(t) = L^{-1}\{F(s); t\} = \int_{c-j\infty}^{c+j\infty} \mathrm{e}^{st} F(s)\mathrm{d}s \tag{2.39}$$

在 $t = 0$ 时刻加入的信号 $x(t)$ 的 $\alpha(\alpha \in \mathbf{R}^+)$ 阶微分的拉氏变换为

$$L\{D^\alpha f(t)\} = \int_0^{+\infty} \mathrm{e}^{-st} {}_0D_t^\alpha f(t)\mathrm{d}t = s^\alpha F(s) - \sum_{k=0}^{m-1} s^k {}_0D_t^{\alpha-k-1}f(t)\Big|_{t=0} \tag{2.40}$$

其中，$m-1 < \alpha < m,\ m \in \mathbf{N}$。

下面具体以 RL 分数阶微分定义来说明分数阶微分的 Laplace 变换。

设

$${}_0D_t^p = g^n(t) \tag{2.41}$$

则

$$g(t) = {}_0D_t^{-(n-p)}f(t) = \frac{1}{\Gamma(k-p)} \int_0^t (t-\tau)^{n-p-1} f(\tau)\mathrm{d}\tau \tag{2.42}$$

其中，$m-1 \leqslant p < m,\ m \in \mathbf{N}$。

应用整数阶微分的 Laplace 变换，可以得到：

$$L\{{}_0D_t^p f(t); s\} = s^n G(s) - \sum_{k=0}^{n-1} s^k g^{(n-k-1)}(0) \tag{2.43}$$

故函数 $g(t)$ 的 Laplace 变换为

$$G(s) = s^{-(n-p)} F(s) \tag{2.44}$$

另外，从 RL 分数阶微分定义式(2.29)，可以得到：

$$g^{(n-k-1)}(t) = \frac{\mathrm{d}^{n-k-1}}{\mathrm{d}t^{n-k-1}} D_t^{(-n-p)} f(t) = {}_0D_t^{(p-k-1)} f(t) \tag{2.45}$$

将式(2.42)和式(2.43)代入式(2.41)，得到 RL 的任意阶($p > 0$)微分的 Laplace 变换：

$$L\{{}_0D_t^p f(t); s\} = s^p F(s) - \sum_{k=0}^{n-1} s^k \left[{}_0D_t^{p-k-1} f(t)\Big|_{t=0} \right] \tag{2.46}$$

其中，$m-1\leqslant p<m,\ m\in\mathbf{N}$。

2.3.2　Fourier 变换

连续绝对可积函数 $h(t)$ 的 Fourier 变换定义为

$$F\{h(t);\omega\}=\int_{-\infty}^{+\infty}\mathrm{e}^{\mathrm{j}\omega t}h(t)\mathrm{d}t \tag{2.47}$$

因此 $h(t)$ 可以由它的 Fourier 变换 $H(\omega)$ 得到：

$$h(t)=\frac{1}{2\pi}\int_{-\infty}^{+\infty}H(\omega)\mathrm{e}^{-\mathrm{j}\omega t}\mathrm{d}\omega \tag{2.48}$$

函数 $h(t)$ 和 $g(t)$ 的卷积为

$$h(t)*g(t)=\int_{-\infty}^{+\infty}h(t-\tau)g(\tau)\mathrm{d}\tau=\int_{-\infty}^{+\infty}h(\tau)g(t-\tau)\mathrm{d}\tau \tag{2.49}$$

假设函数 $h(t)$ 和 $g(t)$ 的 Fourier 变换为 $H(\omega)$ 和 $G(\omega)$，则其卷积的 Fourier 变换为

$$F\{h(t)*g(t);\omega\}=H(\omega)G(\omega) \tag{2.50}$$

Fourier 变换的另外一个重要性质为：设函数 $h(t)$ 的 n 阶导数为 $h^n(t)$，则 n 阶导数的 Fourier 变换为

$$F\{h^n(t);\omega\}=(-\mathrm{j}\omega)^n H(\omega) \tag{2.51}$$

RL 分数阶积分的 Fourier 变换为

$$F\{_{-\infty}D_t^{-\alpha}g(t);\omega\}=(\mathrm{j}\omega)^{-\alpha}G(\omega) \tag{2.52}$$

RL 分数阶微分的 Fourier 变换为

$$F\{_{-\infty}D_t^{\alpha}g(t);\omega\}=(-\mathrm{j}\omega)^{\alpha-n}F\{g^n(t);\omega\}$$
$$=(-\mathrm{j}\omega)^{\alpha-n}(-\mathrm{j}\omega)^n G(\omega)=(-\mathrm{j}\omega)^{\alpha}G(\omega) \tag{2.53}$$

其中，$n-1<\alpha<n$。

2.4　分数阶微积分方程的解

分数阶系统是建立在分数阶微积分方程基础上的对象模型系统。分数阶微积分方程的一些基础理论也是分数阶系统的基础。

2.4.1　分数阶微积分方程

与整数阶微积分方程一样，如果分数阶微积分方程中含有的导数项的最高次数为 α，则称该分数阶微积分方程为 α 阶微积分方程。分数阶线性常系数微积分方程的一般形式为

$$a_n D^{\alpha_n}y(t)+\cdots+a_1 D^{\alpha_1}y(t)+a_0 D^{\alpha_0}y(t)=f(t) \tag{2.54}$$

其中，$\alpha_n>\alpha_{n-1}>\cdots>\alpha_0>0$ 且初始条件满足：

$$\left[_0D_t^{\alpha_{n-k-1}}y(t)\right]_{t=0}=b_k \tag{2.55}$$

其中，$k=0,1,2,\cdots,n-1$。

对于分数阶微积分方程，如果在 $t=0$ 时刻出现输入与输出信号，则传递函数为

$$G(s) = \frac{1}{a_n s^{\alpha_n} + \cdots + a_1 s^{\alpha_1} + a_0 s^{\alpha_0}} \tag{2.56}$$

2.4.2 解的存在与唯一性

分数阶微分方程和一般的整数阶微分方程一样，存在解的唯一性。

定理：设函数 $f(t)$ 在区间 $(0,T)$ 内绝对可积 $(0 < t < T)$，并满足初始条件式 (2.55)，则方程：

$$_0 D_t^{\alpha_n} y(t) = f(t) \tag{2.57}$$

在此区间内存在唯一解。

下面证明这个定理。

对式 (2.57) 两边取拉氏变换得到：

$$s^{\alpha_n} Y(s) - \sum_{k=0}^{n-1} s^k \left. _0 D_t^{\alpha_n-k-1} y(t) \right|_{t=0} = F(s) \tag{2.58}$$

式中，$Y(s)$ 为函数 $y(t)$ 的拉氏变换，$n-1 \leqslant \alpha_n < n$。把初始条件式 (2.55) 代入式 (2.58) 并整理后，有

$$Y(s) = s^{-\alpha_n} F(s) + \sum_{k=0}^{n-1} b_k s^{k-\alpha_n} \tag{2.59}$$

对式 (2.59) 进行拉氏逆变换，有

$$y(t) = \frac{1}{\Gamma(\alpha_n)} \int_0^t (t-\tau)^{\alpha_n-1} f(\tau) \mathrm{d}\tau + \sum_{k=0}^{n-1} \frac{b_k}{\Gamma(\alpha_n-k)} t^{\alpha_n-k-1} \tag{2.60}$$

注意到：

$$\frac{1}{\Gamma(-m)} = 0 \quad (m = 0,1,2,\cdots) \tag{2.61}$$

根据 RL 分数阶微积分定义，不难得到：

$$_0 D_t^{\alpha_n} \left[\frac{t^{\alpha_n-k-1}}{\Gamma(\alpha_n-k)} \right] = 0 \quad (k = 0,1,2,\cdots,n-1) \tag{2.62}$$

和

$$_0 D_t^{\alpha_n-k-1} \left[\frac{t^{\alpha_n-k-1}}{\Gamma(\alpha_n-k)} \right] = 1 \quad (k = 0,1,2,\cdots,n-1) \tag{2.63}$$

把式 (2.62)、式 (2.63) 分别代入式 (2.57)、式 (2.55)，很容易验证式 (2.60) 为原方程的解，这样解的存在性得到证明。对于唯一性证明，假设 $y_1(t)$ 和 $y_2(t)$ 都是式 (2.57) 的解，则 $z(t) = y_1(t) - y_2(t)$ 也必定满足式 (2.57) 和初始值式 (2.55)，其拉氏变换 $Z(s) = 0$，从而 $z(t) = 0$ 在区间 $(0,T)$ 内几乎处处成立，从而唯一性得到证明。同样方法可以证明式 (2.54) 和式 (2.55) 在区间 $(0,T)$ 内有且仅有唯一解 $y(t)$。

分数阶微分方程的解析解很难得到，因此，在实际应用中，寻求分数阶微分方程的数值解法更具有实际意义。

第3章 分数阶系统求解

分数阶系统是建立在分数阶微积分以及分数阶微积分方程理论上的模型系统。类似整数阶系统，分数阶系统也可以分成分数阶线性系统和分数阶非线性系统。为了能更好地分析分数阶系统，分数阶微积分模型的求解方法是迫切而必要的。借助分数阶微积分的基础知识，国内外已有很多学者对此做了大量研究。可以运用多变量 Mittag-Leffler 函数来求解分数阶的微积分方程，但是其只能解决线性的分数阶方程。Diethelm[1]提出了一种求解任意阶微积分方程的方法，但是只能求解简单的分数阶微积分方程，对于实际情况中的复杂系统，该方法无能为力。接着，Diethelm 和 Ford[2]又考虑了具有 1/2 阶的巴格雷-特维克(Bagley-Torvik)方程，对于具有初值的常系数的线性多项微积分方程，Diethelm 和 Ford 也论述了一种新算法来求其数值解。他们通过将卷积和离散化应用于 Mittag-Leffler 函数来获得线性微积分方程的数值解，但是该方法需要很大的计算量来得到有效的权数。以往的一些求解分数阶微积分方程的方法或是不能针对任意阶的微积分，或是仅能应用于线性的微积分方程，并且都有一定的局限性。

本书介绍了一种基于分数阶微积分定义的分数阶线性微积分方程的求解方法。该方法无法应用于分数阶非线性系统。随后描述了一种框图求解法，它不仅可以求解分数阶线性系统，也可以方便快捷地求解分数阶非线性系统。具体实例验证了该方法的有效性。对于由一般的分数阶微积分知识所不能或是很难求解的复杂分数阶微积分问题，该方法具有优势。

3.1 分数阶线性微积分方程求解

目前对于分数阶系统的研究越来越多，所分析的分数阶系统有很多是分数阶线性微积分模型，如：

$$\frac{\partial^{\alpha}}{\partial t^{\alpha}} x = Ax + f(t) \qquad (x(0) = x_0) \tag{3.1}$$

分数阶线性系统是分数阶系统中最基本的一种。这里主要针对线性的分数阶系统介绍了一种求解方法。

3.1.1 求解算法

分数阶线性微积分方程的一般形式为

$$a_n D_t^{\beta_n} y(t) + a_{n-1} D_t^{\beta_{n-1}} y(t) + \cdots + a_1 D_t^{\beta_1} y(t) + a_0 D_t^{\beta_0} y(t) = u(t) \tag{3.2}$$

这里 $\beta_n > \beta_{n-1} > \cdots > \beta_1 > \beta_0 > 0$。其中，$u(t)$ 可以由某函数及其分数阶微积分构成，如：

$$u(t) = b_m D_0^{\alpha_m} x(t) + b_{m-1} D_t^{\alpha_{m-1}} x(t) + \cdots + b_1 D_t^{\alpha_1} x(t) + b_0 D_t^{\alpha_0} x(t) \tag{3.3}$$

对于具有零初始条件的函数，可以对其进行 Laplace 变换，得到：

$$G(s) = \frac{Y(s)}{U(s)} = \frac{b_m s^{\alpha_m} + b_{m-1} s^{\alpha_{m-1}} + \cdots + b_1 s^{\alpha_1} + b_0 s^{\alpha_0}}{a_n s^{\beta_n} + a_{n-1} s^{\beta_{n-1}} + \cdots + a_1 s^{\beta_1} + a_0 s^{\beta_0}} \tag{3.4}$$

这里 $G(s)$ 又称为分数阶传递函数。

由 Grunwald-Letnikov 分数阶微积分定义，可以推导出微积分方程数值解为

$$y_t = \frac{1}{\displaystyle\sum_{i=0}^{n} \frac{\alpha_i}{h^{\beta_i}}} \left[u_t - \sum_{i=0}^{n} \frac{\alpha_i}{h^{\beta_i}} \sum_{j=1}^{[(t-a)/h]} \omega_j^{(\beta_i)} y_{t-jh} \right] \tag{3.5}$$

其中，h 为离散化的步长；$\omega_j^{(\beta_i)}$ 可以由下面的递推公式得出：

$$\omega_0^{(\beta_i)} = 1 , \quad \omega_j^{(\beta_i)} = \left(1 - \frac{\beta_i + 1}{j} \right) \omega_{j-1}^{(\beta_i)} \quad (j = 1, 2, \cdots) \tag{3.6}$$

输入信号 $u(t)$ 的微积分数值可以计算出来。

分数阶线性微积分方程的求解算法如下：

(1) 以离散化的形式给定所求分数阶线性微积分方程的时间段，取其时间的间隔为步长；

(2) 以向量形式给出分数阶线性微积分方程的系数和阶次；

(3) 由式 (3.6) 计算多项式系数 $\omega_j^{(\beta_i)}$；

(4) 再由式 (3.5) 计算出分数阶线性微积分方程的数值解。

为了提高数值解的精度，通常需要选择较小的 h 值，以相应延长时间为代价。

下面通过具体实例说明该方法的有效性。

例 3.1 一个分数阶传递函数[3]

$$G(s) = \frac{1}{s^{1.5} + 1} \tag{3.7}$$

对应的分数阶微积分方程为

$$D_t^{1.5} y(t) + y(t) = u(t) \tag{3.8}$$

由上面描述的求解算法，可以直接得到输出信号的阶跃响应曲线，如图 3.1 所示。该结果与文献[3]中的结果十分吻合。也可以绘制出该分数阶系统的伯德(Bode)图，如图 3.2 所示。

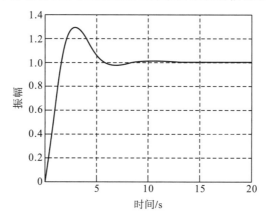

图 3.1 输出信号的阶跃响应

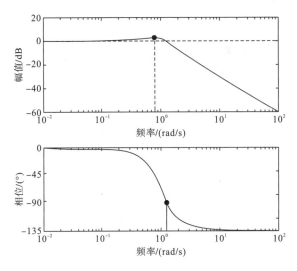

图 3.2   系统的 Bode 图

例 3.2   分数阶线性微积分方程:

$$D_t^{3.1}y(t) + 8D_t^{2.6}y(t) + 15D_t^{2.1}y(t) + 23D_t^{1.1}y(t) + 52D_t^{0.3}y(t) = 68\cos t^2 \tag{3.9}$$

通过该算法,可以得到输入信号和输出信号的曲线,如图 3.3 和图 3.4 所示。

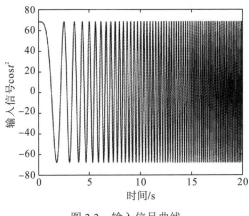

图 3.3   输入信号曲线

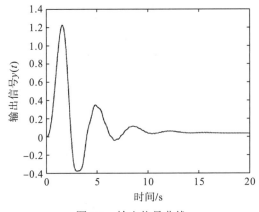

图 3.4   输出信号曲线

3.1.2　步长的影响

步长 h 的值对于求解分数阶线性微积分方程有一定的影响。一般来说，h 值越小，得到的分数阶微积分方程的数值解的精度越高，同时系统的响应时间会变长。但是，当 h 值达到一定的精度后，分数阶微积分方程的解也趋于一致。

例 3.3　分数阶线性微积分方程：

$$2D_t^{3.501}y(t) + 3.8D_t^{2.42}y(t) + 2.6D_t^{1.798}y(t) + 2.5D_t^{1.31}y(t) + 1.5y(t) = -2D_t^{0.63}u(t) - 4u(t) \quad (3.10)$$

这里方程的右边由输入信号的分数阶微积分组成。对应的分数阶传递函数是

$$G(s) = \frac{-2s^{0.63} - 4}{2s^{3.501} + 3.8s^{2.42} + 2.6s^{1.798} + 2.5s^{1.31} + 1.5} \quad (3.11)$$

首先将该分数阶系统的系数和阶次写成向量的形式，其中选择 h 的值为 0.01。可以得到该微积分方程的解，绘制出输出信号的阶跃响应曲线，如图 3.5 所示，分数阶系统的 Bode 图如图 3.6 所示。

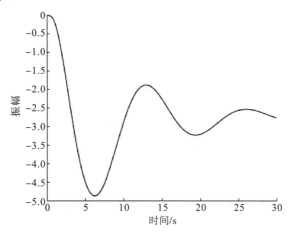

图 3.5　阶跃响应曲线

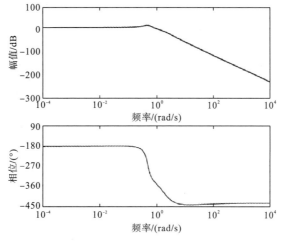

图 3.6　系统的 Bode 图

为提高得出数值解的精度，通常需要选择较小的 h 值，但是在选择一定小的 h 值后，系统的差别就很小了。图 3.7 给出了不同的 h 值下得到的系统阶跃响应曲线。图中点线为 $h=0.1$ 时的阶跃响应曲线，实线表示 $h=0.01$ 的结果，虚线为 $h=0.001$ 的阶跃响应曲线。从仿真结果可以看出 h 取为 0.01 与 0.001 时的结果区别很小，可以忽略不计。表 3.1 中具体给出了几个不同时间点在不同 h 值下的系统输出值，可见取 $h=0.01$ 是足够的。

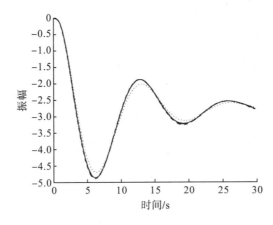

图 3.7　阶跃响应比较

表 3.1　不同 h 值的比较

h	t/s						
	0	5	10	15	20	25	30
0.1	0	-4.29	-2.99	-2.30	-3.13	-2.63	-2.74
0.01	0	-4.49	-2.88	-2.28	-3.21	-2.56	-2.77
0.001	0	-4.54	-2.86	-2.29	-3.23	-2.56	-2.78

3.2　分数阶微积分框图求解法

对于线性分数阶微积分系统，前面的算法是完全适用的。具体实例也演示了这种分析分数阶系统的方法是有效的。但是实际情况中很多模型不能表示成分数阶线性系统的形式。为了更准确地描述受控对象，有些模型可能还是分数阶非线性微积分方程。对于非线性的分数阶系统，前面的方法就不太理想。下面介绍一种求解分数阶系统的方法——基于框图的分数阶系统求解方法。

3.2.1　分数阶微积分模块

对于分数阶非线性微积分方程，一般来说很难求出数值解。这里提出用 Simulink 仿真软件搭建仿真框图，直接求出分数阶非线性微积分方程的数值解。在仿真框图中，主要开发了一个分数阶微积分模块。其中采用滤波器近似化方法对未知信号进行滤波处理，考虑到该滤波器分子和分母阶次一致,可能导致在仿真过程中出现代数环,在其后面再接一个低通滤波器,并设置一截止频率。将其进行封装,得到分数阶微积分模块,其内部结构如图 3.8 所示。通过选择适当的近似频段和阶次,可以得到较好的近似效果。

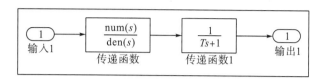

图 3.8   分数阶微积分模块

3.2.2   框图法求解分数阶线性微积分方程

该框图方法不仅能求解分数阶非线性微积分方程的数值解,对于分数阶的线性微积分方程也完全适用。

例 3.4   当球沉入黏性流体时产生的巴塞特(Basset)力可以用下述的线性分数阶微积分方程[4]来表示:

$$Dx(t)+\left(\frac{9}{1+2\lambda}\right)^{\alpha} D^{\alpha}x(t)+x(t)=1 \quad (0<\alpha<1) \tag{3.12}$$

这里取 $\alpha = 0.25$, $\lambda = 0.5, 2, 10, 100$ 。 Basset 力是由于相对速度随时间的变化而导致颗粒表面附面层发展滞后所产生的非恒定气动力,该力大小与颗粒尺寸、颗粒与流体密度比值、流体脉动频率等条件有直接关系。当球沉入黏性流体时,实际两相流动中球体的运动并非直线运动,而且受到其他颗粒运动的影响,颗粒间的作用力不可忽略。以往 Basset 力的表达形式主要通过考察球在做直线运动时得到的,表达形式是比较复杂的,也不能准确描述实际的两相流动问题,给实际应用带来了一定的局限性。应用分数阶微积分方程描述Basset 力是比较准确的,并可以用基于框图的方法求解该系统。

根据式(3.12),可以写出 $x(t)$ 函数的显式表达式为

$$x(t)=1-Dx(t)-\left(\frac{9}{1+2\lambda}\right)^{\alpha} D^{\alpha}x(t) \tag{3.13}$$

根据得出的 $x(t)$ 可以搭建如图 3.9 所示的仿真模型。仿真的精度取决于滤波器对微积分的近似效果,选取不同的近似频段和滤波器的阶次对求解精度将有一定的影响。可以发现阶次越高越准确,但同时耗时较长。实验表明选取 $\omega_b = 0.001$, $\omega_h = 1000$, $N=4$,得出的结果以及各方面因素都是令人满意的。不同 λ 的框图仿真的 $x(t)$ 函数如图 3.10 所示,与文献[4]中的结果完全一致,但该框图法更简单有效。

基于框图求解分数阶微积分方程的方法不仅大大减少了计算的时间和复杂性,并且具有一定的通用性。对于不同的微积分阶次、不同的项数,只需更改模块即可完成,快捷、准确。下面利用框图来求解分数阶非线性微积分方程。

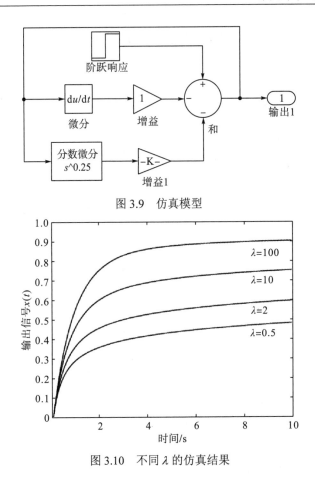

图 3.9   仿真模型

图 3.10   不同 λ 的仿真结果

这里需要说明，这个例子中的 $x(t)$ 即所求，即输出。

3.2.3   框图法求解分数阶非线性微积分方程

基于框图的分数阶微积分系统分析法不仅能够简洁、快速求出一般的线性、非线性的分数阶微积分方程的解，而且对于无法用分数阶微积分的基础知识解决的复杂分数阶微积分方程，该方法更能体现它的优越性[5]。

例 3.5   分数阶非线性微积分方程：

$$D^2 y(t) + D^{1.455} y(t) + \left[D^{0.555} y(t) \right]^2 + \left[y(t) \right]^3 = f(t) \tag{3.14}$$

其中，

$$
\begin{aligned}
f(t) = &-20\sin(2t) + 13.708\cos\left(2t + \frac{91}{400}\pi \right) \\
&+ 53.961\sin^2\left(2t + \frac{111}{400}\pi \right) + 125\sin^3(2t)
\end{aligned}
\tag{3.15}
$$

求解该分数阶非线性微积分方程没有可以直接利用的算法的命令形式。根据上面的框图法，需要引入辅助变量 $g(t) = \left[y(t) \right]^3$，这样原来的微积分方程可以变成下面形式：

$$g(t) = f(t) - D^2 \left[g(t) \right]^{1/3} - D^{1.455} \left[g(t) \right]^{1/3} - \left\{ D^{0.555} \left[g(t) \right]^{1/3} \right\}^2 \qquad (3.16)$$

根据 $g(t)$ 表达式可以搭建如图 3.11 所示的 Simulink 仿真框图，微积分模块的参数与上例相同。对该框图进行仿真，则可以得出该微积分方程的数值解，如图 3.12 所示。根据分数阶微积分的运算规则，经过大量运算也可以得到该方程的解：$y(t) = 5\sin(2t)$。其结果与利用框图法所求的解完全一致，可见框图法的准确性。

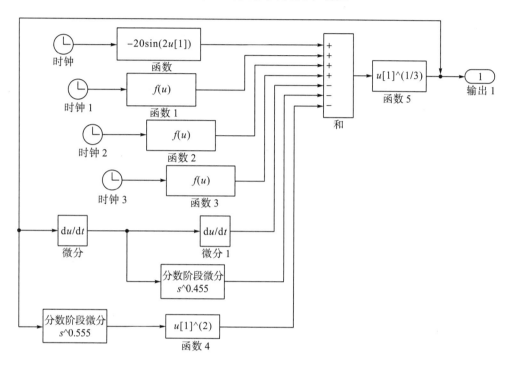

图 3.11 仿真模型

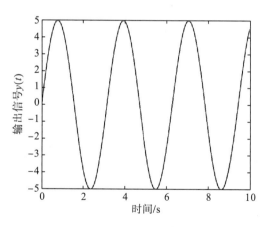

图 3.12 仿真结果

例 3.6 分数阶非线性系统

$$2D^{4.32} y(t) + 5D^{3.3} y(t) + 9D^{2.5} y(t) + 16 \left[D^{1.7} y(t) \right]^{1/3} + \left[8y(t) \right]^5 = u(t) \qquad (3.17)$$

其中，

$$u(t) = 8.8\cos\left(\frac{6}{5}t + \frac{4}{25}\pi\right) - 18.25\cos\left(\frac{6}{5}t + \frac{13}{20}\pi\right) - 28.4\cos\left(\frac{6}{5}t + \frac{\pi}{4}\right)$$

$$- 22.353\sin^{1/3}\left(\frac{6}{5}t + \frac{7}{20}\pi\right) + 16^5\cos^5\left(\frac{6}{5}t\right)$$

(3.18)

经过变量代换 $f(t) = \left[8y(t)\right]^5$，绘制如图 3.13 所示的 Simulink 仿真框图。 对该框图进行仿真，则可以得出该微积分方程的数值解，如图 3.14 所示。经过大量运算也可以得到该系统的输出为 $y(t) = 2\cos(6t/5)$。其结果与利用框图法所求的解十分接近，二者的曲线图完全一致，框图法却更简单、快捷。

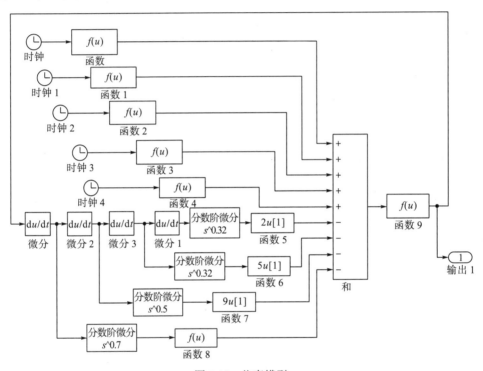

图 3.13   仿真模型

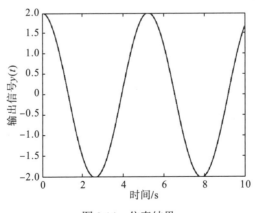

图 3.14   仿真结果

上面的分数阶微积分方程虽然都可以用其他方法求解,但是用框图法求解比其他任何方法都简单有效,且对于无法用分数阶微积分的基础知识解决的复杂分数阶微积分方程,更体现了框图求解法的优越性。

例 3.7　分数阶非线性微积分方程:

$$\frac{5D^{0.8}y(t)}{1.8D^{0.7}y(t)+1.2D^{0.3}y(t)+2}+\left|3D^{0.6}y(t)\right|^{5/3}+y(t)=8\sin(10t) \tag{3.19}$$

根据方程本身特点可以知道该微积分方程很难求解。但利用基于框图的方法可以容易地求出该微积分方程的数值解。根据方程本身,可以容易地写出 $y(t)$ 函数的显式表达式为

$$y(t)=8\sin(10t)-\frac{5D^{0.8}y(t)}{1.8D^{0.7}y(t)+1.2D^{0.3}y(t)+2}-\left|3D^{0.6}y(t)\right|^{5/3} \tag{3.20}$$

根据得出的 $y(t)$ 可以绘制出如图 3.15 所示的仿真模型。从得出的仿真模型可见,信号的各个分数阶微积分信号可以由前面设计的模块获得,对于不同的频段、阶次组合进行了比较,输出结果如图 3.16 所示。图中实线为 $N=4$,选取的频段为 $(0.001,\ 1000)$ 的结果;虚线为 $N=3$,频段为 $(0.001,\ 1000)$ 的结果;点线为 $N=4$,频段为 $(0.01,\ 100)$ 的结果。三条曲线基本一致,可见该方法是有效、简洁的。表 3.2 给出了不同参数下几个具体时间点的输出值。

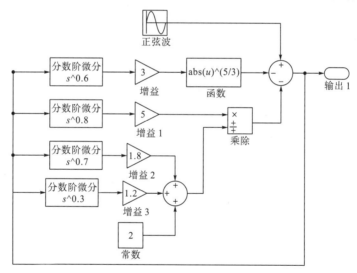

图 3.15　仿真模型

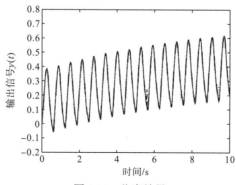

图 3.16　仿真结果

表 3.2   不同参数下的输出值

N 取值及频段	t/s					
	0	2	4	6	8	10
$N = 4$, $(0.001, 1000)$	0	0.253	0.496	0.460	0.295	0.198
$N = 3$, $(0.001, 1000)$	0	0.251	0.494	0.459	0.299	0.200
$N = 4$, $(0.01, 100)$	0	0.288	0.507	0.428	0.278	0.182

对于分数阶非线性微积分方程，通过 Simulink 仿真框图来求解是可行的，在此基础上可以对分数阶非线性系统进行进一步的分析研究，解决一般分数阶微积分知识无法或是很难求解的问题。但由于在仿真框图中滤波器近似模块本身的局限性，选取的近似频段的上下限和近似的阶次也会影响实际的结果。

参 考 文 献

［1］Diethelm K. An algorithm for the numerical solution of differential equations of fractional order［J］. Elec. Transact. Numer. Anal., 1997, 5: 1-6.

［2］Diethelm K, Ford N J. Numerical solution of the bagley-torvik equation［J］. BIT, 2002, 2: 490-507.

［3］Petras I, Chen Y Q, Vinager B M. A robust stability test procedure for a class of uncertain LTI fractional order systems［J］. International Carpathian Control Conference, 2002: 247-252.

［4］Edwards J T, Ford N J, Simpson A C. The numerical solution of linear multi-term fractional differential equations: Systems of equations［J］. Manchester Center for Numerical Computational Mathematics, 2002.

［5］薛定宇, 赵春娜. 基于框图的分数阶非线性系统仿真方法及应用［J］. 系统仿真学报, 2006, 18（9）: 2405-2408.

第4章 分数阶微积分算子近似

　　分数阶系统是一个复杂系统，对分数阶系统的研究必须采取一些特殊的方法。理论上讲分数阶系统是无限维的，整数阶系统才是有限维的。分数阶系统的特征方程一般来说不是一个真正的多项式，它是一个具有复变量的分数阶指数的伪多项式，不能直接应用整数阶系统的一些控制方法，因此用一个有限的微积分方程来描述分数阶系统是十分重要的。对分数阶系统进行有理函数的近似化、离散化是研究分数阶系统的主要方法之一。总体上讲，分数阶系统的近似化方法主要有两种：直接近似化和间接近似化。直接近似化一般是将分数阶系统转化为离散的整数阶系统，即利用 Z 变换来近似。直接近似化方法有 Euler 算子的幂级数扩展（power series expansion，PSE）、Tustin 操作算子的连分式扩展（continued fraction expansion，CFE）等。间接近似化是将分数阶系统转化为连续的整数阶系统，再利用 Laplace 变换。间接近似化方法一般首先是在连续的时域内选定近似的频率段，然后再近似成适合的有理传递函数。

　　用有理函数近似的方法，将无理传递函数转化为有理传递函数的形式。这样，就可以将分数阶系统转化为一般的整数阶系统来进行研究。Xue 和 Chen 提出了一种离散的近似化方法[1]；Ferdi 和 Boucheham[2]运用普罗尔（Prony）最小方差法进行近似；Vinagre 等[3]提出了一种连分式近似法，连分式近似法的收敛速度快，在复平面内有更大的收敛域，但近似的效果不理想。

　　以往的近似化方法近似结果不是很准确，效果较好的是 Oustaloup 近似法。但是 Oustaloup 近似法在近似频率两端近似效果不理想。本章后面的小节中描述了一种既保证近似频率两端效果，又具有一定准确度的改进近似法。改进近似法要比 Oustaloup 近似法更加准确。

4.1　直接近似化方法

　　一般情况下，函数 $f(t)$ 可以用一个函数 $f(nh)$ 来近似，其中 h 为步长。阶数为 α 的分数阶微积分算子可以用下面的表达式来近似：

$$y_h(nh) = h^{-\alpha} \left[\omega(\zeta^{-1}) \right]^{\alpha} f_h(nh) \tag{4.1}$$

其中，ζ^{-1} 为变换算子；$\omega(\zeta^{-1})$ 为产生的函数。在控制理论中，可以应用 Z 变换，将函数转化为 $y(nT)$，其中 T 为采样周期。

1. 幂级数离散近似法

　　对分数阶微分，采用向后差分的方法，$\omega(z^{-1}) = (1 - z^{-1})$，对 $(1 - z^{-1})^{\alpha}$ 进行幂级数展开，对分数阶微分使用 GL 定义，得到：

$$\nabla_T^{\alpha} = T^{-\alpha} \sum_{k=0}^{+\infty} (-1)^k \binom{\alpha}{k} f\big[(n-k)T\big] \tag{4.2}$$

对函数 $(1-z^{-1})^{-\alpha}$ 指数序列展开，得到：

$$\nabla_T^{-\alpha} = T^{\alpha} \sum_{k=0}^{+\infty} (-1)^k \binom{-\alpha}{k} f\big[(n-k)T\big] \tag{4.3}$$

因此对于传递函数中的分数阶微积分算子可以采用下面的关系式来近似：

$$Y(z) = T^{\pm\alpha} \mathrm{PSE}\big\{(1-z^{-1})^{\pm\alpha}\big\} F(z) \tag{4.4}$$

其中，T 是采样周期；$Y(z)$ 是输出序列 $y(nT)$ 的 Z 变换；$F(z)$ 是输入序列 $f(nT)$ 的 Z 变换；$\mathrm{PSE}\{u\}$ 表示函数 u 的幂级数展开。因此，对于分数阶微积分算子，可以用下面的公式来近似：

$$D^{\pm\alpha}(z) = \frac{Y(z)}{F(z)} = T^{\pm\alpha} \mathrm{PSE}\big\{(1-z^{-1})^{\pm\alpha}\big\} \tag{4.5}$$

2. 连分式离散近似法

连分式展开（continued fraction expansion，CFE）比指数展开的收敛速度更快，在复平面内有更大的收敛域。因此，应用连分式展开来进行分数阶微积分算子的近似，能够得到较好的效果。函数：

$$\omega(z^{-1}) = 2\frac{1-z^{-1}}{1+z^{-1}} \tag{4.6}$$

其中，z 是复数变量；z^{-1} 是转换算子。应用连分式展开可以得到：

$$\big[\omega(z^{-1})\big]^{\pm\alpha} = \left(2\frac{1-z^{-1}}{1+z^{-1}}\right)^{\pm\alpha} \tag{4.7}$$

对于离散传递函数，分数阶微积分算子可以用下面的表达式来近似：

$$\begin{aligned} D^{\pm\alpha}(z) &= \frac{Y(z)}{F(z)} = \left(\frac{2}{T}\right)^{\pm\alpha} \mathrm{CFE}\left\{\left(\frac{1-z^{-1}}{1+z^{-1}}\right)^{\pm\alpha}\right\}_{p,q} \\ &= \left(\frac{2}{T}\right)^{\pm\alpha} \frac{P_p(z^{-1})}{Q_q(z^{-1})} \end{aligned} \tag{4.8}$$

其中，T 是采样周期；$Y(z)$ 是输出序列 $Y(nT)$ 的 Z 变换；$F(z)$ 是输入序列 $f(nT)$ 的 Z 变换；$\mathrm{CFE}\{u\}$ 表示函数 u 的连分式序列展开；p 和 q 是近似的指数；P 和 Q 是互质的多项式。

陈阳泉教授提出了一种加权的连分式近似法：

$$\begin{aligned} D^{\pm\alpha}(z) &= \left(\frac{8}{7T}\right)^{\pm\alpha} \mathrm{CFE}\left\{\left(\frac{1-z^{-1}}{1+z^{-1}/7}\right)^{\pm\alpha}\right\}_{p,q} \\ &= \left(\frac{8}{7T}\right)^{\pm\alpha} \frac{P_p(z^{-1})}{Q_q(z^{-1})} \end{aligned} \tag{4.9}$$

3. 缪尔（Muir）递归近似法

假设 $\alpha \in (0, 1)$，有

$$\left[\omega(z^{-1})\right]^{\alpha} = \left(\frac{2}{T}\right)^{\alpha}\left(\frac{1-z^{-1}}{1+z^{-1}}\right)^{\alpha} = \left(\frac{2}{T}\right)^{\alpha}\lim_{n\to\infty}\frac{A_n(z^{-1},\alpha)}{A_n(z^{-1},-\alpha)} \tag{4.10}$$

其中，

$$A_0(z^{-1},\alpha) = 1 \tag{4.11}$$

$$A_n(z^{-1},\alpha) = A_{n-1}(z^{-1},\alpha) - c_n z^n A_{n-1}(z,\alpha) \tag{4.12}$$

$$c_n = \begin{cases} \alpha/n, & n\text{为奇数} \\ 0, & n\text{为偶数} \end{cases} \tag{4.13}$$

对于给定的近似阶数 n，可以利用 MATLAB 系统工具箱来生成 $A_n(z^{-1},\alpha)$。因此有

$$s^{\alpha} \approx \left(\frac{2}{T}\right)^{\alpha}\frac{A_n(z^{-1},\alpha)}{A_n(z^{-1},-\alpha)} \tag{4.14}$$

4.2　间接近似化方法

1. 连分式近似

连分式近似是一种函数的估值方法，收敛速度比指数序列展开要快，并且可以应用到复空间。因此，在实际中得到了很好的应用。对于一个无理函数 $G(s)$，可以表示成下面的形式：

$$G(s) = a_0(s) + \cfrac{b_1(s)}{a_1(s) + \cfrac{b_2(s)}{a_2(s) + \cfrac{b_3(s)}{a_3(s) + \cdots}}} \tag{4.15}$$

$$= a_0(s) + \frac{b_1(s)}{a_1(s)} + \frac{b_2(s)}{a_2(s)} + \frac{b_3(s)}{a_3(s)} + \cdots$$

其中，$a_i(s)$ 和 $b_i(s)$ 是变量 s 的有理函数或者是常数。应用这种方法就得到一个有理函数 $\hat{G}(s)$，即为函数 $G(s)$ 的近似。

一般地，函数 $G(s) = s^{-\alpha}$，其中 $0 < \alpha < 1$，可以通过应用函数连分式的近似方法得到：

$$G_h(s) = \frac{1}{(1+sT)^{\alpha}} \tag{4.16}$$

$$G_l(s) = \left(1+\frac{1}{s}\right)^{\alpha} \tag{4.17}$$

其中，$G_h(s)$ 是高频 ($\omega T \gg 1$) 近似；$G_l(s)$ 是低频 ($\omega T \ll 1$) 近似。

在式 (4.16) 中设 $T=1$，$\alpha=0.5$，进行连分式扩展可以得到：

$$H(s) = \frac{0.3513s^4 + 1.405s^3 + 0.8433s^2 + 0.1574s + 0.008995}{s^4 + 1.333s^3 + 0.478s^2 + 0.064s + 0.002844} \tag{4.18}$$

2. Carlson 方法

Carlson 方法是利用牛顿法，对第 α 个根用迭代的方法。设：

$$[H(s)]^{1/\alpha} - G(s) = 0 \; ; \quad H(s) = [G(s)]^{\alpha} \tag{4.19}$$

令 $\alpha = 1/q$, $m = q/2$。设矫正函数:

$$f[H(s)] = \frac{H^{2m}(s) - [G(s)]^{\alpha}}{H^{m-1}(s)} + \lambda \frac{H^{2m}(s) - [G(s)]^{\alpha}}{H^{m}(s)} \tag{4.20}$$

把这个函数代入牛顿法,并且设 $\lambda = H(s)$ 得到:

$$H_i(s) = H_{i-1}(s) \frac{(q-m)[H_{i-1}(s)]^2 + (q+m)G(s)}{(q+m)[H_{i-1}(s)]^2 + (q-m)G(s)} \tag{4.21}$$

从 $H(s) = \left(\dfrac{1}{s}\right)^{1/2}$, $H_0(s) = 1$ 开始,经过两次迭代可以得到:

$$H_3(s) = \frac{s^4 + 36s^3 + 126s^2 + 84s + 9}{9s^4 + 84s^3 + 126s^2 + 36s + 1} \tag{4.22}$$

3. Matsuda 方法

Matsuda 方法是建立一系列对数空间上的点,并且用满足初始函数的一个有理函数来近似无理函数。假设选定点集 s_k, $k = 0,1,2,\cdots$,可以采用下面的形式来近似:

$$H(s) = a_0 + \frac{s - s_0}{a_1} + \frac{s - s_1}{a_2} + \frac{s - s_2}{a_3} + \cdots \tag{4.23}$$

其中,

$$a_i = v_i(s_i) , \quad v_0(s) = H(s) , \quad v_{i+1}(s) = \frac{s - s_i}{v_i(s) - a_i} \tag{4.24}$$

4. Oustaloup 方法

Oustaloup 方法是建立在对下面形式的传递函数的近似基础上:

$$H(s) = (s/\omega_\mu)^{\alpha} \quad (\alpha \in \mathbf{R}^+) \tag{4.25}$$

不考虑低频和高频,将频率设定在给定的频率段 $[\omega_A, \omega_B]$ 内,用

$$C_0 \frac{1 + s/\omega_b}{1 + s/\omega_h} \tag{4.26}$$

来代替 s/ω_μ,其中,

$$(\omega_b \omega_h)^{1/2} = \omega_\mu \quad (\omega_b < \omega_A, \; \omega_h > \omega_B) \tag{4.27}$$

并且

$$C_0 = \frac{\omega_b}{\omega_\mu} = \frac{\omega_\mu}{\omega_h} \tag{4.28}$$

那么传递函数就可以写为

$$H(s) = C \left(\frac{1 + s/\omega_b}{1 + s/\omega_h} \right)^{\alpha} \tag{4.29}$$

其中, $C = C_0^{\alpha}$。将传递函数写成零、极点的形式为

$$H(s) = \lim_{n \to \infty} \hat{H}(s) \tag{4.30}$$

其中,

$$\widehat{H}(s) = \left(\frac{\omega_\mu}{\omega_h}\right)^\alpha \prod_{k=-N}^{N} \frac{1 + s/\omega_k'}{1 + s/\omega_k} \tag{4.31}$$

可得

$$\omega_k' = \omega_b \left(\frac{\omega_h}{\omega_b}\right)^{\frac{k+N+\frac{1}{2}(1-\alpha)}{2N+1}} \tag{4.32}$$

$$\omega_k = \omega_b \left(\frac{\omega_h}{\omega_b}\right)^{\frac{k+N+\frac{1}{2}(1+\alpha)}{2N+1}} \tag{4.33}$$

5. Chareff 方法

Chareff 方法是建立在下面形式的近似之上:

$$H(s) = \frac{1}{\left(1 + \dfrac{s}{pT}\right)^\alpha} \tag{4.34}$$

其中, $1/(pT)$ 是一个松弛时间常数, 并且 $0 < \alpha < 1$。写成零、极点的表达形式为

$$H(s) = \frac{1}{\left(1 + \dfrac{s}{pT}\right)^\alpha} = \lim_{n \to \infty} \frac{\displaystyle\prod_{i=0}^{n-1}\left(1 + \frac{s}{z_i}\right)}{\displaystyle\prod_{i=0}^{n}\left(1 + \frac{s}{p_i}\right)} \tag{4.35}$$

可以近似地表示为

$$H(s) = \frac{1}{\left(1 + \dfrac{s}{pT}\right)^\alpha} = \frac{\displaystyle\prod_{i=0}^{n-1}\left(1 + \frac{s}{z_i}\right)}{\displaystyle\prod_{i=0}^{n}\left(1 + \frac{s}{p_i}\right)} \tag{4.36}$$

因此可以得到 $n+1$ 个零、极点:

$$p_0 = pT10^{\frac{y}{20m}}$$

$$z_0 = p_0 10^{\frac{y}{10(1-m)}}$$

$$p_1 = z_0 10^{\frac{y}{10m}}$$

$$z_1 = p_1 10^{\frac{y}{10(1-m)}}$$

$$\vdots$$

$$z_{n-1} = p_{n-1} 10^{\frac{y}{10(1-m)}}$$

$$p_n = z_{n-1} 10^{\frac{y}{10m}}$$

定义：

$$a = 10^{\frac{y}{10(1-m)}}, \quad b = 10^{\frac{y}{10m}} \tag{4.37}$$

则有

$$ab = 10^{\frac{y}{10m(1-m)}} \tag{4.38}$$

因此就可以得到这些零、极点的分布：

$$\frac{z_0}{p_0} = \frac{z_1}{p_1} = \cdots = \frac{z_{n-1}}{p_{n-1}} = a \tag{4.39}$$

$$\frac{p_1}{z_0} = \frac{p_2}{z_1} = \cdots = \frac{p_n}{z_{n-1}} = b \tag{4.40}$$

则得到：

$$\frac{z_1}{z_0} = \frac{z_2}{z_1} = \cdots = \frac{z_{n-1}}{z_{n-2}} = ab \tag{4.41}$$

$$\frac{p_1}{p_0} = \frac{p_2}{p_1} = \cdots = \frac{p_n}{p_{n-1}} = ab \tag{4.42}$$

可以得到近似有理函数的零、极点：

$$p_0 = pT\sqrt{b}, \quad p_i = p_0(ab)^i, \quad z_i = ap_0(ab)^i \qquad (i = 1, 2, \cdots) \tag{4.43}$$

因此，近似有理函数可以写为

$$H(s) = \frac{1}{\left(1 + \dfrac{s}{pT}\right)^{\alpha}} = \frac{\displaystyle\prod_{i=0}^{n-1}\left(1 + \dfrac{s}{(ab)^i \, ap_0}\right)}{\displaystyle\prod_{i=0}^{n}\left(1 + \dfrac{s}{(ab)^i \, p_0}\right)} \tag{4.44}$$

对于多分式乘积的形式：

$$H(s) = \frac{1}{\displaystyle\prod_{i=0}^{n}\left(1 + \dfrac{s}{pT_i}\right)^{\alpha_i}} \tag{4.45}$$

可以得到类似的近似方法：

$$H(s) = \frac{\displaystyle\prod_{i_1=0}^{n_1-1}\left(1 + \dfrac{s}{z_{i1}}\right)\prod_{i_2=0}^{n_2-1}\left(1 + \dfrac{s}{z_{i2}}\right)\cdots\prod_{i_m=0}^{n_m-1}\left(1 + \dfrac{s}{z_{im}}\right)}{\displaystyle\prod_{i_1=0}^{n_1}\left(1 + \dfrac{s}{p_{i1}}\right)\prod_{i_2=0}^{n_2}\left(1 + \dfrac{s}{p_{i2}}\right)\cdots\prod_{i_m=0}^{n_m}\left(1 + \dfrac{s}{p_{im}}\right)} \tag{4.46}$$

4.3　改进近似法

直接近似法是将分数阶系统近似成离散的整数阶系统，其近似效果不是很好，近来人们很少采用直接近似法。间接近似法中近似效果较好的是 Oustaloup 方法，但是 Oustaloup 方法在近似频段的两端效果不是很好。这里介绍一种间接近似化方法，充分考虑整个近似频段的效果，在近似过程中引入适当的系数使得近似效果在整个近似频段上都能达到一定要求，同时也提高了近似的准确程度。

改进近似化方法在整个近似频段上都具有很高的准确性，同时具有一定的实用性。对于分数阶微积分算子 s^α，在频段 (ω_b, ω_h) 内，用一个分数阶模型 $K(s)$ 来进行描述[4]。令：

$$K(s) = \left(\frac{1 + \dfrac{s}{d\omega_b / b}}{1 + \dfrac{s}{b\omega_h / d}} \right)^\alpha \tag{4.47}$$

其中，$0 < \alpha < 1$，$s = j\omega$，$b > 0$，$d > 0$，引入系数 b 和 d 就是为了提高近似频段两端的近似效果。则：

$$K(s) = \left(\frac{bs}{d\omega_b} \right)^\alpha \left(1 + \frac{-ds^2 + d}{ds^2 + bs\omega_h} \right)^\alpha \tag{4.48}$$

在 $\omega_b < \omega < \omega_h$ 范围内，将 $K(s)$ 由 Taylor 级数展开得

$$K(s) = \left(\frac{bs}{d\omega_b} \right)^\alpha \left[1 + \alpha p(s) + \frac{\alpha(\alpha - 1)}{2} p^2(s) + \cdots \right] \tag{4.49}$$

其中，

$$p(s) = \frac{-ds^2 + d}{ds^2 + bs\omega_h} \tag{4.50}$$

因此可以得到：

$$s^\alpha = \frac{(d\omega_b)^\alpha b^{-\alpha}}{\left[1 + \alpha p(s) + \dfrac{\alpha(\alpha - 1)}{2} p^2(s) + \cdots \right]} \left(\frac{1 + \dfrac{s}{d\omega_b / b}}{1 + \dfrac{s}{b\omega_h / d}} \right)^\alpha \tag{4.51}$$

将 Taylor 级数进行剪切，剪切到一阶项得到：

$$s^\alpha = \frac{(d\omega_b)^\alpha}{b^\alpha [1 + \alpha p(s)]} \left(\frac{1 + \dfrac{s}{d\omega_b / b}}{1 + \dfrac{s}{b\omega_h / d}} \right)^\alpha \tag{4.52}$$

再将 $p(s)$ 代入可得

$$s^\alpha = \left(\frac{d\omega_b}{b} \right)^\alpha \left[\frac{ds^2 + bs\omega_h}{d(1 - \alpha)s^2 + bs\omega_h + d\alpha} \right] \left(\frac{1 + \dfrac{s}{d\omega_b / b}}{1 + \dfrac{s}{b\omega_h / d}} \right)^\alpha \tag{4.53}$$

要证明近似的表达式 (4.53) 稳定，只需证明其所有极点都在 s 平面的左侧即可。可知式 (4.53) 最多有 3 个不同的极点，其一为 $-\dfrac{b}{d}\omega_h$，因为有 $\omega_h, b, d > 0$，故这个极点是负的。其余两个是方程

$$d(1 - \alpha)s^2 + bs\omega_h + d\alpha = 0 \tag{4.54}$$

的根，又有 $0 < \alpha < 1$ ，则两个根同为负。故可知近似表达式(4.53)在频段 (ω_b, ω_h) 内是稳定的。

在实际应用中，将其转化为有理传递函数的形式。将表达式(4.53)的分数阶部分即 $K(s)$ 表示成有理传递函数零、极点的形式

$$K(s) = \lim_{N \to \infty} K_N(s) = \lim_{N \to \infty} \prod_{k=-N}^{N} \frac{1 + s / \omega_k'}{1 + s / \omega_k} \tag{4.55}$$

其中， $-\omega_k'$ 为第 k 个零点， $-\omega_k$ 为第 k 个极点， $2N+1$ 为零、极点的个数，且满足下面的关系式

$$\omega_0' = \mu^{-1/2} , \quad \omega_0 = \mu^{1/2} \tag{4.56}$$

$$\frac{\omega_{k+1}'}{\omega_k'} = \frac{\omega_{k+1}}{\omega_k} = \mu\eta > 1 \tag{4.57}$$

$$\frac{\omega_k}{\omega_k'} = \mu > 0, \quad \frac{\omega_{k+1}'}{\omega_k} = \eta > 0 \tag{4.58}$$

其中， μ 、 η 称作递推因子，且有

$$\omega_{-N}' = \frac{d}{b}\eta^{1/2}\omega_b , \quad \omega_N = \frac{b}{d}\eta^{-1/2}\omega_h \tag{4.59}$$

可推得第 k 个零、极点为

$$\omega_k' = \left(\frac{b}{d}\right)^{\frac{2k-\alpha}{2N+1}} \omega_h^{\frac{N+k+\frac{1}{2}(1-\alpha)}{2N+1}} \omega_b^{\frac{N-k+\frac{1}{2}(1+\alpha)}{2N+1}} \tag{4.60}$$

$$\omega_k = \left(\frac{b}{d}\right)^{\frac{2k+\alpha}{2N+1}} \omega_h^{\frac{N+k+\frac{1}{2}(1+\alpha)}{2N+1}} \omega_b^{\frac{N-k+\frac{1}{2}(1-\alpha)}{2N+1}} \tag{4.61}$$

构造出分数阶微积分算子的连续有理传递函数模型：

$$G(s) = K\left[\frac{ds^2 + b\omega_h s}{d(1-\alpha)s^2 + b\omega_h s + d\alpha}\right] \prod_{k=-N}^{N} \frac{1 + s / \omega_k'}{1 + s / \omega_k} \tag{4.62}$$

其中，

$$K = (\omega_b \omega_h)^{\alpha} \tag{4.63}$$

这里 $2N+1$ 为近似的阶次。该改进近似的具体算法如下：

(1)选定近似频率段的范围和阶次；

(2)根据分数阶微积分的阶次 α ，由式(4.60)和式(4.61)计算 ω_k' 和 ω_k ；

(3)根据式(4.63)计算 K ；

(4)由式(4.62)计算出近似化的有理传递函数。

4.3.1 系数的选取

系数 b 和 d 的选取是近似方法的重要环节之一。通过大量的实际验证与理论分析，当 $b=10$ 、 $d=9$ 时，改进近似法就能够取得很好的近似效果。在下例中，选取的近似频段均为 $\omega_b = 0.001$ ， $\omega_h = 1000$ ，参数 $N=3$ 。

例 4.1　增大 b、减小 d 来近似分数阶微积分算子 $s^{0.2}$ 和 $s^{0.8}$。

选取 $b=11$，$d=8$。图 4.1 显示了微积分算子 $s^{0.2}$ 的 Bode 图。微积分算子 $s^{0.8}$ 的 Bode 图如图 4.2 所示。图中实线为真实解；点线为 $b=11$、$d=8$ 时改进近似法的结果；虚线为 $b=10$、$d=9$ 时的结果。可见在近似频段 (0.001, 1000) 内，两者几乎没有区别，只是当 $b=11$、$d=8$ 时近似效果好的相频范围要大一些。表 4.1 和表 4.2 中给出了不同参数下几个频率点的具体值。

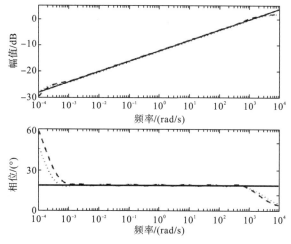

图 4.1　$s^{0.2}$ 的 Bode 图的比较

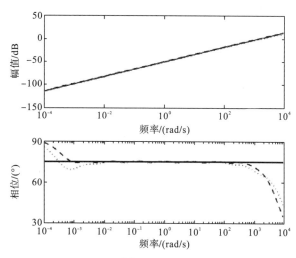

图 4.2　$s^{0.8}$ 的 Bode 图的比较

表 4.1　不同参数下 $s^{0.2}$ 的幅值　　　　　　　　　　　　（单位：dB）

参数	ω /(rad/s)						
	10^{-3}	10^{-2}	10^{-1}	10^{0}	10^{1}	10^{2}	10^{3}
理想值	−24.25	−20.25	−16.25	−12.28	−8.26	−4.28	−0.25
$b=10$, $d=9$	−23.95	−20.26	−16.24	−12.26	−8.15	−4.19	−0.12
$b=11$, $d=8$	−24.43	−20.27	−16.26	−12.29	−8.32	−4.34	−0.33

表 4.2　不同参数下 $s^{0.8}$ 的相位值　　　　　　　　　（单位：°）

参数	ω /(rad/s)						
	10^{-3}	10^{-2}	10^{-1}	10^{0}	10^{1}	10^{2}	10^{3}
理想值	72.0	72.0	72.0	72.0	72.0	72.0	72.0
$b=10$, $d=9$	67.0	71.4	72.3	72.6	72.4	71.4	65.4
$b=11$, $d=8$	71.0	71.7	72.2	72.5	72.3	71.7	68.3

例 4.2　继续增大 b 减小 d，近似分数阶微积分算子 $s^{0.3}$ 和 $s^{0.6}$。

例如，取 $b=15$、$d=4$。图 4.3 显示了微积分算子 $s^{0.3}$ 的 Bode 图。微积分算子 $s^{0.6}$ 的 Bode 图如图 4.4 所示。图中实线为真实解；点线为 $b=15$、$d=4$ 时改进近似法的结果；虚线为 $b=10$、$d=9$ 时的结果。两者的幅频特性有所不同。相频特性曲线当 $b=15$、$d=4$ 时的范围要大一些。表 4.3 给出了不同参数下几个频率点的 $s^{0.6}$ 的相位值。

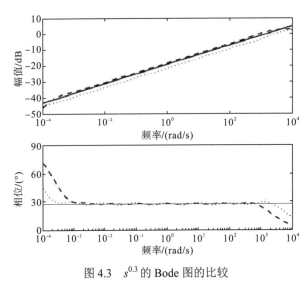

图 4.3　$s^{0.3}$ 的 Bode 图的比较

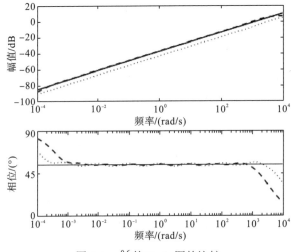

图 4.4　$s^{0.6}$ 的 Bode 图的比较

表 4.3　不同参数下 $s^{0.6}$ 的相位值 　　　　　　　　　（单位：°）

参数	$\omega/(\text{rad/s})$						
	10^{-3}	10^{-2}	10^{-1}	10^{0}	10^{1}	10^{2}	10^{3}
理想值	54.0	54.0	54.0	54.0	54.0	54.0	54.0
$b=10, d=9$	57.2	54.2	54.5	54.8	54.5	54.2	50.9
$b=15, d=4$	56.6	55.5	55.6	55.6	55.5	55.5	56.2

可见在近似频段 $(0.001, 1000)$ 内，两者差别不大，但是当 $b=10$、$d=9$ 时的结果更准确些。经过大量推理计算及其实验与仿真，得出 $b=10$、$d=9$ 时改进近似法的结果更好些。

4.3.2　Taylor 级数的剪切

在将 Taylor 级数进行剪切时，仅仅保留了一阶项。下面来讨论这样简单的剪切是否能达到足够的准确度。在这里将 Taylor 级数剪切到二阶项。

在表达式 (4.51) 中将 Taylor 级数剪切到二阶项得到：

$$s^{\alpha} = \frac{\left(d\omega_b\right)^{\alpha}}{b^{\alpha}\left[1 + \alpha p(s) + \dfrac{\alpha(\alpha-1)}{2}p^2(s)\right]}\left(\frac{1 + \dfrac{s}{d\omega_b/b}}{1 + \dfrac{s}{b\omega_h/d}}\right)^{\alpha} \tag{4.64}$$

再将 $p(s)$ 代入，有

$$s^{\alpha} = \frac{2(ds^2 + bs\omega_h)^2}{(1-\alpha)(2-\alpha)d^2s^4 + 2(2-\alpha)bd\omega_h s^3 + 2(2\alpha d^2 - \alpha^2 d^2 + b^2\omega_h^2)s^2 + 2\alpha bd\omega_h s + \alpha^2 d^2 - 2d^2}$$

$$\left(\frac{d\omega_b}{b}\right)^{\alpha}\left(\frac{1 + \dfrac{s}{d\omega_b/b}}{1 + \dfrac{s}{b\omega_h/d}}\right)^{\alpha}$$

$$\tag{4.65}$$

由递归方法将其转化为连续有理传递函数的形式：

$$s^{\alpha} = \frac{2K(ds^2 + bs\omega_h)^2}{(1-\alpha)(2-\alpha)d^2s^4 + 2(2-\alpha)bd\omega_h s^3 + 2(2\alpha d^2 - \alpha^2 d^2 + b^2\omega_h^2)s^2 + 2\alpha bd\omega_h s + \alpha^2 d^2 - 2d^2}$$

$$\prod_{k=-N}^{N}\frac{1 + s/\omega_k'}{1 + s/\omega_k}$$

$$\tag{4.66}$$

其中，

$$\omega_k' = \left(\frac{b}{d}\right)^{\frac{2k-\alpha}{2N+1}}\omega_h^{\frac{N+k+\frac{1}{2}(1-\alpha)}{2N+1}}\omega_b^{\frac{N-k+\frac{1}{2}(1+\alpha)}{2N+1}} \tag{4.67}$$

$$\omega_k = \left(\frac{b}{d}\right)^{\frac{2k+\alpha}{2N+1}} \omega_h^{\frac{N+k+\frac{1}{2}(1+\alpha)}{2N+1}} \omega_b^{\frac{N-k+\frac{1}{2}(1-\alpha)}{2N+1}} \tag{4.68}$$

$$K = (\omega_b \omega_h)^{\alpha} \tag{4.69}$$

没有改变。

例 4.3　在改进近似法中分别将 Taylor 级数剪切到一阶、二阶项，用得到的结果近似分数阶微积分算子 $s^{0.4}$ 和 $s^{0.9}$。

图 4.5 显示了微积分算子 $s^{0.4}$ 的 Bode 图。微积分算子 $s^{0.9}$ 的 Bode 图如图 4.6 所示。图中实线为真实解；虚线为表达式 (4.62)，即 Taylor 级数剪切到一阶近似的结果；点线为表达式 (4.66)，即 Taylor 级数剪切到二阶近似的结果。可见两者在近似频率内的效果几乎完全一样，因此完全可以采用较简单的表达式 (4.62)，即将 Taylor 级数剪切到一阶。表 4.4 给出了不同 Taylor 级数剪切下几个频率点的 $s^{0.9}$ 的相位值。

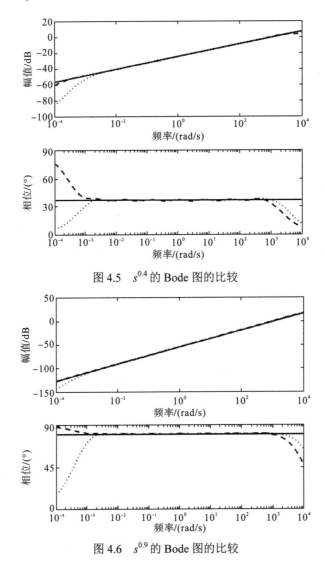

图 4.5　$s^{0.4}$ 的 Bode 图的比较

图 4.6　$s^{0.9}$ 的 Bode 图的比较

表 4.4　不同 Taylor 级数剪切下 $s^{0.9}$ 的相位值 （单位：°）

级数	$\omega/(\text{rad/s})$						
	10^{-3}	10^{-2}	10^{-1}	10^{0}	10^{1}	10^{2}	10^{3}
理想值	81.00	81.00	81.00	81.00	81.00	81.00	81.00
一阶级数	82.00	81.07	81.16	81.26	81.16	81.06	80.03
二阶级数	72.00	81.05	81.15	81.26	81.15	81.07	81.15

分数阶系统模型经过近似化方法后得到了高阶的整数阶传递函数模型。当系统阶次过高时不宜分析其性能，若对高阶的整数阶系统再进行某种模型降阶处理，可以得出低阶系统模型。下面给出基于误差 H_2 范数最小化的最优降阶模型方法，用低阶系统模型去逼近高阶系统模型。

4.4　分数阶系统最优降阶

分数阶系统模型经过近似化方法后得到整数阶传递函数模型，一般来说，阶次过高，不宜分析其性能。所以考虑采用最优模型降阶算法，用低阶模型去逼近高阶模型，使系统更易于分析与设计。将模型降阶误差 H_2 范数最小化准则作为降阶目标函数，对高阶模型进行降阶处理，可以得出系统的最优降阶模型。

为得到良好的降阶效果，可以将有理近似的高阶模型与降阶模型之间的误差最小化，故可以定义出最优降阶的最优化问题为

$$J = \min_{\theta} \left\| \hat{G}(s) - G(s) \right\|_2 \tag{4.70}$$

其中，θ 为需要优化的降阶模型参数构成的向量。对于易于求解的线性系统模型范数问题，这样的最优化问题也是不存在解析解的。这里采用最优化问题的数值解法来求解降阶模型的参数，具体的求解步骤为：

(1) 对于需要降阶的系统模型 $G(s)$，计算目标函数 $\left\| \hat{G}(s) - G(s) \right\|_2$，对线性系统来说，可以采用基于 Lyapunov 方程的求解算法，若得出的降阶模型不稳定，则可以利用惩罚方法返回到稳定区域继续搜索；

(2) 采用最优化算法求解下一步的降阶模型参数，获得更好的降阶模型，也可以采用遗传算法来求解最优化问题，得出更精确的降阶模型 $G^1(s)$ ；

(3) 令 $G(s) = G^1(s)$，转到步骤 (1) 继续搜索最优解，直到获得最优降阶模型 $\hat{G}(s)$。

下面就用仿真实例来形象说明该算法的准确性及有效性。

4.5　仿　真　实　例

例 4.4　近似分数阶微积分基本算子 $s^{0.5}$。

在相同的近似频段 $\omega_b = 0.001$，$\omega_h = 1000$，选取相同的参数 $N = 3$。由 Oustaloup 方法

和改进近似化方法分别近似这个基本算子，得到系统的 Bode 图如图 4.7 所示。其中 Oustaloup 方法的结果如图中的虚线所示。改进近似法的结果如点线所示，其中 $b=10, d=9$。图中实线为真实解。不同频率点下的具体相位值如表 4.5 所示。可以看出，在近似频率段的两端，改进近似方法要远远好于 Oustaloup 方法。从效果上看，该方法近似的分数阶微积分相当于原来信号需要通过这样的滤波器得出的输出信号。该近似化方法可以对无法预先知道的信号进行数值微积分处理。

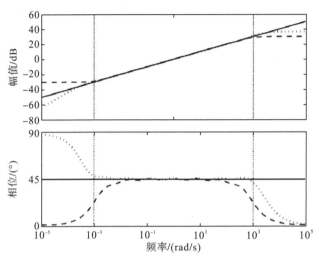

图 4.7　Bode 图的比较

表 4.5　不同近似方法下 $s^{0.5}$ 的相位值　　　　　　　　　　（单位：°）

方法	ω /(rad/s)						
	10^{-3}	10^{-2}	10^{-1}	10^{0}	10^{1}	10^{2}	10^{3}
理想值	45.0	45.0	45.0	45.0	45.0	45.0	45.0
改进近似法	48.0	45.0	45.5	45.8	45.5	45.0	42.0
Oustaloup 方法	22.0	42.0	45.2	45.7	45.2	42.0	22.0

改进近似法不仅在近似频段的两端具有很好效果，而且在整个近似频段上具有很高的准确性与实用性。

例 4.5　分数阶传递函数：

$$G(s) = \frac{s+1}{10s^{3.2} + 185s^{2.5} + 288s^{0.7} + 1} \tag{4.71}$$

在相同的参数 $\omega_b = 0.001$，$\omega_h = 1000$，$N=3$ 下，由改进近似法和 Oustaloup 方法分别对其进行近似。

分数阶系统以及近似模型的 Bode 图如图 4.8 所示。图中点线为改进近似法的结果，虚线为 Oustaloup 方法结果，实线为 $x(t)$ 的数值解。显而易见，在高频和低频部分，近似化方法要好于 Oustaloup 方法。其阶跃响应曲线如图 4.9 所示，图中实线为 $x(t)$ 的数值解，点线为改进近似法的结果，虚线为 Oustaloup 方法结果。结果表明改进近似方法要比 Oustaloup 方法更准确。

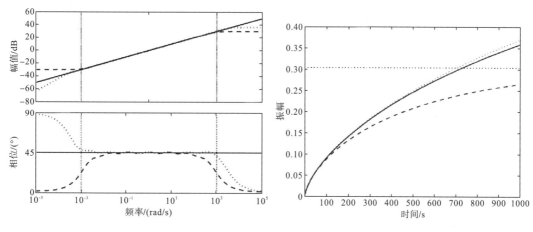

图 4.8　Bode 图的比较　　　　　　　　图 4.9　阶跃响应比较

由改进近似法得到的整数阶系统最高阶次达到了 30 阶：

$$G(s) = \frac{\begin{aligned}&87.48s^{28}+8.417\times10^5s^{27}+3.087\times10^9s^{26}+5.64\times10^{12}s^{25}+5.62\times10^{15}s^{24}\\&+3.133\times10^{18}s^{23}+9.593\times10^{20}s^{22}+1.548\times10^{23}s^{21}+1.328\times10^{25}s^{20}\\&+6.01\times10^{26}s^{19}+1.392\times10^{28}s^{18}+1.705\times10^{29}s^{17}+1.119\times10^{30}s^{16}\\&+3.921\times10^{30}s^{15}+7.68\times10^{30}s^{14}+8.621\times10^{30}s^{13}+5.519\times10^{30}s^{12}\\&+1.967\times10^{30}s^{11}+3.866\times10^{29}s^{10}+4.083\times10^{28}s^9+2.216\times10^{27}s^8\\&+6.28\times10^{25}s^7+9.187\times10^{23}s^6+6.64\times10^{21}s^5+2.405\times10^{19}s^4\\&+4.204\times10^{16}s^3+3.138\times10^{13}s^2+9.628\times10^9s+9.373\times10^5\end{aligned}}{\begin{aligned}&4446s^{30}+4.177\times10^7s^{29}+1.478\times10^{11}s^{28}+2.576\times10^{14}s^{27}\\&+2.442\times10^{17}s^{26}+1.301\times10^{20}s^{25}+3.881\times10^{22}s^{24}+6.393\times10^{24}s^{23}\\&+5.830\times10^{26}s^{22}+2.922\times10^{28}s^{21}+7.943\times10^{29}s^{20}+1.167\times10^{31}s^{19}\\&+9.237\times10^{31}s^{18}+3.966\times10^{32}s^{17}+9.737\times10^{32}s^{16}+1.55\times10^{33}s^{15}\\&+1.79\times10^{33}s^{14}+1.431\times10^{33}s^{13}+6.791\times10^{32}s^{12}+1.741\times10^{32}s^{11}\\&+2.346\times10^{31}s^{10}+1.624\times10^{30}s^9+5.776\times10^{28}s^8+1.057\times10^{27}s^7\\&+9.861\times10^{24}s^6+4.644\times10^{22}s^5+1.098\times10^{24}s^4+1.237\times10^{17}s^3\\&+6.11\times10^{13}s^2+1.279\times10^{10}s+9.373\times10^5\end{aligned}}$$

可以看到近似后的整数阶系统阶次过高不易于分析，因此可以采用最优模型降阶法，用低阶模型去逼近高阶模型，使系统更易于分析与设计。

例 4.6　分数阶受控对象：

$$G_{Fp}(s) = \frac{1}{0.8s^{2.2}+0.5s^{0.9}+1} \tag{4.72}$$

设计分数阶控制器为

$$G_c(s) = 233.42 + \frac{22.4}{s^{0.1}} + 18.53s^{1.15} \tag{4.73}$$

则闭环的分数阶系统模型为

$$G(s) = \frac{G_{Fp}(s)G_c(s)}{1 + G_{Fp}(s)G_c(s)} \tag{4.74}$$

用改进近似化方法，在参数 $\omega_b = 0.001$，$\omega_h = 1000$，$N = 3$ 下得到整数阶系统为

$$
G(s) = \frac{\begin{aligned}
&5.615 \times 10^4 s^{37} + 9.711 \times 10^8 s^{36} + 4.766 \times 10^{12} s^{35} + 1.139 \times 10^{16} s^{34} \\
&+1.567 \times 10^{19} s^{33} + 1.33 \times 10^{22} s^{32} + 7.177 \times 10^{24} s^{31} + 2.476 \times 10^{27} s^{30} \\
&+5.431 \times 10^{29} s^{29} + 7.49 \times 10^{31} s^{28} + 6.475 \times 10^{33} s^{27} + 3.529 \times 10^{35} s^{26} \\
&+1.222 \times 10^{37} s^{25} + 2.71 \times 10^{38} s^{24} + 3.91 \times 10^{39} s^{23} + 3.717 \times 10^{40} s^{22} \\
&+2.333 \times 10^{41} s^{21} + 9.523 \times 10^{41} s^{20} + 2.47 \times 10^{42} s^{19} + 4.023 \times 10^{42} s^{18} \\
&+4.073 \times 10^{42} s^{17} + 2.536 \times 10^{42} s^{16} + 9.59 \times 10^{41} s^{15} + 2.203 \times 10^{41} s^{14} \\
&+3.086 \times 10^{40} s^{13} + 2.623 \times 10^{39} s^{12} + 1.341 \times 10^{38} s^{11} + 4.131 \times 10^{36} s^{10} \\
&+7.682 \times 10^{34} s^9 + 8.551 \times 10^{32} s^8 + 5.595 \times 10^{30} s^7 + 2.126 \times 10^{28} s^6 \\
&+4.586 \times 10^{25} s^5 + 5.29 \times 10^{22} s^4 + 2.858 \times 10^{19} s^3 + 5.918 \times 10^{15} s^2 \\
&+4.319 \times 10^{11} s + 5.132 \times 10^6
\end{aligned}}{\begin{aligned}
&3658 s^{38} + 6.283 \times 10^7 s^{37} + 3.035 \times 10^{11} s^{36} + 7.131 \times 10^{14} s^{35} \\
&+9.65 \times 10^{17} s^{34} + 8.068 \times 10^{20} s^{33} + 4.292 \times 10^{23} s^{32} + 1.466 \times 10^{26} s^{31} \\
&+3.205 \times 10^{28} s^{30} + 4.455 \times 10^{30} s^{29} + 3.95 \times 10^{32} s^{28} + 2.265 \times 10^{34} s^{27} \\
&+8.547 \times 10^{35} s^{26} + 2.17 \times 10^{37} s^{25} + 3.805 \times 10^{38} s^{24} + 4.69 \times 10^{39} s^{23} \\
&+4.065 \times 10^{40} s^{22} + 2.433 \times 10^{41} s^{21} + 9.717 \times 10^{41} s^{20} + 2.5 \times 10^{42} s^{19} \\
&+4.053 \times 10^{42} s^{18} + 4.095 \times 10^{42} s^{17} + 2.548 \times 10^{42} s^{16} + 9.632 \times 10^{41} s^{15} \\
&+2.212 \times 10^{41} s^{14} + 3.1 \times 10^{40} s^{13} + 2.633 \times 10^{39} s^{12} + 1.346 \times 10^{38} s^{11} \\
&+4.147 \times 10^{36} s^{10} + 7.711 \times 10^{34} s^9 + 8.583 \times 10^{32} s^8 + 5.616 \times 10^{30} s^7 \\
&+2.133 \times 10^{28} s^6 + 4.603 \times 10^{25} s^5 + 5.309 \times 10^{22} s^4 + 2.868 \times 10^{19} s^3 \\
&+5.938 \times 10^{15} s^2 + 4.331 \times 10^{11} s + 5.132 \times 10^6
\end{aligned}}
$$

原系统的单位阶跃响应曲线与近似后模型的响应曲线如图 4.10 所示。图 4.11 显示了分数阶系统与近似模型的 Bode 图，可见结果十分吻合。

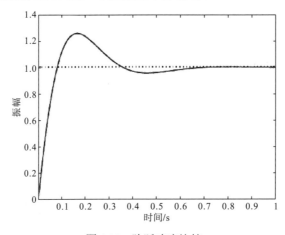

图 4.10 阶跃响应比较

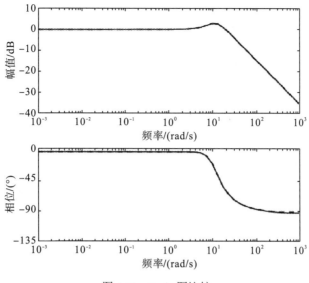

图 4.11　Bode 图比较

近似的整数阶模型阶次较高，不宜分析其性能，由最优模型降阶法，可以得出低阶模型：

$$\widehat{G}(s)=\frac{24.18s^2+121.3s+0.0018}{s^3+19.37s^2+121.7s+0.0018} \tag{4.75}$$

低阶模型的阶跃响应曲线与近似后的高阶系统的比较如图 4.12 所示，其 Bode 图的比较如图 4.13 所示。图中实线为近似模型的结果，虚线为最优降阶的结果。两者的单位阶跃响应曲线存在一点差别，幅频特性曲线与相频特性曲线则相差无几。这说明最优降阶方法虽然存在一定的误差，但是在一些实际情况中也是很可取的，因为该方法大大降低了系统模型的复杂性，近似效果表明该最优降阶算法是有效的。

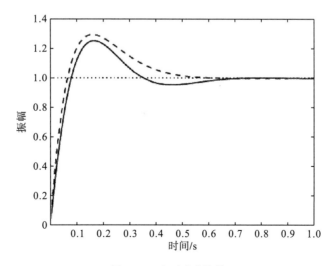

图 4.12　阶跃响应比较

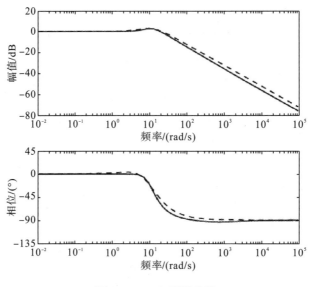

图 4.13　Bode 图的比较

　　分数阶系统可以更好地描述实际系统模型。分数阶系统的近似化处理是分析分数阶系统的主要方法之一。用有理函数近似的方法，将无理传递函数转化为有理传递函数的形式，这样就可以将分数阶系统转化为一般的整数阶系统来进行研究。

参 考 文 献

［1］ Xue D Y, Chen Y Q. Sub-optimun H_2 rational approximations to fractional order linear systems［R］. ASME 2005 International Design Engineering Technical Conferences & Computers and Information in Engineering Conference, 2005.

［2］ Ferdi Y, Boucheham B. Recursive filter approximation of digital fractional differentiator and integrator based on prony's method［R］. 1st IFAC Workshop on Fractional Differentiation and Its Application, 2014.

［3］ Vinagre B M, Chen Y Q, Petrá I. Two direct tustin discretization methods for froctional order differentiation/integrator［J］. Journal of the Fvanklin Institute, 2003: 349-362.

［4］ Xue D Y, Zhao C N, Chen Y Q. A modified approximation method of fractional order system［J］. IEEE ICMA, 2006: 1043-1048.

第5章 成比例分数阶系统

成比例分数阶系统是分数阶系统中最简单且类似于整数阶线性系统的一类系统,属于分数阶系统中特殊的一类。对成比例分数阶系统的研究可以采用整数阶线性系统的一些研究方法。对于成比例分数阶系统的动态特性可以类似线性系统一样计算求得,并且这些动态特性也是一般分数阶系统的理论基础。本章首先介绍成比例分数阶系统的表示方法、能控性、能观性、稳定性以及时域频域的响应曲线等基础知识,然后针对这种简单的分数阶系统,介绍相关控制器的设计方法。

5.1 成比例分数阶系统表示方法

成比例分数阶系统的表达方法是研究分数阶系统的基础。下面简单介绍连续成比例分数阶系统输入输出表示法和状态空间表示法。

定义 5.1 如果在分数阶系统的微积分方程中,所有微积分阶数都是一个基本阶数 α 的整数倍,即满足:

$$\alpha_k, \beta_k = k\alpha \quad (\alpha \in \mathbf{R}^+) \tag{5.1}$$

这样的系统称为成比例分数阶系统。

1. 连续模型

$$\sum_{k=0}^{n} a_k D^{k\alpha} y(t) = \sum_{k=0}^{m} b_k D^{k\alpha} u(t) \tag{5.2}$$

2. 离散模型

$$a_n \Delta_h^{\alpha_n} y(nh) + a_{n-1} \Delta_h^{\alpha_{n-1}} y[(n-1)h] + \cdots + a_0 \Delta_h^{\alpha_0} y(0)$$
$$= b_m \Delta_h^{\beta_m} u(mh) + b_{m-1} \Delta_h^{\beta_{m-1}} u[(m-1)h] + \cdots + b_0 \Delta_h^{\beta_0} u(0) \tag{5.3}$$

其中,$\Delta_h^{\alpha_k}$ 是由 α_k 阶和步长 h 产生的微积分算子,定义为

$$\Delta_h^{\alpha_k} y(ih) = h^{-\alpha_k} [y(ih) - y(ih-h)]^{\alpha_k}$$
$$= \sum_{l=0}^{i} (-1)^l \binom{\alpha_k}{l} y(ih-lh) \tag{5.4}$$

3. 输入输出表示方法

成比例分数阶动态系统可以表示为

$$b_m D^{p_m \alpha} y(t) + b_{m-1} D^{p_{m-1} \alpha} y(t) + \cdots + b_0 D^{p_0 \alpha} y(t) = a_n D^{k_n \alpha} u(t) + a_{n-1} D^{k_{n-1} \alpha} u(t) + \cdots + a_0 D^{k_0 \alpha} u(t) \tag{5.5}$$

其中，a_i、b_j、k_i、p_j 为任意的有理数，$i=0,1,2,\cdots,n$，$j=0,1,2,\cdots,m$。对表达式(5.5)的两边应用 Laplace 变换，可以得到成比例分数阶系统的输入输出表达式，用传递函数的形式描述为

$$G(s)=\frac{Y(s)}{U(s)}=\frac{a_n s^{k_n\alpha}+a_{n-1}s^{k_{n-1}\alpha}+\cdots+a_0 s^{k_0\alpha}}{b_m s^{p_m\alpha}+b_{m-1}s^{p_{m-1}\alpha}+\cdots+b_0 s^{p_0\alpha}} \tag{5.6}$$

也可以表示为

$$G(s)=\frac{\sum_{i=0}^{n}a_i(s^\alpha)^{k_i}}{\sum_{j=0}^{m}b_j(s^\alpha)^{p_j}} \tag{5.7}$$

引入变量 λ，设 $\lambda=s^\alpha$，可得到：

$$G(s)=\frac{\sum_{i=0}^{n}a_i\lambda^{k_i}}{\sum_{j=0}^{m}b_j\lambda^{p_j}} \tag{5.8}$$

对于离散系统，由 Z 变换，可得

$$G(z)=\frac{a_n\left[w(z^{-1})\right]^{\alpha_n}+a_{n-1}\left[w(z^{-1})\right]^{\alpha_{n-1}}+\cdots+a_0\left[w(z^{-1})\right]^{\alpha_0}}{b_m\left[w(z^{-1})\right]^{\beta_m}+b_{m-1}\left[w(z^{-1})\right]^{\beta_{m-1}}+\cdots+b_0\left[w(z^{-1})\right]^{\beta_0}} \tag{5.9}$$

其中，$w(z^{-1})$ 是算子 Δ_h^1 的 Z 变换，或说成是 Laplace 算子 s 的离散形式。

4. 状态空间表示方法

成比例分数阶系统也可以用下面的状态空间方法来表示：

$$\begin{cases}(D^\alpha \boldsymbol{X})(t)=\boldsymbol{AX}(t)+\boldsymbol{BU}(t)\\ \boldsymbol{Y}(t)\ =\boldsymbol{CX}(t)+\boldsymbol{EU}(t)\end{cases} \tag{5.10}$$

其中，α 是成比例的阶次；$\boldsymbol{U}\in\mathbf{R}^n$ 是输入向量；$\boldsymbol{X}\in\mathbf{R}^m$ 是状态向量；$\boldsymbol{Y}\in\mathbf{R}^q$ 是输出向量；$\boldsymbol{A}\in\mathbf{R}^{m\times m}$ 是状态矩阵；$\boldsymbol{B}\in\mathbf{R}^{m\times n}$ 是输入矩阵；$\boldsymbol{C}\in\mathbf{R}^{q\times m}$ 是输出矩阵；$\boldsymbol{E}\in\mathbf{R}^{q\times n}$ 是传递矩阵。

对于成比例分数阶系统，定义 $D^\alpha x_k=x_{k+1}$，$k=1,2,\cdots,n-1$。对于单变量系统，其传递函数为

$$G(s)=\frac{\sum_{k=0}^{n}a_k(s^\alpha)^k}{\sum_{k=0}^{m}b_k(s^\alpha)^k} \tag{5.11}$$

状态空间的描述，可以通过下面的矩阵方程给出：

$$\begin{bmatrix}D^\alpha x_1\\ D^\alpha x_2\\ \vdots\\ D^\alpha x_m\end{bmatrix}=\begin{bmatrix}-b_{m-1} & -b_{m-2} & \cdots & -b_0\\ 1 & 0 & \cdots & 0\\ \vdots & \vdots & & \vdots\\ 0 & 0 & \cdots & 1\end{bmatrix}\begin{bmatrix}x_1\\ x_2\\ \vdots\\ x_n\end{bmatrix}+\begin{bmatrix}1\\ 0\\ \vdots\\ 0\end{bmatrix}u \tag{5.12}$$

$$y = \begin{bmatrix} a_n & a_{n-1} & \cdots & a_0 \end{bmatrix} \begin{bmatrix} x_1 \\ x_2 \\ \vdots \\ x_n \end{bmatrix} \tag{5.13}$$

5.2 状态空间与传递函数的关系

对于一个单变量的成比例分数阶系统，其状态空间的表示方法为

$$\begin{aligned} D^\alpha x &= Ax + Bu \\ y &= Cx + Du \end{aligned} \tag{5.14}$$

利用 Caputo 分数阶微积分定义，其 Laplace 变换有

$$\begin{aligned} s^\alpha X(s) - X(0) &= AX(s) + BU(s) \\ Y(s) &= CX(s) + DU(s) \end{aligned} \tag{5.15}$$

在零初值的条件下，系统的传递函数可以由状态变换矩阵得到

$$\begin{aligned} G(s) &= \frac{Y(s)}{U(s)} = \frac{CX(s) + DU(s)}{U(s)} \\ &= \frac{C(s^\alpha I - A)^{-1} BU(s) + DU(s)}{U(s)} \\ &= (s^\alpha I - A)^{-1} B + D \end{aligned} \tag{5.16}$$

另外，状态变量也可以由下式得到：

$$\begin{aligned} x(t) &= L^{-1}\big[X(s) \big] \\ &= L^{-1}\big[(s^\alpha I - A)^{-1} BU(s) + (s^\alpha I - A)^{-1} X(0) \big] \end{aligned} \tag{5.17}$$

定义 $\Phi(t) = L^{-1}\big[(s^\alpha I - A)^{-1} \big]$，$t \geqslant 0$。由 Laplace 变换的性质，可以得到

$$\begin{aligned} x(t) &= \Phi(t)X(0) + \Phi(t) * \big[Bu(t) \big] \\ &= \Phi(t)X(0) + \int_0^t \Phi(t-\tau) Bu(\tau)\mathrm{d}\tau \end{aligned} \tag{5.18}$$

可见，$\Phi(t)$ 就是通常称作的状态转移矩阵。

对于

$$\begin{aligned} D^\alpha x(t) &= Ax(t) \\ x(0) &= x_0 \end{aligned} \tag{5.19}$$

其解有下列形式：

$$x(t) = A_0 + A_1 t^\alpha + A_2 t^{2\alpha} + \cdots + A_k t^\alpha + A_l t^{k\alpha} + \cdots \tag{5.20}$$

当 $t = 0$ 时，则有 $x(0) = A_0$。

由分数阶微积分 Caputo 定义，并考虑到：

$$_c D^\alpha f(t) = {}_R D^\alpha f(t) - \sum_{k=0}^{m-1} \frac{t^{k-\alpha}}{\Gamma(k-\alpha+1)} f^{(k)}(0^+) \tag{5.21}$$

$$_R D^\alpha t^\gamma = \frac{\Gamma(\gamma+1)}{\Gamma(\gamma-\alpha+1)} t^{\gamma-\alpha} \tag{5.22}$$

可证:

$$_c D^\alpha A_k t^\gamma = \frac{A_k \Gamma(\gamma+1)}{\Gamma(\gamma-\alpha+1)} t^{\gamma-\alpha} \tag{5.23}$$

其中,A_k 是一个常数。

根据表达式 (5.23) 应用 α 阶微积分到表达式 (5.20) 中,可得到:

$$D^\alpha x(t) = 0 + A_1 \Gamma(\alpha+1) + \frac{A_2 \Gamma(2\alpha+1)}{\Gamma(\alpha+1)} t^\alpha + \cdots + \frac{A_k \Gamma(k\alpha+1)}{\Gamma((k-1)\alpha+1)} t^{(k-1)\alpha} + \cdots = Ax(t) \tag{5.24}$$

当 $t=0$ 时可得

$$A_1 = \frac{Ax(0)}{\Gamma(\alpha+1)} \tag{5.25}$$

在表达式 (5.20) 中,应用 α 阶递推微积分,可以得到:

$$A_k = \frac{A^k x(0)}{\Gamma(k\alpha+1)} \tag{5.26}$$

因此,可得到解为

$$
\begin{aligned}
x(t) &= \left[\boldsymbol{I} + \frac{Ax(0)}{\Gamma(\alpha+1)} t^\alpha + \frac{A^2 x(0)}{\Gamma(2\alpha+1)} t^{2\alpha} + \cdots + \frac{A^k x(0)}{\Gamma(k\alpha+1)} t^{k\alpha} + \cdots \right] \\
&= \left(\sum_{k=0}^{+\infty} \frac{A^k t^{k\alpha}}{\Gamma(k\alpha+1)} \right) x(0) \\
&= \boldsymbol{E}_\alpha(At^\alpha) \cdot x(0) = \boldsymbol{\Phi}(t) \cdot x(0)
\end{aligned} \tag{5.27}
$$

对于 Mittag-Leffler 函数,指数矩阵 e^{At} 仅仅是 Mittag-Leffler 矩阵函数 $\boldsymbol{E}_\alpha(At^\alpha)$ 产生的一种特殊情况。

5.3 成比例分数阶系统的稳定性

稳定性是系统的又一个重要特性。所谓系统的稳定性,就是系统在受到小的外界干扰后,被调量与规定量之间偏差值的过渡过程的收敛性。在控制工程和控制理论中,稳定性问题一直是一个基本而重要的问题。对于成比例分数阶系统,系统的稳定性条件是从一般系统的稳定性条件推导而来。

在一般情况下,一个系统的传递函数为 $G(s) = P(s)/Q(s)$。系统输入输出稳定的充分且必要条件为

$$\exists M, \quad |G(s)| \leqslant M, \ \forall s/\mathrm{Re}(s) \leqslant 0 \tag{5.28}$$

对于成比例分数阶系统,关于复变量 $\lambda = s^\alpha$ 的特征方程,稳定性条件可以表示为

$$|\arg(\lambda_i)| > \alpha\pi/2 \tag{5.29}$$

其中,λ_i 为特征多项式的根。对于 $\alpha=1$ 的情况,线性系统稳定的条件可以表示为

$$|\arg(\lambda_i)| > \pi/2, \ \forall \lambda_i/Q(\lambda_i) = 0 \tag{5.30}$$

成比例分数阶系统的传递函数：

$$G(s) = \frac{b_m s^{m\alpha} + b_{m-1} s^{(m-1)\alpha} + \cdots + b_0}{a_n s^{n\alpha} + a_{n-1} s^{(n-1)\alpha} + \cdots + a_1 s^a + a_0} \tag{5.31}$$

其中，$\alpha = \dfrac{1}{q}$，$q, n, m \in \mathbf{Z}^+$。设 $\lambda = s^\alpha$，则式 (5.31) 就可以表示为 $G(\lambda)$。成比例分数阶系统的稳定性可以用函数 $G(\lambda)$ 定义在 λ 平面上的 Γ 曲线来表示，如图 5.1 所示，在曲线 Γ_1 和 Γ_2 左侧的部分即为稳定的区域。

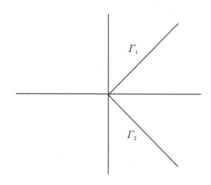

图 5.1　曲线 Γ

其中，

$$\Gamma_1: \quad \lambda / \arg(\lambda) = \alpha\pi/2 \tag{5.32}$$

$$\Gamma_2: \quad \lambda / \arg(\lambda) = -\alpha\pi/2 \tag{5.33}$$

例 5.1　分析成比例分数阶系统的传递函数的稳定性。

$$G(s) = \frac{1}{s^{2/3} - s^{1/2} + 1/2} \tag{5.34}$$

其中，$\alpha = \dfrac{1}{6}$，$\lambda = s^{1/6}$，有

$$G(\lambda) = \frac{1}{\lambda^4 - \lambda^3 + 1/2} \tag{5.35}$$

在 λ 平面上的 Γ 曲线为

$$\Gamma_1: \quad \lambda / \arg(\lambda) = \frac{\pi}{12} \tag{5.36}$$

$$\Gamma_2: \quad \lambda / \arg(\lambda) = -\frac{\pi}{12} \tag{5.37}$$

特征方程

$$Q(\lambda) = \lambda^4 - \lambda^3 + 3/2 \tag{5.38}$$

的根为

$$\lambda_{1,2} = 1.0891 \pm \mathrm{j}0.6932 = 1.2905 \angle \pm 0.5662 \tag{5.39}$$

$$\lambda_{3,4} = -0.5891 \pm \mathrm{j}0.7441 = 0.9491 \angle \pm 2.2404 \tag{5.40}$$

则：

$$s_{1,2} = \left(\lambda_{1,2}\right)^6 = 4.6183 \angle \pm 3.3975 \tag{5.41}$$

$$s_{3,4} = \left(\lambda_{3,4}\right)^6 = 0.7308 \angle \pm 13.4423 \tag{5.42}$$

如图 5.2 所示，可以得出，闭环系统是稳定的。

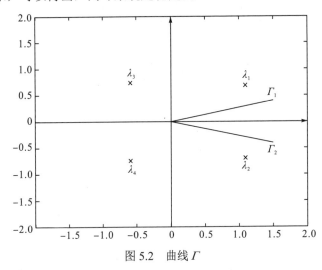

图 5.2 曲线 Γ

5.4 成比例分数阶系统的能控性与能观性

能控性与能观性是现代控制理论中的两个基本概念，能控性是指控制作用对状态变量的支配能力，能观性是指系统的输出量能否反映状态变量。在成比例分数阶系统中，能控性、能观性也是两个很重要的问题。

5.4.1 能控性

定义 5.2 对于成比例分数阶系统［式(5.10)］，若存在一分段连续控制向量，能在有限时间区间 $t_0 \leqslant t \leqslant t_f$ 内，将系统从初始状态 $X(t_0)$ 转移到任意终端状态 $X(t_f)$，那么就称此状态是能控的；若系统在任意 t_0 时刻的所有状态都是能控的，就称此系统是完全能控的。

对成比例分数阶系统的能控性的判断方法有下面的定理：

定理 5.1 成比例分数阶系统［式(5.10)］状态完全能控的充分必要条件是能控矩阵：

$$\boldsymbol{U}_c = \begin{bmatrix} \boldsymbol{B} & \boldsymbol{AB} & \boldsymbol{A}^2\boldsymbol{B} & \cdots & \boldsymbol{A}^{n-1}\boldsymbol{B} \end{bmatrix} \tag{5.43}$$

的秩为 n，即

$$\mathrm{Rank}\begin{bmatrix} \boldsymbol{B} & \boldsymbol{AB} & \boldsymbol{A}^2\boldsymbol{B} & \cdots & \boldsymbol{A}^{n-1}\boldsymbol{B} \end{bmatrix} = n \tag{5.44}$$

下面证明这个定理。

证明：状态方程的解可以用下式来表示：

$$x(t) = \boldsymbol{\Phi}(t - t_0)x(t_0) + \int_{t_0}^{t} \boldsymbol{\Phi}(t - \tau)\boldsymbol{B}u(\tau)\mathrm{d}\tau \qquad \left(t \leqslant t_0\right) \tag{5.45}$$

其中，$\boldsymbol{\Phi}(t) = \boldsymbol{E}_\alpha(\boldsymbol{A}t^\alpha)$。假设最末状态为：$x(t_f) = 0$。考虑状态传递矩阵，满足下式：

$$\Phi(0) = I \tag{5.46}$$

$$\Phi(t_2 - t_1)\Phi(t_1 - t_0) = \Phi(t_2 - t_0) \tag{5.47}$$

可以得到：

$$x(t_f) = \Phi(t_f - t_0)x(t_0) + \int_{t_0}^{t_f} \Phi(t_f - \tau)Bu(\tau)\mathrm{d}\tau \tag{5.48}$$

$$\Phi(t_f - t_0)x(t_0) = -\int_{t_0}^{t_f} \Phi(t_f - \tau)Bu(\tau)\mathrm{d}\tau \tag{5.49}$$

$$\Phi(t_0 - t_f)\Phi(t_f - t_0)x(t_0) = -\int_{t_0}^{t_f} \Phi(t_0 - t_f)\Phi(t_f - t_0)Bu(\tau)\mathrm{d}\tau \tag{5.50}$$

因此，

$$x(t_0) = -\int_{t_0}^{t_f} \Phi(t_f - \tau)Bu(\tau)\mathrm{d}\tau \tag{5.51}$$

解下面的方程可以得到关于矩阵 A 的函数：

$$\begin{vmatrix} 1 & \lambda_1 & \lambda_1^2 & \cdots & \lambda_1^{n-1} & f(\lambda_1) \\ 1 & \lambda_2 & \lambda_2^2 & \cdots & \lambda_2^{n-1} & f(\lambda_2) \\ \vdots & \vdots & \vdots & & \vdots & \vdots \\ 1 & \lambda_n & \lambda_n^2 & \cdots & \lambda_n^{n-1} & f(\lambda_n) \\ 1 & A & A^2 & \cdots & A^{n-1} & f(A) \end{vmatrix} = 0 \tag{5.52}$$

其中，λ_i 是矩阵 A 的特征值。解前面的方程 $f(Az)$：

$$f(Az) = a_0(z)I + a_1(z)A + \cdots + a_n(z)A^{n-1} \tag{5.53}$$

考虑下面关于 $a_i(z)$，$i = 0, 1, 2, \cdots, n-1$ 的 n 个方程：

$$a_0(z) + a_1(z)\lambda_1 + \cdots + a_{n-1}(z)\lambda_1^{n-1} = f(\lambda_1 z)$$
$$a_0(z) + a_1(z)\lambda_2 + \cdots + a_{n-1}(z)\lambda_2^{n-1} = f(\lambda_2 z)$$
$$\vdots \tag{5.54}$$
$$a_0(z) + a_1(z)\lambda_n + \cdots + a_{n-1}(z)\lambda_n^{n-1} = f(\lambda_n z)$$

$f(Az)$ 可以表示为

$$f(Az) = \sum_{i=0}^{n-1} a_i(z)A^i \tag{5.55}$$

则 $f(Az) = E_\alpha(At^\alpha) = \Phi(t)$，因此式 (5.46) 可以写为

$$\begin{aligned} x(t_0) &= -\int_{t_0}^{t_f} \sum_{i=0}^{n-1} a_i\left[(t_f - \tau)^\alpha\right]A^i Bu(\tau)\mathrm{d}\tau \\ &= -\sum_{i=0}^{n-1} A^i B \int_{t_0}^{t_f} a_i\left[(t_f - \tau)^\alpha\right]u(\tau)\mathrm{d}\tau \end{aligned} \tag{5.56}$$

表示成矩阵形式为

$$x(t_0) = \begin{bmatrix} B & AB & A^2B & \cdots & A^{n-1}B \end{bmatrix} \begin{bmatrix} b_1 \\ b_2 \\ \vdots \\ b_{n-1} \end{bmatrix} \tag{5.57}$$

$$= -Nb$$

其中，

$$b_i = \int_{t_0}^{t_f} (t_0 - \tau)^\tau \mathrm{d}\tau \tag{5.58}$$

$$\boldsymbol{b} = \begin{bmatrix} b_1 & b_2 & \cdots & b_{n-1} \end{bmatrix}^{\mathrm{T}} \tag{5.59}$$

$$\boldsymbol{N} = \begin{bmatrix} \boldsymbol{B} & \boldsymbol{AB} & \boldsymbol{A^2 B} & \cdots & \boldsymbol{A^{n-1} B} \end{bmatrix} \tag{5.60}$$

为了使式(5.57)有唯一解，则矩阵 $\boldsymbol{N}$ 的秩必须为 n 。定理得证！

5.4.2 能观性

定义 5.3　对于成比例分数阶系统[式(5.10)]，在任意给定输入 $u(t)$ 时，能够根据输出量 $y(t)$ 在有限时间区间 $t_0 \leqslant t \leqslant t_f$ 内的测量值，唯一地确定系统在 t_0 时刻的初始状态 $\boldsymbol{X}(t_0)$ ，就称之为在 t_0 时刻是能观测的；若系统每一时刻 t_0 都是能观测的，则称系统是状态完全能观测的，简称能观测的。

状态方程解可以写成下面的形式：

$$y(t) = \boldsymbol{C\Phi}(t - t_0) x(t_0) + \boldsymbol{C} \int_{t_0}^{t} \boldsymbol{\Phi}(t - \tau) \boldsymbol{B} u(\tau) \mathrm{d}\tau \quad (t \geqslant t_0) \tag{5.61}$$

由于矩阵 $\boldsymbol{C}$、$\boldsymbol{B}$、$\boldsymbol{D}$ 和 $u(t)$ 已知，则右边的最后一项是已知的，因此观测值 $y(t)$ 只依赖第一项。因此能观条件可以简单地化为

$$y(t) = \boldsymbol{C\Phi}(t - t_0) x(t_0) \tag{5.62}$$

可以写为

$$\begin{aligned} y(t) &= \boldsymbol{C} \sum_{i=0}^{n-1} a_i \left[(t - t_0)^\alpha \right] \boldsymbol{A}^i x(t_0) \\ &= \sum_{i=0}^{n-1} a_i \left[(t - t_0)^\alpha \right] \boldsymbol{CA}^i x(t_0) \end{aligned} \tag{5.63}$$

因此可以得到成比例分数阶系统能观的条件为能观矩阵

$$\boldsymbol{O} = \begin{bmatrix} \boldsymbol{C} \\ \boldsymbol{CA} \\ \boldsymbol{CA}^1 \\ \vdots \\ \boldsymbol{CA}^{n-1} \end{bmatrix} \tag{5.64}$$

的秩为 n 。

5.5　成比例分数阶系统的响应分析

将整数阶系统的一些理论进行扩展可以应用到成比例分数阶系统中。成比例分数阶系统的响应分析主要包括时域响应和频域响应两部分。

1. 时域响应

对于成比例分数阶系统，脉冲响应可以表示为

$$L^{-1}\left\{H(\lambda), \lambda = s^{\alpha}\right\} = L^{-1}\left\{\frac{\displaystyle\sum_{k=0}^{m} a_k \lambda^k}{\displaystyle\sum_{k=0}^{n} b_k \lambda^k}\right\} = L^{-1}\left\{\sum_{k=0}^{n} \frac{r_k}{\lambda - \lambda_k}\right\} \tag{5.65}$$

考虑一般的表达式：

$$L^{-1}\left\{\frac{s^{\alpha-\beta}}{s^{\alpha} - \lambda_k}\right\} = t^{\beta-1} E_{\alpha,\beta}(\lambda_k t^{\alpha}) \tag{5.66}$$

当 $\alpha = \beta$ 时可以得到脉冲响应 $g(t)$：

$$g(t) = \sum_{k=0}^{n} r_k t^{\alpha-1} E_{\alpha,\alpha}(\lambda_k t^{\alpha}) \tag{5.67}$$

当表达式 (5.66) 中 $\alpha = \beta - 1$ 时就可以得到阶跃响应表达式：

$$y(t) = \sum_{k=0}^{n} r_k t^{\alpha} E_{\alpha,\alpha+1}(\lambda_k t^{\alpha}) \tag{5.68}$$

阶跃响应也可以由 Laplace 逆变换的方法得到：

$$y(t) = L^{-1}\left\{\sum_{k=0}^{n} \frac{r_k s^{-1}}{s^{\alpha} - \lambda_k}\right\} \tag{5.69}$$

2. 频域响应

一般情况下，无理传递函数通过虚轴 $s = j\omega$，$\omega \in (0, +\infty)$ 来直接得到频域响应。对于成比例分数阶系统，可以考虑使用整数阶系统相类似的方法得到。频域响应可以通过对阶数 α 的讨论来得到不同曲线。传递函数：

$$G(s) = \frac{P(s^{\alpha})}{Q(s^{\alpha})} = \frac{\displaystyle\prod_{k=0}^{m}(s^{\alpha} + z_k)}{\displaystyle\prod_{k=0}^{n}(s^{\alpha} + \lambda_k)} \tag{5.70}$$

其中，$z_k \neq \lambda_k$。考虑 $(s^{\alpha} + \gamma)^{\pm 1}$，幅值曲线的高频频段从 0 开始，并趋向于 $\pm 20\alpha\,\mathrm{dB/dec}$，相频曲线将在 $0 \sim \pm\alpha\pi/2$ 变化。

3. 静态误差

与整数阶系统类似，成比例分数阶系统也有下列的静态误差参数。
位置误差参数：

$$K_p = \lim_{s \to 0} G(s) \tag{5.71}$$

速度误差参数：

$$K_v = \lim_{s \to 0} s G(s) \tag{5.72}$$

加速误差参数：

$$K_a = \lim_{s \to 0} s^2 G(s) \tag{5.73}$$

对于如下的成比例分数阶系统传递函数：

$$G(s) = \frac{K(a_m s^{\beta_m} + a_{m-1} s^{\beta_{m-1}} + \cdots + 1)}{s^{\alpha}(b_n s^n + b_{n-1} s^{n-1} + \cdots + 1)} \tag{5.74}$$

有下面的关系式：

$$K_p = \lim_{s \to 0} \frac{K}{s^{\alpha}} = \lim_{s \to 0} K s^{-\alpha}, \quad e_p = \frac{1}{1 + K_p} \tag{5.75}$$

$$K_v = \lim_{s \to 0} K \frac{s}{s^{\alpha}} = \lim_{s \to 0} K s^{1-\alpha}, \quad e_v = \frac{1}{K_v} \tag{5.76}$$

$$K_a = \lim_{s \to 0} K \frac{s^2}{s^{\alpha}} = \lim_{s \to 0} K s^{2-\alpha}, \quad e_a = \frac{1}{K_a} \tag{5.77}$$

5.6 理想传递函数

分数阶系统：

$$G(s) = \frac{A}{s^{\alpha} + A} \tag{5.78}$$

可以看作是阶数为 α、增益为 A 开环传递函数：

$$F(s) = \frac{A}{s^{\alpha}} \tag{5.79}$$

的闭环响应，其中 A 为实数。这个分数系统又可以看作是成比例分数阶系统的特例，基本的比例阶次即为 α。当 $0 < \alpha < 2$ 时，该分数阶系统又被称为理想传递函数。

1. 一般特性

这个理想传递函数具有下述特性：

1) 开环系统

(1) 幅频曲线是斜率为 $-\alpha 20\,\mathrm{dB/dec}$ 的直线；

(2) 剪切频率的值由 A 决定；

(3) 相频曲线是一条水平线，值为 $-\alpha\pi/2$；

(4) 奈奎斯特 (Nyquist) 图是一条直线，起始于原点，倾角为 $-\alpha\pi/2$。

2) 闭环系统

(1) 增益裕量值为 ∞，是无穷大的；

(2) 相位裕量的值为 $\phi_m = \pi(1 - \alpha/2)$，由 α 的值确定；

(3) 单位阶跃响应的曲线为 $y(t) = At^{\alpha} E_{\alpha,\alpha+1}(-At^{\alpha})$，其中 $E_{a,b}(x)$ 为两个参数的 Mittag-Leffler 函数。

2. 理想传递函数的单位阶跃响应

当 $A=1$ 时，系统的单位阶跃响应为

$$G(s) = \frac{1}{s^{\alpha} + 1} \tag{5.80}$$

输出的单位阶跃响应为

$$y_{step} = \varepsilon_0\left(t, -1; \alpha, \alpha+1\right) \tag{5.81}$$

图 5.3 给出了不同 α 取值下 $G(s)$ 的单位响应曲线。

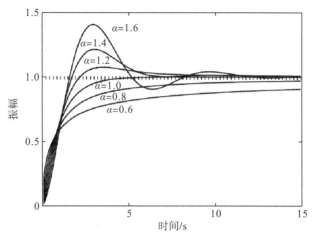

图 5.3　不同 α 对应的单位阶跃曲线

5.7　成比例分数阶系统实例分析

对于成比例分数阶系统，可以先将系统的基本阶次近似成整数阶，再代入成比例的分数阶系统。因为只经历一次近似就得到整数阶系统，避免了多次近似化产生较大的误差。

例 5.2　文献[1]中的成比例分数阶系统：

$$F(s) = \frac{s^{0.8} + s^{0.6} + 2}{s^{1.4} + s^{0.8} + s^{0.6} + 1} \tag{5.82}$$

其中，$\alpha = 0.2$，由近似法可以得到[2]：

$$\eta = s^{0.2} = \frac{\begin{array}{l}3.981s^9 + 2020s^8 + 1.817\times10^5 s^7 \\ +3.39\times10^6 s^6 + 1.353\times10^7 s^5 + 1.16\times10^7 s^4 \\ +2.14\times10^6 s^3 + 8.434\times10^4 s^2 + 689.9s + 1\end{array}}{\begin{array}{l}s^9 + 689.9s^8 + 8.434\times10^4 s^7 + 2.14\times10^6 s^6 \\ +1.16\times10^7 s^5 + 1.353\times10^7 s^4 + 3.39\times10^6 s^3 \\ +1.817\times10^5 s^2 + 2020s + 3.981\end{array}} \tag{5.83}$$

分数阶系统可以写为

$$F(s) = \frac{\eta^4 + \eta^3 + 2}{\eta^7 + \eta^4 + \eta^3 + 1} \tag{5.84}$$

将表达式(5.83)代入就得到了近似的整数阶系统。对于近似后的整数阶系统就可以运用整数阶系统的控制理论与方法来分析、设计。该系统的 Bode 图如图 5.4 所示，其 Nyquist 图如图 5.5 所示。图中数据与文献[1]中的结果几乎完全一致。

由第 3 章中分数阶系统的求解方法也可以分析该成比例分数阶系统，得到该系统的阶跃响应曲线如图 5.6 所示。

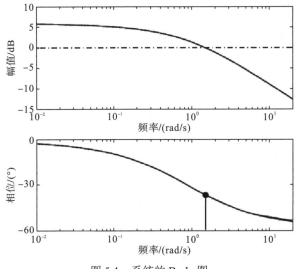

图 5.4　系统的 Bode 图

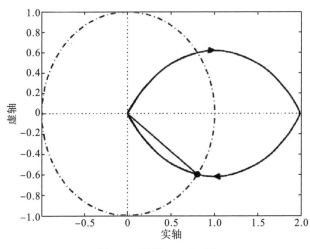

图 5.5　系统 Nyquist 图

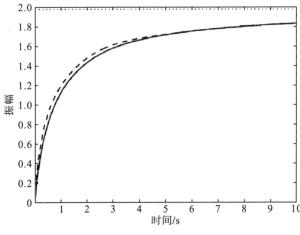

图 5.6　阶跃响应比较

图 5.6 中虚线为第 3 章求解分析方法的结果，实线是本章近似分析方法的结果，两者相差不多，可以忽略不计。可见，两种分析方法都是有效的，得到的结果也基本一致。表 5.1 中给出了几个不同时间点的成比例分数阶系统阶跃响应的具体值。

表 5.1 阶跃响应比较

方法	t/s					
	0	2	4	6	8	10
近似法	0	1.48	1.68	1.75	1.80	1.83
求解法	0	1.44	1.67	1.75	1.80	1.83

只要成比例分数阶系统的基本阶次的近似足够准确，就能保证系统的性能。无论多好的近似方法都会有一定的误差，上面介绍的改进近似法，在超出近似频段的范围外，其近似的结果也不是理想的。对于成比例分数阶系统，只需近似成比例的基本阶次就可以了，近似次数明显减少，相对要简洁准确，得到的整数阶系统的误差也要小些，虽然不是很明显。对于相对复杂的成比例分数阶系统，该方法具有明显优势，近似后整数阶系统要比近似任意分数阶次得到的系统更准确。

5.8 成比例分数阶系统的 H_2 范数

定义 5.4 成比例分数阶系统的传递函数 $G(s)$ 的 H_2 范数为 $\|G\|_{H_2} = \|G\|_2$，它也对应于脉冲相应能量 $\|g\|_2$，或信号 $g(t)$ 的 L_2 范数，在时域或频域可以表示为

$$\|g\|_{L_2}^2 = \int_0^{+\infty} g(t)g(t)\mathrm{d}t = \|G\|_2^2 = \frac{1}{\pi}\int_0^{+\infty} G(\mathrm{j}\omega)G(-\mathrm{j}\omega)\mathrm{d}t \tag{5.85}$$

分数阶系统 $G(s)$ 是输入输出稳定的成比例分数阶系统，成比例的阶次为 α，令 q 和 ρ 分别表示 $1/\alpha$ 的整数和非整数部分：

$$q = \lfloor 1/\alpha \rfloor, \quad \rho = 1/\alpha - \lfloor 1/\alpha \rfloor \tag{5.86}$$

设：

$$G(\mathrm{j}\omega) = F(\omega^\alpha), \quad \frac{A(x)}{B(x)} = F(x)\overline{F(x)} \tag{5.87}$$

则成比例分数阶系统 $G(s)$ 的 H_2 范数为：

（1）如果 $\deg(\boldsymbol{B}) \leqslant \deg(\boldsymbol{A}) + 1/\alpha$，则：

$$\|G\|_2 = \infty \tag{5.88}$$

（2）如果 $\deg(\boldsymbol{B}) > \deg(\boldsymbol{A}) + 1/\alpha$，$\rho \neq 0$，则：

$$\|G\|_2^2 = \frac{\sum_{k=1}^{r}\sum_{l=1}^{v_k}(-1)^{l-1}a_{k,l}s_k^{\rho-l}\binom{\rho-1}{l-1}}{\alpha\sin(\rho\pi)} \tag{5.89}$$

其中，$x^q\dfrac{A(x)}{B(x)} = \sum_{k=1}^{r}\sum_{l=1}^{v_k}\dfrac{a_{k,l}}{(x+s_k)^l}$，$a_{k,l}$、$-s_k$ 和 v_k 分别为相应的系数、极点和极点的重数。

（3）如果 $\deg(\boldsymbol{B}) > \deg(\boldsymbol{A}) + 1/\alpha$，$\rho = 0$，则：

$$\|G\|_2^2 == \sum_{k=2}^{r} \frac{c_k\left[\ln(s_k) - \ln(s_1)\right]}{(x+s_1)(x+s_k)} + \sum_{k=1}^{r}\sum_{l=2}^{v_k} \frac{b_{k,l} s_k^{1-l}}{\alpha \pi (l-1)} \tag{5.90}$$

其中，$x^q \dfrac{\boldsymbol{A}(x)}{\boldsymbol{B}(x)} = \displaystyle\sum_{k=2}^{r} \frac{c_k}{(x+s_1)(x+s_k)} + \sum_{k=1}^{r}\sum_{l=1}^{v_k} \frac{b_{k,l}}{(x+s_k)^l}$，$-s_k$、$v_k$ 是相应的极点和极点的重数，s_1 是任一极点，c_k、$b_{k,l}$ 为系数。

这里：

$$\deg(\boldsymbol{A}) = \frac{2k_n\alpha}{\alpha} = 2k_n \tag{5.91}$$

$$\deg(\boldsymbol{B}) = \frac{2p_m\alpha}{\alpha} = 2p_m \tag{5.92}$$

5.9　控制器设计与仿真

一般反馈控制系统，其输入输出关系可由方程：

$$\begin{bmatrix} z \\ y \end{bmatrix} = \boldsymbol{G} \begin{bmatrix} w \\ u \end{bmatrix}, \quad \boldsymbol{u} = \boldsymbol{K}y \tag{5.93}$$

描述。其中 z 为评价控制性能的输出向量，称为"评价输出"；y 为控制器输入向量，称为"量测输出"；w 为评价控制性能的外部输入向量，称为"干扰"；u 为执行机构的指令向量，称为"控制输入"；$\boldsymbol{G}$ 为系统的传递函数；$\boldsymbol{K}$ 为控制器（如图 5.7 所示）。

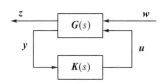

图 5.7　反馈控制系统

对于成比例分数阶系统，将 $\boldsymbol{G}(s)$ 分块：

$$\begin{bmatrix} z \\ y \end{bmatrix} = \begin{bmatrix} \boldsymbol{G}_{11} & \boldsymbol{G}_{12} \\ \boldsymbol{G}_{21} & \boldsymbol{G}_{22} \end{bmatrix} \begin{bmatrix} w \\ u \end{bmatrix} \tag{5.94}$$

那么由 w 至 z 的闭环传递矩阵 $\boldsymbol{H}_{zw}$ 为

$$\boldsymbol{H}_{zw} = \boldsymbol{G}_{11}(s) + \boldsymbol{G}_{12}(s)\boldsymbol{K}(s)\left[\boldsymbol{I} - \boldsymbol{G}_{22}(s)\boldsymbol{K}(s)\right]^{-1}\boldsymbol{G}_{21}(s) \tag{5.95}$$

鲁棒跟踪的性能指标可以表示为

$$\|\boldsymbol{H}_{zw}\| < \gamma \tag{5.96}$$

其中，γ 为充分小的正数。

对于一类简单的成比例分数阶系统：

$$\boldsymbol{G}(s) = \begin{bmatrix} \dfrac{1}{s^{a\alpha}+b} & 1 \\ 1 & \dfrac{1}{s^{c\alpha}+d} \end{bmatrix} \tag{5.97}$$

其中，a、b 为整数；c、d 为实数。则：

$$\begin{aligned} H_{zw}(s) &= \frac{1}{s^{a\alpha}+b} + K(s)\left[1 - \frac{1}{s^{c\alpha}+d}K(s)\right]^{-1} \\ &= \frac{1}{s^{a\alpha}+b} + \frac{K(s)(s^{c\alpha}+d)}{s^{c\alpha}+d-K(s)} \\ &= \frac{s^{c\alpha}+d+[s^{(a+c)\alpha}+bs^{c\alpha}+ds^{a\alpha}+bd-1]K(s)}{(s^{a\alpha}+b)(s^{c\alpha}+d)-(s^{a\alpha}+b)K(s)} \end{aligned} \tag{5.98}$$

令：

$$H_{zw} = \frac{a}{s^{k\alpha}+a} \tag{5.99}$$

其中，$k \in \mathbf{N}$ 是可调参数。对于不同的 γ，K 是不一样的。针对不同的 K 值，可以设计出不同的控制器。显然表达式 (5.99) 是增益为 a、阶次为 $k\alpha$ 的理想传递函数。

对于实际系统的模型往往近似取为整数阶的，要提高系统准确度可以建立分数阶的系统模型。但是分数阶阶次有时也不是很准确，而是在某一个范围内波动。

对于实际情况中得到的分数阶系统 g，选取适当的加权函数 ω，形成增广系统：

$$\boldsymbol{G}(s) = \begin{bmatrix} \boldsymbol{G}_{11} & \boldsymbol{G}_{12} \\ \boldsymbol{G}_{21} & \boldsymbol{G}_{22} \end{bmatrix} = \begin{bmatrix} \boldsymbol{A} & \boldsymbol{B}_1 & \boldsymbol{B}_2 \\ \boldsymbol{C}_1 & \boldsymbol{D}_{11} & \boldsymbol{D}_{12} \\ \boldsymbol{C}_2 & \boldsymbol{D}_{21} & \boldsymbol{D}_{22} \end{bmatrix} \tag{5.100}$$

这里针对增广系统设计 $\boldsymbol{H}_\infty$ 鲁棒控制器。在设计控制器时，要求被控对象 [式 (5.100)] 满足下述条件：

(1) $(\boldsymbol{A},\ \boldsymbol{B}_2)$ 是可稳定的，$(\boldsymbol{A},\ \boldsymbol{C}_2)$ 是可检测的；

(2) $\boldsymbol{D}_{12} = \begin{bmatrix} 0 \\ \boldsymbol{I} \end{bmatrix}$，$\boldsymbol{D}_{21} = \begin{bmatrix} 0 & \boldsymbol{I} \end{bmatrix}$；

(3) $\begin{bmatrix} \boldsymbol{A} - \mathrm{j}\omega\boldsymbol{I} & \boldsymbol{B}_2 \\ \boldsymbol{C}_1 & \boldsymbol{D}_{12} \end{bmatrix}$ 对所有 $\omega \in \mathbf{R}$ 是列满秩的；

(4) $\begin{bmatrix} \boldsymbol{A} - \mathrm{j}\omega\boldsymbol{I} & \boldsymbol{B}_1 \\ \boldsymbol{C}_2 & \boldsymbol{D}_{21} \end{bmatrix}$ 对所有 $\omega \in \mathbf{R}$ 是行满秩的。

受控对象闭环系统的传递函数为

$$\boldsymbol{H}(s) = \boldsymbol{G}_{11}(s) + \boldsymbol{G}_{12}(s)\boldsymbol{K}(s)\left[\boldsymbol{I} - \boldsymbol{G}_{22}(s)\boldsymbol{K}(s)\right]^{-1}\boldsymbol{G}_{21}(s) \tag{5.101}$$

鲁棒控制的性能指标可以表示为

$$\|\boldsymbol{H}\|_\infty < \gamma \tag{5.102}$$

其中，γ 为充分小的正数。

设计 $\boldsymbol{H}_\infty$ 控制器的主要步骤如下：

(1) 利用滤波器近似化方法近似分数阶系统；

(2)根据系统性能要求，确定适当的加权函数；

(3)计算出增广系统 $G(s)$；

(4)依据 $\left\| G_{11}(s)+G_{12}(s)K(s)\left[I-G_{22}(s)K(s)\right]^{-1}G_{21}(s) \right\|_{\infty}$ 设计最优 H_{∞} 控制器 $K(s)$。

例 5.3　在控制系统图 5.8 中，当系统模型为

$$g(s)=\frac{1}{s^{\alpha}+1} \tag{5.103}$$

系统的阶次 α 在 $(1.3,\ 1.7)$ 内变化，取 $g_0(s)=1/(s^{1.5}+1)$ 为标称系统来设计控制器[3]。

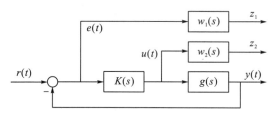

图 5.8　控制系统

对于分数阶系统 $g_0(s)$，用改进近似法得到：

$$\hat{g}_0(s)=\frac{s^5+534.9s^4+16980s^3+33890s^2+4249s+31.62}{31.62s^6+4250s^5+34420s^4+33970s^3+34420s^2+4250s+31.62} \tag{5.104}$$

这里设计的 H_{∞} 控制器应使闭环系统对于分数阶系统模型阶次的变化具有一定的鲁棒稳定性和抗干扰能力，通过选择合适的加权函数来实现。选取系统最小化性能指标：

$$J=\int_0^{+\infty}t\left|e(t)\right|\mathrm{d}t \tag{5.105}$$

这里 $e(t)$ 是误差信号，为 $e(t)=r(t)-y(t)$，其中 $r(t)$ 是基准输入信号，$y(t)$ 是实际输出信号。最小化性能指标[式(5.105)]所期望的标准函数 $G_T(s)$ 可以表示为

$$G_T=\hat{G}/(1+\hat{G}) \tag{5.106}$$

其中，$\hat{G}$ 为标准函数的等效开环模型。则系统的灵敏度函数为

$$S_T(s)=1/(1+\hat{G}) \tag{5.107}$$

加权函数 ω_1 可以选取为

$$\omega_1(s)=S_T^{-1}(s)=1+\hat{G} \tag{5.108}$$

根据系统性能要求，通过反复实验，选取的标准函数为

$$G_T(s)=\frac{48400}{s^2+310s+48400} \tag{5.109}$$

确定：

$$\omega_1=\frac{s^2+310s+48400}{s^2+310s} \tag{5.110}$$

ω_1 表示加性摄动的范数界，它可以作为一个加权常数进行调整，以获得中低频内有较大鲁棒稳定性的参数摄动范围，这里取 $\omega_1=10^{-5}$。

得到的增广系统为

$$\boldsymbol{G} = \left[\begin{array}{cccccccc|c|c} -134 & -1089 & -1074 & -1089 & -134 & -1 & 0 & 0 & 0 & 1 \\ 1 & 0 & 0 & 0 & 0 & 0 & 0 & 0 & 0 & 0 \\ 0 & 1 & 0 & 0 & 0 & 0 & 0 & 0 & 0 & 0 \\ 0 & 0 & 1 & 0 & 0 & 0 & 0 & 0 & 0 & 0 \\ 0 & 0 & 0 & 1 & 0 & 0 & 0 & 0 & 0 & 0 \\ 0 & 0 & 0 & 0 & 1 & 0 & 0 & 0 & 0 & 0 \\ 0 & -17 & -537 & -1072 & -134 & -1 & -310 & 0 & 1 & 0 \\ 0 & 0 & 0 & 0 & 0 & 0 & 1 & 0 & 0 & 0 \\ \hline 0 & -17 & -537 & -1072 & -134 & -1 & 0 & 48400 & 1 & 0 \\ 0 & 0 & 0 & 0 & 0 & 0 & 0 & 0 & 0 & 10^{-5} \\ \hline 0 & -17 & -537 & -1072 & -134 & -1 & 0 & 0 & 1 & 0 \end{array}\right]$$

设计出的最优 H_∞ 控制器为

$$K(s) = \frac{1425092.3(s+5077)(s+125.8)(s+7.62)(s+0.1312)(s+0.008)(s^2+0.8258s+1)}{s(s+4714)(s+503.2)(s+310.2)(s+31.62)(s+1.995)(s+0.1259)(s+0.008)}$$

$$(5.111)$$

在图 5.9 中，曲线 1 为原系统 $g_0(s)$ 的 Bode 图，曲线 2 为受控系统 $K(s)g_0(s)$ 的 Bode 图。可以看出，在 H_∞ 控制器下，系统的开环特性显著改善。

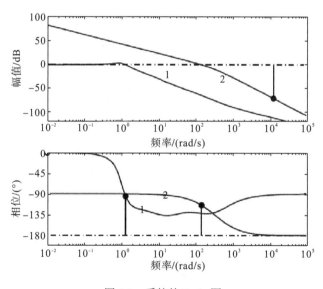

图 5.9　系统的 Bode 图

当系统 $g(s)$ 分母的阶次 α 在 $(1.3,\ 1.7)$ 内变化时，阶跃响应如图 5.10 所示。从左到右 α 的值依次增加 0.1。它们到达稳态值的时间相差不到 0.01s。从仿真结果可以看出，系统的性能是令人满意的。

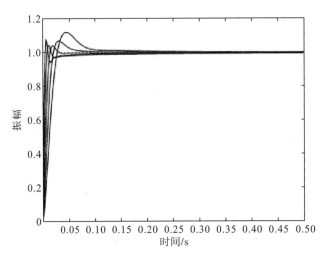

图 5.10　不同 α 的阶跃响应

　　分数阶微积分以加权的形式考虑了函数的整体信息，在很多方面应用分数阶微积分的数学模型，可以更准确描述实际系统的动态响应，提高对于动态系统的设计、表征和控制的能力。成比例分数阶系统是分数阶系统中特殊的一种。

　　对于成比例分数阶系统，可以用近似化方法近似成比例的基本阶次，即得到近似的整数阶系统。再利用整数阶系统的各种控制理论方法来对成比例分数阶系统进行控制分析。

　　针对分数阶系统，特别是成比例分数阶系统来设计整数阶控制器，主要是先把分数阶系统转换为整数阶系统，再根据整数阶系统的一些设计方法来设计控制器。对于任意的分数阶系统，都可以采用先近似的方法，转换为整数阶系统，再按照整数阶系统来分析、设计。这是控制分数阶系统的一种方法，即对于分数阶系统设计整数阶控制器。后文将要介绍分数阶控制器的设计。分数阶控制器比整数阶控制器多了两个可调的参数，控制效果有显著的提高。无论是对于整数阶系统，还是分数阶系统，分数阶控制器都能体现更好的控制效果。

参 考 文 献

[1] Malti R, Aoun M, Cois O, et al. H_2 norm of fractional differential systems[J]. ASME 2003 Design Engineering Technical Conferences and Computers and Information in Engineering Conference, 2003: 1-7.

[2] 赵春娜, 张祥德, 孙艳蕊. 成比例分数阶系统的仿真研究[J]. 系统仿真学报, 2008, 20(15): 3948-3950.

[3] 赵春娜, 潘峰, 薛定宇. 分数阶系统 H_∞ 控制器设计[J]. 东北大学学报(自然科学版), 2006, 27(11): 1189-1192.

第 6 章　分数阶 PID 控制器设计

常规 PID 控制是控制系统中应用最广泛、技术最成熟的控制方法，且 PID 控制器的水平直接关系过程工业控制的水平。由于其具有结构简单、鲁棒性强等特点，被广泛应用于冶金、电力和机械等工业过程中，同时具有很强的生命力。将分数阶理论和 PID 控制器整定理论相结合，是一个很新的研究方向。常规 PID 控制器的三个参数 K_P、K_I、K_D 也是分数阶 PID 控制器可整定的参数，并且，由于引入了分数阶次 λ 和 μ，分数阶 PID 控制器又多了两个可调参数 λ 和 μ。由于 λ 和 μ 允许取值为分数，而不仅是常规 PID 控制器中的 1 或控制理论中的其他整数，所以控制器参数的整定范围由图 6.1 常规 PID 控制器的"点"整定变换成图 6.2 的"面"整定，故分数阶控制器能够更灵活地控制受控对象，以便得出更好的控制效果。

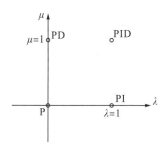

图 6.1　常规 PID 控制器

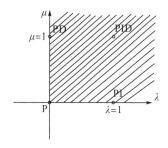

图 6.2　分数阶 PID 控制器

近年来，分数阶控制器也越来越受到研究者的关注。Manabe[1] 介绍了一些分数阶控制器的发展历程。Ho 等[2] 提出了 PID 控制器设计的一种简单的整定方法。Lv[3] 通过最小化积分平方误差给出了一种分数阶控制器。Caponetto 等[4] 给出了一些分数阶控制器的数值例子。Monje 等[5] 设计了一个 PI^α 控制器。Podlubny 等[6] 介绍了一种分数阶控制器的实现方法。Ma 和 Hori[7] 针对二惯性系统的速度控制提出了一个分数阶 $PI^\alpha D$ 控制器。大多数研究者考虑将分数阶控制器应用到整数阶系统来提高系统的控制效果。对于现实情况中的各种实际系统，分数阶模型能够比整数阶模型更准确，也为一些动态过程的描述提供了很好的工具。针对这些分数阶系统模型，分数阶控制器能更好体现它的优点。

6.1　分数阶 PID 控制器

分数阶 PID 控制器由 Podlubny 提出，也可记为 $PI^\lambda D^\mu$ 控制器。由于引入了微分、积分阶次 λ 和 μ，整个控制器多了两个可调参数，所以控制器参数的整定范围变大，控制器能够更灵活地控制受控对象，得出更好的控制效果。可以说，分数阶 PID 控制器的出现是分数阶控制理论历史上的一个里程碑，为分数阶控制理论的发展奠定了基础。分数阶控制的意义就是对于古典的整数阶控制的扩展化，它可以提供更多的模型，得到更鲁棒的控制结果。

分数阶 PID 控制器包括一个积分阶次 λ 和微分阶次 μ，其中 λ 和 μ 可以是任意实数。其传递函数为

$$G_c(s) = K_P + \frac{K_I}{s^\lambda} + K_D s^\mu \qquad (\lambda, \mu > 0) \tag{6.1}$$

这里积分项是 s^λ，就是说，在相频的对数图中，它的斜率是 $-20\lambda\,\mathrm{dB/dec}$，而不是 $-20\,\mathrm{dB/dec}$，K_P 为比例增益，K_I 为积分常数，K_D 为微分常数。

在时域中控制信号 $u(t)$ 可以表示为

$$u(t) = K_P e(t) + K_I D^{-\lambda} e(t) + K_D D^\mu e(t) \tag{6.2}$$

离散传递函数的形式为

$$C(z) = \frac{U(z)}{E(z)} = K_P + K_I \left[\omega(z^{-1})\right]^{-\lambda} + K_D \left[\omega(z^{-1})\right]^\mu \tag{6.3}$$

其中，$\omega(z^{-1})$ 表示离散化算子。

古典的整数阶 PID 控制器是分数阶 PID 控制器在 $\lambda = 1$ 和 $\mu = 1$ 时的特殊情况。当 $\lambda = 1$、$\mu = 0$ 时，就是 PI 控制器；当 $\lambda = 0$、$\mu = 1$ 时，就是 PD 控制器。可见，所有这些类型的 PID 控制器都是分数阶 PID 控制器的某一个特殊情况。分数阶 PID 控制器也更加复杂。但是，分数阶 PID 控制器能更好地调整分数阶控制系统的动态性能。分数阶 PID 控制器多了两个可调的参数 λ 和 μ。通过合理地选择参数，分数阶 PID 控制器可以提高系统的控制效果。分数阶控制器是古典整数阶控制器的一般化。分数阶 PID 控制器对于用分数阶数学模型描述的动态系统，可以取得很好的控制效果。

图 6.3 给出了分数阶 PID 控制器的控制结构示意图。

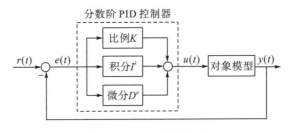

图 6.3　$\mathrm{PI}^\lambda \mathrm{D}^\mu$ 控制结构

6.2　简单分数阶系统的分数阶 PID 控制器设计与仿真

这里主要针对一类简单的分数阶系统设计分数阶 PID 控制器。

6.2.1　控制器设计

分数阶系统 $G_p(s)$，其传递函数的形式如下：

$$G(s) = \frac{1}{a_1 s^\alpha + a_2 s^\beta + a_3} \tag{6.4}$$

其中，$\alpha > \beta$，a_1，a_2，a_3 均为任意实数。

分数阶 PID 控制器的表达式如式 (6.1) 所示。

系统的幅值裕量 A_m 和相位裕量 ϕ_m 满足：

$$\arg\left[G_c(\mathrm{j}\omega_g)G_p(\mathrm{j}\omega_g) \right] = \pi - \phi_m \tag{6.5}$$

$$A_m \left| G_c(\mathrm{j}\omega_p)G_p(\mathrm{j}\omega_p) \right| = 1 \tag{6.6}$$

其中，ω_g、ω_p 满足：

$$\left| G_c(\mathrm{j}\omega_g)G_p(\mathrm{j}\omega_g) \right| = 1 \tag{6.7}$$

$$\arg\left[G_c(\mathrm{j}\omega_p)G_p(\mathrm{j}\omega_p) \right] = -\pi \tag{6.8}$$

则有下列关系式：

$$K_P + \frac{K_I}{\omega_p^\lambda}\cos\frac{\pi\lambda}{2} + K_D\omega_p^\mu\cos\frac{\pi\mu}{2} \tag{6.9}$$

$$= -\frac{a_1}{A_m}\omega_p^\alpha\cos\frac{\pi\alpha}{2} - \frac{a_2}{A_m}\omega_p^\beta\cos\frac{\pi\beta}{2} - \frac{a_3}{A_m} - \frac{K_I}{\omega_p^\lambda}\sin\frac{\pi\lambda}{2} + K_D\omega_p^\mu\sin\frac{\pi\mu}{2}$$

$$= -\frac{a_1}{A_m}\omega_p^\alpha\sin\frac{\pi\alpha}{2} - \frac{a_2}{A_m}\omega_p^\beta\sin\frac{\pi\beta}{2} \; K_P + \frac{K_I}{\omega_g^\lambda}\cos\frac{\pi\lambda}{2} + K_D\omega_g^\mu\cos\frac{\pi\mu}{2} \tag{6.10}$$

$$= -a_1\omega_g^\alpha\cos\left(\frac{\pi\alpha}{2} + \phi_m\right) - a_2\omega_g^\beta\cos\left(\frac{\pi\beta}{2} + \phi_m\right) - a_3\cos\phi_m - \frac{K_I}{\omega_g^\lambda}\sin\frac{\pi\lambda}{2} + K_D\omega_g^\mu\sin\frac{\pi\mu}{2} \tag{6.11}$$

$$= -a_1\omega_g^\alpha\sin\left(\frac{\pi\alpha}{2} + \phi_m\right) - a_2\omega_g^\beta\sin\left(\frac{\pi\beta}{2} + \phi_m\right) - a_3\sin\phi_m \tag{6.12}$$

实际系统的受控对象 $G_p(s)$ 和期望的幅值裕量 A_m、相位裕量 ϕ_m 都是已知的。未知变量 ω_p、ω_g、λ 和 μ 满足下面的条件：

$$
\begin{aligned}
&\left(\omega_g^{\lambda+\mu} - \omega_p^{\lambda+\mu}\right)\left\{
\begin{array}{l}
a_1\left[\omega_g^\alpha\cos\left(\frac{\pi\alpha}{2} + \phi_m\right) - \omega_p^\alpha\cos\frac{\pi\alpha}{2} \right] \\
+ a_2\left[\omega_g^\beta\cos\left(\frac{\pi\beta}{2} + \phi_m\right) - \omega_p^\beta\cos\frac{\pi\beta}{2} \right] \\
+ a_3\left(\cos\phi_m - \frac{1}{A_m} \right)
\end{array}
\right\} \\
&+ \left(\cot\frac{\pi\lambda}{2} + \cot\frac{\pi\mu}{2} \right)\left(\frac{\omega_p^\lambda\omega_g^\mu I_p}{A_m} + \omega_g^\lambda\omega_p^\mu I_g \right) \\
&- \left(\frac{\omega_p^{\lambda+\mu} I_p}{A_m} + \omega_g^{\lambda+\mu} I_g \right)\cot\frac{\pi\mu}{2} - \left(\frac{\omega_g^{\lambda+\mu} I_p}{A_m} + \omega_p^{\lambda+\mu} I_g \right)\cot\frac{\pi\lambda}{2} \\
&= 0
\end{aligned}
\tag{6.13}
$$

其中，

$$I_p = a_1 \omega_p^\alpha \sin\frac{\pi\alpha}{2} + a_2 \omega_p^\beta \sin\frac{\pi\beta}{2} \tag{6.14}$$

$$I_g = a_1 \omega_g^\alpha \sin\left(\frac{\pi\alpha}{2}+\phi_m\right) + a_2 \omega_g^\beta \sin\left(\frac{\pi\beta}{2}+\phi_m\right) + a_3 \sin\phi_m \tag{6.15}$$

在这些条件下，可以选择合适的 ω_p、ω_g、λ 和 μ。因此有

$$
\begin{aligned}
K_p = {} & a_1 \omega_p^{\lambda+\alpha} \frac{\sin\frac{\pi(\alpha-\mu)}{2}}{A_m \sin(\pi\mu/2)} + a_1 \omega_g^{\lambda+\alpha} \frac{\sin\left[\frac{\pi(\mu-\alpha)}{2}-\phi_m\right]}{\sin(\pi\mu/2)} \\
& + a_2 \omega_p^{\lambda+\beta} \frac{\sin\frac{\pi(\beta-\mu)}{2}}{A_m \sin(\pi\mu/2)} + a_2 \omega_g^{\lambda+\beta} \frac{\sin\left[\frac{\pi(\mu-\beta)}{2}-\phi_m\right]}{\sin(\pi\mu/2)} \\
& + a_3 \omega_g^\lambda \frac{\sin\left(\frac{\pi\mu}{2}-\phi_m\right)}{\sin(\pi\mu/2)} - \frac{a_3 \omega_p^\lambda}{A_m}
\end{aligned}
\tag{6.16}
$$

$$K_I = \frac{\omega_g^\lambda \omega_p^\lambda (A_m \omega_g^\mu I_p - \omega_p^\mu I_g)}{\sin\left(\frac{\pi\lambda}{2}\right)\left(\omega_g^{\lambda+\mu}-\omega_p^{\lambda+\mu}\right)} \tag{6.17}$$

$$K_D = \frac{A_m \omega_p^\lambda I_p - \omega_g^\lambda I_g}{\sin\left(\frac{\pi\mu}{2}\right)\left(\omega_g^{\lambda+\mu}-\omega_p^{\lambda+\mu}\right)} \tag{6.18}$$

6.2.2　仿真实例

例 6.1　文献[8]中给出了一个加热炉的例子，并分别建立了加热炉的整数阶模型和分数阶模型。加热炉的整数阶模型（integer order model，IOM）是一个二阶的微积分方程：

$$G_{I_p}(s) = \frac{1}{73043s^2 + 4893s + 1.93} \tag{6.19}$$

分数阶模型（fractional order model，FOM）为

$$G_{F_p}(s) = \frac{1}{14994s^{1.31} + 6009.5s^{0.97} + 1.69} \tag{6.20}$$

加热炉的两个模型的阶跃响应如图 6.4 所示。根据它们的输出响应和实际情况可以看到分数阶系统模型要比整数阶模型更准确。

对于加热炉的整数阶模型，先设计一个整数阶 PID 控制器。首先将其近似为一阶滞后加延迟系统：

$$G_{I_p}(s) = \frac{0.51813}{2520.261s + 1} e^{-14.97s} \tag{6.21}$$

根据默里尔（Murrill）提出的最小化 IAE 算法，设计的整数阶控制器（integer order controller，IOC）为

$$G_{I_c}(s) = 310.96 + \frac{5.04}{s} + 1113.24s \tag{6.22}$$

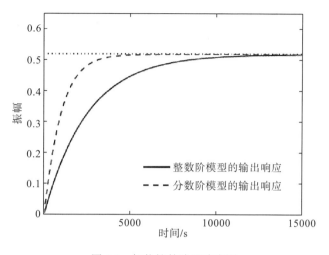

图 6.4　加热炉的阶跃响应图

图 6.5 显示了将整数阶 PID 控制器分别应用到整数阶模型和分数阶系统模型的结果。从图中可以看出,将整数阶控制器应用到分数阶系统模型的效果比将其应用到整数阶模型的还要差。闭环的分数阶系统的调节时间和上升时间都要比整数阶系统慢,只是超调量有点降低。

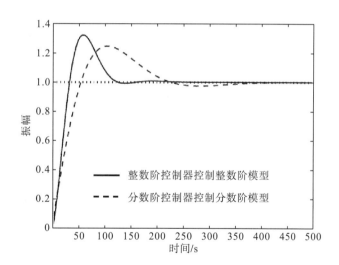

图 6.5　整数阶控制器分别控制整数阶模型和分数阶模型的闭环阶跃响应的比较

基于整数阶 PID 控制器的参数和加热炉的分数阶模型,选取 $\phi_m = \pi/3$, $A_m = 1.5$ 。这里将 λ 和 μ 选定在 $(0.1, 0.9)$ 范围内,步长为 0.1。图 6.6 显示了不同的 λ 和 μ 组合得到的 9×9 组控制器控制分数阶模型的阶跃响应曲线。对应的 Bode 图如图 6.7 所示。

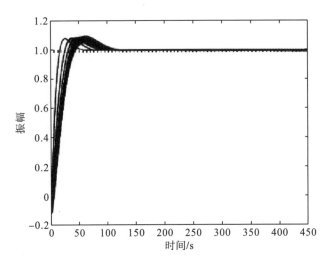

图 6.6 不同分数阶控制器控制分数阶系统的阶跃响应

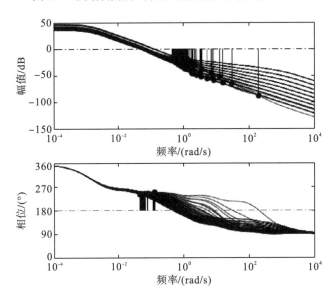

图 6.7 不同分数阶控制器控制分数阶系统的 Bode 图

这里选择微积分的阶次分别为：$\lambda = 0.6$ 和 $\mu = 0.3$。得到的分数阶 PID 控制器的另外三个参数为 $K_P = 822.383$，$K_I = -0.653$，$K_D = -842.437$，因此分数阶控制器（fractional order controller，FOC）为

$$G_{F_c}(s) = 822.383 - \frac{0.653}{s^{0.6}} - 842.437s^{0.3} \tag{6.23}$$

图 6.8 中比较了整数阶控制器分别控制整数阶模型和分数阶模型、分数阶控制器控制分数阶模型的 Bode 图。从图中可以看出，将分数阶控制器应用到分数阶模型后，控制效果有明显提高，不仅超调量变小，上升时间也很快，系统响应变快，又有较大的带宽。

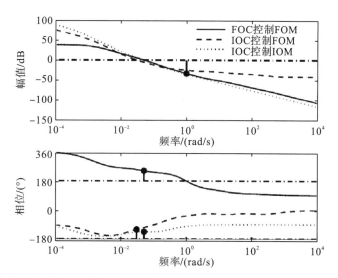

图 6.8 整数阶控制器分别控制分数阶模型和整数阶模型及分数阶控制器控制分数阶模型的 Bode 图

例 6.2 文献[9]也给出了一个分数阶系统的例子。其分数阶系统的传递函数为

$$G_{F_p}(s) = \frac{1}{0.8s^{2.2} + 0.5s^{0.9} + 1} \qquad (6.24)$$

用最小方差法，得到了该分数阶系统的整数阶近似：

$$G_{I_p}(s) = \frac{1}{0.7414s^2 + 0.2313s + 1} \qquad (6.25)$$

图 6.9 显示了式(6.24)和式(6.25)所描述的系统的单位阶跃响应曲线。可以看出，该近似本身也存在一定的误差。

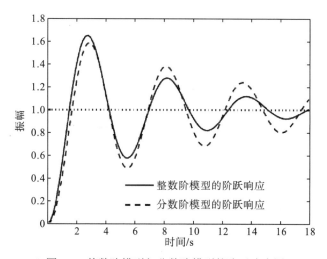

图 6.9 整数阶模型与分数阶模型的阶跃响应图

Podlubny 等针对系统设计了分数阶 PD$^\mu$ 控制器和整数阶 PD 控制器。整数阶 PD 控制器为

$$G_c(s) = 20.5 + 2.7343s \qquad (6.26)$$

分数阶 PD^{μ} 控制器的传递函数为

$$G_{c}(s) = 20.5 + 3.7343s^{1.15} \tag{6.27}$$

分别将这两个控制器应用于分数阶受控系统，图 6.10 比较了它们的阶跃响应。可以看出分数阶 PD^{μ} 控制器能够取得比整数阶控制器更好的效果。但也应该指出，由于没有积分项，稳态误差不可能为零。

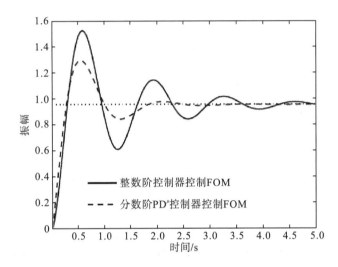

图 6.10   整数阶控制器和 PD^{μ} 控制器分别控制分数阶模型的阶跃响应

对于分数阶系统[式(6.24)]，应用本章提出的方法设计分数阶 PID 控制器。参照分数阶 PD^{μ} 控制器及分数阶系统的自身特点，这里选取 $\phi_{m} = \pi/4$，$A_{m} = 1.5$。通过 $(0.1, 0.9)$ 范围内的 λ 和在 $(1.1, 1.9)$ 范围内的 μ 的不同组合，步长为 0.1，得到的 9×9 组控制器控制分数阶模型的 Bode 图如图 6.11 所示。

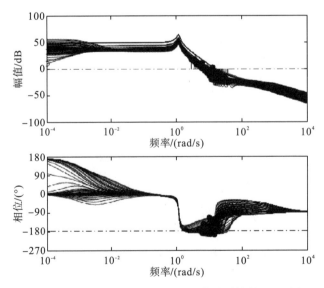

图 6.11   不同分数阶控制器控制分数阶系统的 Bode 图

　　这里选择微积分的阶次分别为：$\lambda = 0.2$ 和 $\mu = 1.1$。得到的分数阶 PID 控制器的另外三个参数为 $K_\mathrm{P} = 138.18$、$K_\mathrm{I} = 2.89$、$K_\mathrm{D} = 12.38$。设计的分数阶 PID 控制器为

$$G_\mathrm{c}(s) = 138.18 + \frac{2.89}{s^{0.2}} + 12.38 s^{1.1} \tag{6.28}$$

　　分数阶 PID 控制器控制分数阶系统的闭环阶跃响应曲线如图 6.12 所示，闭环系统的响应时间更快。

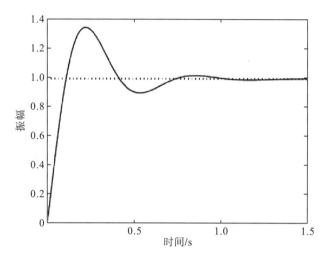

图 6.12　分数阶控制器控制分数阶系统的阶跃响应图

　　图 6.13 中比较了分数阶 PD^μ 控制器和分数阶 PID 控制器分别用于分数阶系统的 Bode 图。可以看出，对于分数阶受控对象，这里设计的分数阶 PID 控制器能够取得比其他控制器更好的效果。

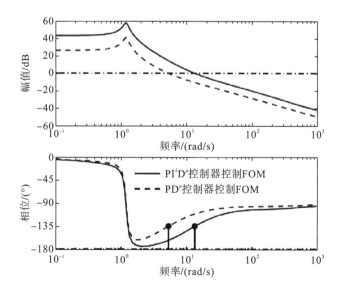

图 6.13　控制器 PD^μ 和 $\mathrm{PI}^\lambda \mathrm{D}^\mu$ 分别控制分数阶模型的 Bode 图

6.3   分数阶系统的分数阶 PID 控制器设计与仿真

6.3.1   控制器设计

对于实际情况中一般的受控对象，可以根据期望的幅值裕量 A_{m} 和相位裕量 ϕ_{m} 来设计分数阶 PID 控制器，使其满足系统的性能要求。从幅值裕量 A_{m} 和相位裕量 ϕ_{m} 的基本定义出发，动态受控对象 $G_{\mathrm{p}}(s)$ 和控制器 $G_{\mathrm{c}}(s)$ 应该满足下列关系：

$$\phi_{\mathrm{m}} = \arg\left[G_{\mathrm{c}}(\mathrm{j}\omega_{\mathrm{g}})G_{\mathrm{p}}(\mathrm{j}\omega_{\mathrm{g}}) \right] + \pi \tag{6.29}$$

$$A_{\mathrm{m}} = \frac{1}{\left| G_{\mathrm{c}}(\mathrm{j}\omega_{\mathrm{p}})G_{\mathrm{p}}(\mathrm{j}\omega_{\mathrm{p}}) \right|} \tag{6.30}$$

其中，ω_{g} 满足：

$$\left| G_{\mathrm{c}}(\mathrm{j}\omega_{\mathrm{g}})G_{\mathrm{p}}(\mathrm{j}\omega_{\mathrm{g}}) \right| = 1 \tag{6.31}$$

而 ω_{p} 满足：

$$\arg\left[G_{\mathrm{c}}(\mathrm{j}\omega_{\mathrm{p}})G_{\mathrm{p}}(\mathrm{j}\omega_{\mathrm{p}}) \right] = -\pi \tag{6.32}$$

将 $G_{\mathrm{c}}(s)$ 用表达式 (6.1) 来代替，则可以得到下列关系：

$$K_{\mathrm{P}} + K_{\mathrm{I}} \frac{\cos\frac{\pi\lambda}{2}}{\omega_{\mathrm{p}}^{\lambda}} + K_{\mathrm{D}}\cos\frac{\pi\mu}{2}\omega_{\mathrm{p}}^{\mu} = R_{\mathrm{mp}} \tag{6.33}$$

$$K_{\mathrm{P}} + K_{\mathrm{I}} \frac{\cos\frac{\pi\lambda}{2}}{\omega_{\mathrm{g}}^{\lambda}} + K_{\mathrm{D}}\cos\frac{\pi\mu}{2}\omega_{\mathrm{g}}^{\mu} = R_{\mathrm{mg}} \tag{6.34}$$

$$-K_{\mathrm{I}} \frac{\sin\frac{\pi\lambda}{2}}{\omega_{\mathrm{p}}^{\lambda}} + K_{\mathrm{D}}\sin\frac{\pi\mu}{2}\omega_{\mathrm{p}}^{\mu} = I_{\mathrm{mp}} \tag{6.35}$$

$$-K_{\mathrm{I}} \frac{\sin\frac{\pi\lambda}{2}}{\omega_{\mathrm{g}}^{\lambda}} + K_{\mathrm{D}}\sin\frac{\pi\mu}{2}\omega_{\mathrm{g}}^{\mu} = I_{\mathrm{mg}} \tag{6.36}$$

其中，

$$-\frac{1}{A_{\mathrm{m}}G_{\mathrm{p}}(\mathrm{j}\omega_{\mathrm{p}})} = R_{\mathrm{mp}} + \mathrm{j}I_{\mathrm{mp}} \tag{6.37}$$

$$\frac{-\cos\phi_{\mathrm{m}} - \mathrm{j}\sin\phi_{\mathrm{m}}}{G_{\mathrm{p}}(\mathrm{j}\omega_{\mathrm{g}})} = R_{\mathrm{mg}} + \mathrm{j}I_{\mathrm{mg}} \tag{6.38}$$

在设计控制器时，受控对象 $G_{\mathrm{p}}(s)$ 和期望的幅值裕量 A_{m}、相位裕量 ϕ_{m} 都是已知的。这里有 4 个方程 7 个变量 $\left(\omega_{\mathrm{p}}, \omega_{\mathrm{g}}, \lambda, \mu, K_{\mathrm{P}}, K_{\mathrm{I}}, K_{\mathrm{D}}\right)$。其余的三个参数可以通过使误差平方最小化来决定：

$$J = \int_{0}^{+\infty} e^2(t)\mathrm{d}t \tag{6.39}$$

如果参数 ω_p、ω_g、λ、μ 是已知的，则控制器的系数 K_P、K_I、K_D 就可以唯一地确定出来：

$$K_P = \left[\omega_p^\lambda R_{mp} - \omega_g^\lambda R_{mg} - \cot\frac{\pi\mu}{2}\left(\omega_p^\lambda I_{mp} - \omega_g^\lambda I_{mg}\right) \right] \Big/ \left(\omega_p^\lambda - \omega_g^\lambda\right)$$

$$= \left[\omega_g^\mu R_{mp} - \omega_p^\mu R_{mg} + \cot\frac{\pi\lambda}{2}\left(\omega_g^\mu I_{mp} - \omega_p^\mu I_{mg}\right) \right] \Big/ \left(\omega_g^\mu - \omega_p^\mu\right) \tag{6.40}$$

$$K_I = \frac{\omega_g^\lambda \omega_p^\lambda \left(\omega_g^\mu I_{mp} - \omega_p^\mu I_{mg}\right)}{\sin\left(\dfrac{\pi\lambda}{2}\right)\left(\omega_p^{\lambda+\mu} - \omega_g^{\lambda+\mu}\right)} \tag{6.41}$$

$$K_D = \frac{\omega_p^\lambda I_{mp} - \omega_g^\lambda I_{mg}}{\sin\left(\dfrac{\pi\mu}{2}\right)\left(\omega_p^{\lambda+\mu} - \omega_g^{\lambda+\mu}\right)} \tag{6.42}$$

其中，ω_p、ω_g、λ 和 μ 应满足下面的约束条件[10]：

$$\left(\omega_g^{\lambda+\mu} - \omega_p^{\lambda+\mu}\right)\left(R_{mp} - R_{mg}\right) + \left(\omega_p^{\lambda+\mu} I_{mp} + \omega_g^{\lambda+\mu} I_{mg}\right)\cot\left(\frac{\pi\mu}{2}\right)$$

$$+ \left(\omega_p^{\lambda+\mu} I_{mg} + \omega_g^{\lambda+\mu} I_{mp}\right)\cot\left(\frac{\pi\lambda}{2}\right) - \left(\cot\frac{\pi\lambda}{2} + \cot\frac{\pi\mu}{2}\right)\left(\omega_p^\lambda \omega_g^\mu I_{mp} + \omega_g^\lambda \omega_p^\mu I_{mg}\right) = 0 \tag{6.43}$$

在最小化指标[式(6.39)]和前文的约束条件下，可以确定参数 ω_p、ω_g、λ 和 μ。然后，根据系统的要求来设计分数阶 PID 控制器。下面通过例子来形象地说明该方法。

6.3.2 仿真实例

例 6.3 针对分数阶系统传递函数：

$$G_{I_p}(s) = \frac{1}{s^{3.2} + 200s^2 + 50000s^{1.4} + 3s^{0.8}} \tag{6.44}$$

设计分数阶 PID 控制器，选取 $\phi_m = \pi/4$、$A_m = 1.3$。将 λ 和 μ 选定在 $(0.1, 0.9)$ 范围内，步长为 0.1。图 6.14 显示了不同的 λ 和 μ 组合得到的 9×9 组控制器控制分数阶系统的阶跃响应曲线。对应的 Bode 图如图 6.15 所示。

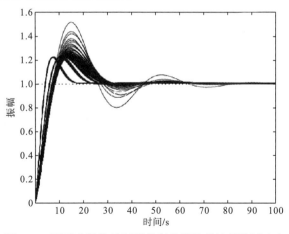

图 6.14 不同分数阶控制器控制分数阶系统的阶跃响应

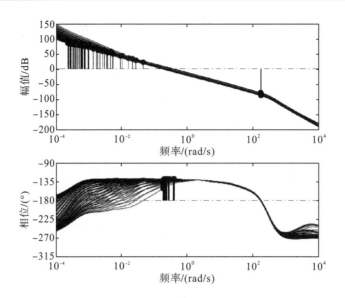

图 6.15　不同分数阶控制器控制分数阶系统的 Bode 图

这里选择微积分的阶次分别为：$\lambda = 0.1$ 和 $\mu = 0.5$。得到分数阶 PID 控制器的另外三个参数为 $K_\mathrm{P} = 822.81$、$K_\mathrm{I} = 9.18$、$K_\mathrm{D} = 74.92$，因此分数阶 PID 控制器为

$$G_{F_\mathrm{c}}(s) = 822.81 + \frac{9.18}{s^{0.1}} + 74.92s^{0.5} \tag{6.45}$$

控制结果如图 6.16 所示，对应的 Bode 图如图 6.17 所示。

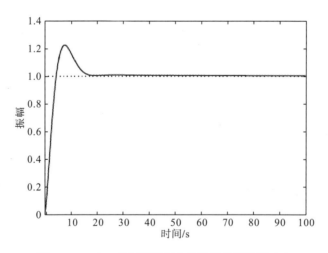

图 6.16　$\mathrm{PI}^\lambda \mathrm{D}^\mu$ 控制器控制分数阶系统的阶跃响应

对于一些复杂的实际系统，用分数阶微积分方程建模要比整数阶模型更简洁、准确。分数阶微积分为描述动态过程提供了一个很好的工具。对于分数阶模型需要相应的分数阶控制器来提高控制效果。本章针对分数阶受控对象，介绍了分数阶 PID 控制器的设计方法，并用具体实例演示了对于分数阶系统模型，采用分数阶 PID 控制器比采用古典的 PID 控制器能取得更好的效果。

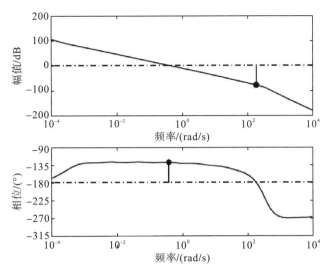

图 6.17　$PI^\lambda D^\mu$ 控制器控制分数阶系统的 Bode 图

　　分数阶 PID 控制器不应该看作是一个新的理论方法,它应是一个自然而有效的控制工具。通过引入分数阶 PID 控制器,可以更加连续地设计控制响应效果。计算机性能的快速发展也使得分数阶 PID 控制器的实现不再是个问题。分数阶 PID 控制器的理论研究还处于起步阶段,特别是在控制领域。关于分数阶 PID 控制器还有很多方面有待于更多学者去研究开发。

参 考 文 献

[1] Manabe S. Early development of fractional order control[C]. ASME 2003 Design Engineering Technical Conferences and Computers and Information in Engineering Conference, Chicago, 2003.

[2] Ho W K, Lim K W, Xu W. Optimal gain and phase margin tuning for pid controllers[J]. Automatica, 1998, 34(8): 1009-1014.

[3] Lv Z F. Time-domain simulation and design of SISO feedback control systems[D]. Taiwan: Cheng Kung University, 2004.

[4] Caponetto R, Fortuna L, Porto D. A new tuning strategy for a non integer order PID controller[C]. IFAC2004, Bordeaux, 2004.

[5] Monje C A, Vinagre B M, Chen Y Q, et al. Some tuning rules for PI^λ controllers robust to gain or time constant changes[J]. Nonlinear Dynamics, 2004, 38: 369-381.

[6] Podlubny I, Petras I, Vinagre B M, et al. Realization of fractional order controllers[J], Acta Montanistica Slovaca, 2003, 8(4): 233-235.

[7] Ma C B, Hori Y. Design of fractional order $PI^\alpha D$ controller for robust two-inertia speed control to torque saturation and load inertia variation[C]. IPEMC 2003, Xi'an, 2003.

[8] Podlubny I, Dorcak L, Kostial I. On fractional derivatives, fractional-order dynamic system and $PI^\lambda D^\mu$ -controllers[C]. Proc. of the 36th IEEE CDC, San Diego, 1999.

[9] Podlubny I. Fractional-order systems and fractional-order controllers[D]. Kosice: The Academy of Sciences Institute of Experimental Physics, Slovak Acad.Sci., 1994.

[10] Zhao C N, Xue D Y, Chen Y Q. A fractional order PID tuning algorithm for a class of fractional order plants[J]. IEEE ICMA 2005: 216-221.

第7章 分数阶 PID 控制器对比研究

分数阶 PID 控制器扩展了整数阶 PID 控制器，可以取得更好的控制效果。第 6 章中针对分数阶受控系统设计了分数阶 PID 控制器，本章将对于整数阶系统模型设计分数阶 PID 控制器。将分数阶 PID 控制器应用于位置伺服系统中，并与模型预测控制、整数阶 PID 控制相比较，并进一步讨论分数阶控制器对于负载变化、系统的弹性参数等的鲁棒性。理论分析与仿真结果都表明分数阶 PID 控制器对于提高控制系统的性能是一种更有效的方式。

7.1 位置伺服系统

位置伺服系统是一个基本的控制问题，这里研究的位置伺服系统包括一个直流电动机、变速箱、弹性转轴和一个负载，如图 7.1 所示。

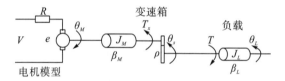

图 7.1 位置伺服系统模型

可以用下面的微积分方程来描述该系统：

$$\dot{\omega}_L = -\frac{k_\theta}{J_L}\left(\theta_L - \frac{\theta_M}{\rho}\right) - \frac{\beta_L}{J_L}\omega_L \tag{7.1}$$

$$\dot{\omega}_M = \frac{k_T}{J_M}\left(\frac{V - k_T\omega_M}{R}\right) - \frac{\beta_M\omega_M}{J_M} + \frac{k_\theta}{\rho J_M}\left(\theta_L - \frac{\theta_M}{\rho}\right) \tag{7.2}$$

其中，V 是所用的电压；T 是连接在负载上的转矩；$\omega_L = \dot{\theta}_L$ 是负载的角速度；$\omega_M = \dot{\theta}_M$ 是发动机转轴的角速度；k_θ 和 k_T 是弹性参数与发动机常数；J_M 和 J_L 是发动机和额定负载的惯性；β_M 与 β_L 是发动机的黏滞摩擦系数和负载的黏滞摩擦系数；ρ 是齿轮齿数比；R 是电枢电阻。

定义状态变量为 $\boldsymbol{x}_p = \begin{bmatrix} \theta_L & \omega_L & \theta_M & \omega_M \end{bmatrix}^{\mathrm{T}}$，上述系统模型就可以转化成线性时不变的状态空间形式：

$$\dot{\boldsymbol{x}}_p = \begin{bmatrix} 0 & 1 & 0 & 0 \\ -\dfrac{k_\theta}{J_L} & -\dfrac{\beta_L}{J_L} & \dfrac{k_\theta}{\rho J_L} & 0 \\ 0 & 0 & 0 & 1 \\ \dfrac{k_\theta}{\rho J_M} & 0 & -\dfrac{k_\theta}{\rho^2 J_M} & -\dfrac{\beta_M + k_T^2/R}{J_M} \end{bmatrix} \boldsymbol{x}_p + \begin{bmatrix} 0 \\ 0 \\ 0 \\ \dfrac{k_T}{R J_M} \end{bmatrix} V \tag{7.3}$$

$$\theta_L = \begin{bmatrix} 1 & 0 & 0 & 0 \end{bmatrix} \boldsymbol{x}_p \tag{7.4}$$

$$T = \begin{bmatrix} k_\theta & 0 & -\dfrac{k_\theta}{\rho} & 0 \end{bmatrix} \boldsymbol{x}_p \tag{7.5}$$

对于该系统可以通过反馈得到的是 θ_L 值。通过调节外加的电压可以将负载的角速度限制在一定范围内。由于弹性转轴的切变强度是有限的，转矩 T 必须在一定范围内。从输入/输出的观点来看，该受控对象有一个输入电压 V，可以由控制器来控制它。该系统模型有两个输出，一个是可以测量的、反馈到控制器中的角坐标 θ_L，另一个是不可测的 T。位置伺服系统模型的参数如表 7.1 所示[1]。

表 7.1　系统模型参数

符号	取值 (SI 单位)	符号	取值 (SI 单位)
k_θ	1280.2	ρ	20
k_T	10	β_M	0.1
J_M	0.5	β_L	25
J_L	$50\,J_M$	R	20

设计的控制器应该使得负载的角速度 θ_L 在一定范围内。在实际的系统中，弹性转轴的切变强度是有限的，即在一定范围内系统运行才会得到好的效果。转矩 T 必须满足特定的要求，即 $|T| \leqslant 78.5\text{N} \cdot \text{m}$。运用的电压应该在实际可得的范围内，即 $|V| \leqslant 220\text{V}$。

7.2　分数阶 PID 控制器与模型预测控制的比较

这里主要是对位置伺服系统模型进行模型预测控制(model predictive control，MPC)，并与分数阶 PID 控制器的控制效果进行比较。

首先设计模型预测控制器[2]。图 7.2 是伺服系统的模型预测控制仿真框图。系统输出是一个向量信号，是可测的角坐标，可以反馈到控制器并可显示图形，图 7.3 是其单位阶跃响应。

将分数阶 PID 控制器应用于伺服系统，其控制框图如图 7.4 所示。

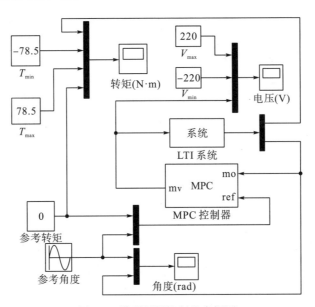

图 7.2　模型预测控制仿真框图

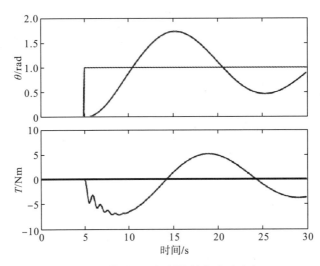

图 7.3　模型预测控制的单位阶跃响应

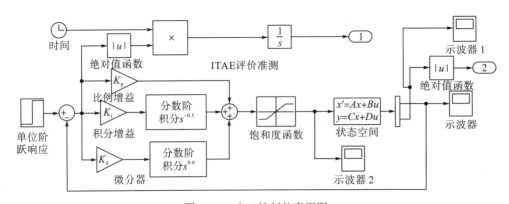

图 7.4　PI$^\lambda$D$^\mu$控制仿真框图

其中，$\lambda = 0.5$，$\mu=0.6$，分数阶 PID 控制器为

$$G_{\mathrm{c}}(s) = 61.57 + \frac{91.95}{s^{0.5}} + 2.33s^{0.6} \tag{7.6}$$

这里采用积分平方误差(integral squared error，ISE)评价准则，结果为 0.87，是令人满意的。图 7.5 显示了分数阶 PID 控制器控制伺服系统的阶跃响应曲线。与模型预测控制器相比较，分数阶 PID 控制器显示了很好的控制效果。

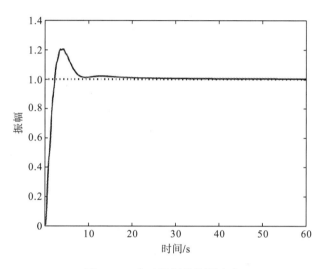

图 7.5　$\mathrm{PI}^{\lambda}\mathrm{D}^{\mu}$ 控制的阶跃响应

7.3　分数阶 PID 控制器与整数阶 PID 控制器的对比研究

这里分别用整数阶 PID 控制器和分数阶 PID 控制器来控制位置伺服系统模型。

7.3.1　控制器设计

首先来设计整数阶 PID 控制器。在这部分采用两种评价准则：积分时间平均误差(integral time average error，ITAE)评价准则和 ISE 评价准则。在 ISE 评价准则下，可以得到下面的 PID 控制器的传递函数：

$$G_{\mathrm{c}}(s) = 110.1 + \frac{10.65}{s} + 31s \tag{7.7}$$

其 ISE 值为 1.13。在满足系统模型要求的条件下，由 ITAE 评价准则，可以得到如下的 PID 控制器：

$$G_{\mathrm{c}}(s) = 42 + \frac{21.13}{s} - 8.26s \tag{7.8}$$

其 ITAE 值为 4.68。

图 7.6 显示了在这两个整数阶 PID 控制器控制下系统角位置的单位阶跃响应曲线。

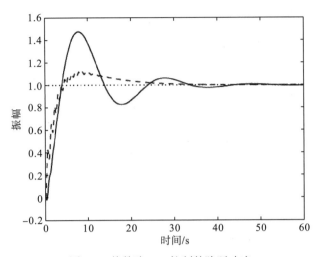

图 7.6　整数阶 PID 控制的阶跃响应

　　图 7.6 中实线表示在 ITAE 评价准则下得到的控制器控制下角位置的阶跃响应，它的超调量有点大；虚线代表 ISE 评价准则下的结果，可以看出阶跃响应曲线有点抖动。相应的 Bode 图如图 7.7 所示。

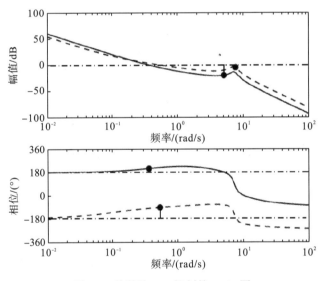

图 7.7　整数阶 PID 控制的 Bode 图

　　在相同的两个评价准则下，设计分数阶 PID 控制器。根据经验，将控制器中微积分的阶次 λ 和 μ 限定在 $[0.1,1.5]$。经过大量搜索，通过改变 λ 和 μ 的值得到不同 ITAE 的值[3]。图 7.8 显示了不同 λ 和 μ 的 ITAE 值。

　　在设计分数阶 PID 控制器的过程中，用到了前面提出的改进近似法，在近似法中的 N 取为 4。目前为止，在 λ、μ 和 ITAE 值之间还没有发现任何必然的联系。由 ITAE 评价准则，这里选取具有最小 ITAE 值（2.22）的分数阶 PID 控制器微积分的阶次 $\lambda = 0.7$、$\mu = 0.6$。得到的分数阶 PID 控制器为

$$G_c(s) = 135.12 + \frac{0.01}{s^{0.7}} - 31.6s^{0.6} \tag{7.9}$$

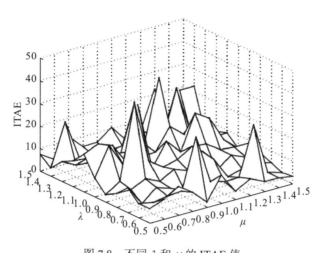

图 7.8　不同 λ 和 μ 的 ITAE 值

图 7.9 显示了不同 λ 和 μ 的 ISE 值。

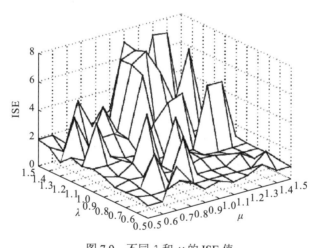

图 7.9　不同 λ 和 μ 的 ISE 值

在 λ、μ 和 ISE 值之间也没有发现任何必然的联系。与得到的 ITAE 评价值相比，λ 和 μ 的不同组合所得到的 ISE 值要小得多，有些值间的波动也不是很大。这里选取具有最小 ISE 值 (0.87) 的分数阶 PID 控制器微积分的阶次 $\lambda = 0.5$、$\mu = 0.6$。所设计的分数阶 PID 控制器为

$$G_c(s) = 61.57 + \frac{91.95}{s^{0.5}} + 2.33s^{0.6} \tag{7.10}$$

在这两个分数阶 PID 控制器控制下系统角位置的阶跃响应曲线如图 7.10 所示。

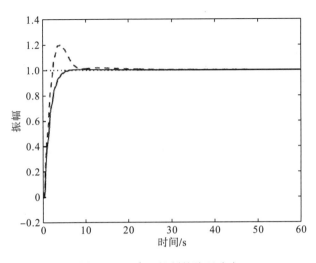

图 7.10 $PI^\lambda D^\mu$ 控制的阶跃响应

图 7.10 中实线表示具有最小 ITAE 评价值的分数阶 PID 控制器控制下角位置的阶跃响应,虚线表示具有最小 ISE 评价值的分数阶 PID 控制器的控制结果。比较在这些控制器控制下的效果,如超调量、上升时间等方面,可以发现具有最小 ITAE 评价值的分数阶 PID 控制器展示了最好的控制性能。在这两个分数阶 PID 控制器控制下的 Bode 图如图 7.11 所示。

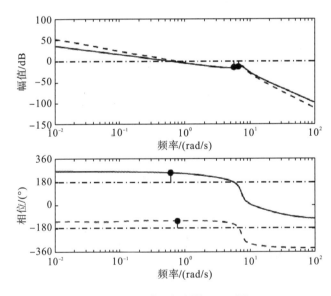

图 7.11 $PI^\lambda D^\mu$ 控制的 Bode 图

在设计分数阶 PID 控制器与仿真实验的过程中,可以看出在 ITAE 评价准则下设计的分数阶 PID 控制器可以得到最好的控制效果。仿真结果也都表明这里设计的分数阶 PID 控制器可以提高控制系统的性能,同时也具有一定的鲁棒性。

7.3.2　分数阶 PID 控制器对于负载变化的鲁棒性

当系统负载发生变化时，分别应用最优的分数阶 PID 控制器和整数阶 PID 控制器，可以看到分数阶 PID 控制器仍然能够得到很好的控制效果。

当系统负载增加 10%时，最优的分数阶 PID 控制器[式(7.9)]和最优的整数阶 PID 控制器[式(7.7)]分别控制位置伺服系统模型。图 7.12 显示了这两个控制器的控制效果，实线表示在最优分数阶 PID 控制器控制下角位置的阶跃响应，虚线表示在最优整数阶 PID 控制器控制下角位置的阶跃响应。相应的 Bode 图如图 7.13 所示。

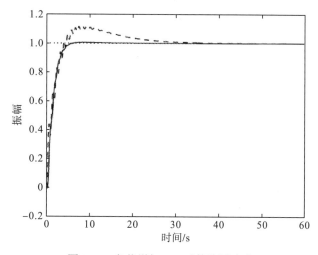

图 7.12　负载增加 10%时的阶跃响应

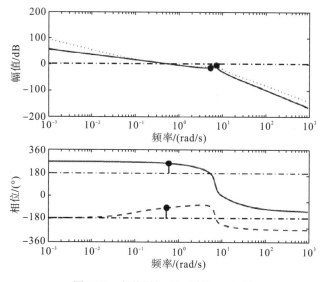

图 7.13　负载增加 10%时的 Bode 图

当系统负载减少 10%时，由最优的分数阶 PID 控制器和最优整数阶 PID 控制器分别控制位置伺服系统模型，得到的阶跃响应曲线如图 7.14 所示，相应的 Bode 图如图 7.15 所示。

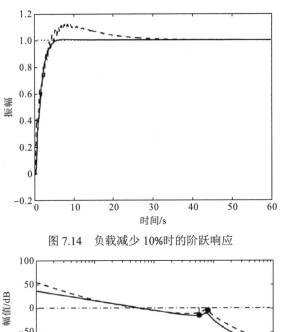

图 7.14   负载减少 10%时的阶跃响应

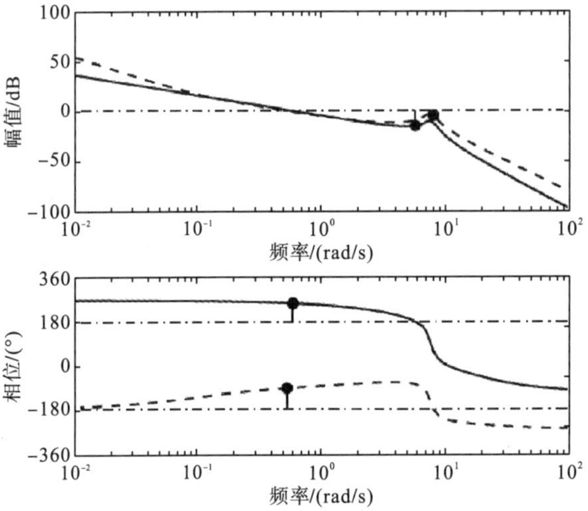

图 7.15   负载减少 10%时的 Bode 图

当系统负载增加 30%时，由最优的分数阶 PID 控制器和最优整数阶 PID 控制器分别控制位置伺服系统模型，得到的阶跃响应曲线如图 7.16 所示，相应的 Bode 图如图 7.17 所示。

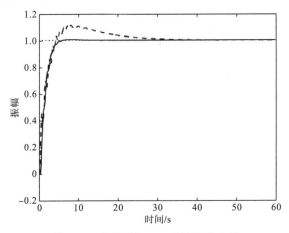

图 7.16   负载增加 30%时的阶跃响应

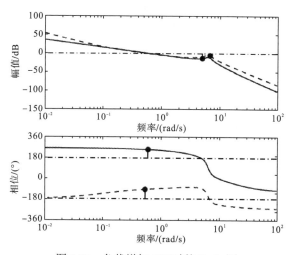

图 7.17　负载增加 30%时的 Bode 图

当系统负载减少 30%时，在最优的分数阶 PID 控制器和最优的整数阶 PID 控制器控制下的阶跃响应曲线如图 7.18 所示，相应的 Bode 图如图 7.19 所示。

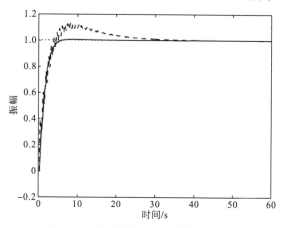

图 7.18　负载减少 30%时的阶跃响应

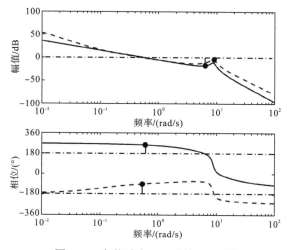

图 7.19　负载减少 30%时的 Bode 图

当系统负载增加 50%时，由最优的分数阶 PID 控制器和最优整数阶 PID 控制器分别控制位置伺服系统模型，得到的阶跃响应曲线如图 7.20 所示，相应的 Bode 图如图 7.21 所示。

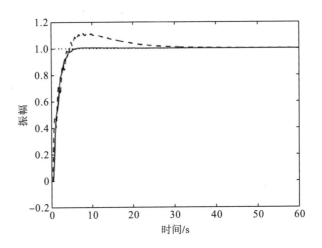

图 7.20   负载增加 50%时的阶跃响应

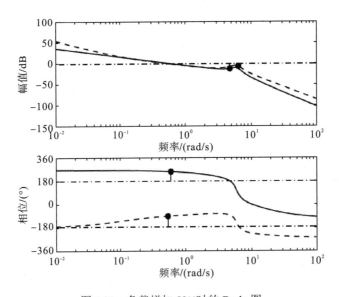

图 7.21   负载增加 50%时的 Bode 图

当系统负载减少 50%时，在最优的分数阶 PID 控制器和最优整数阶 PID 控制器控制下的阶跃响应曲线如图 7.22 所示，相应的 Bode 图如图 7.23 所示。

与最优的整数阶 PID 控制器的控制效果相比，无论是在常规负载条件下，还是存在负载变化的时候，最优的分数阶 PID 控制器都能显示更好的性能。

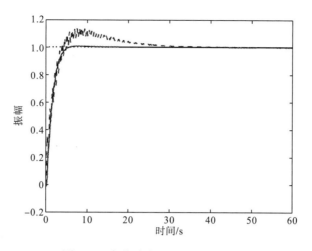

图 7.22　负载减少 50%时的阶跃响应

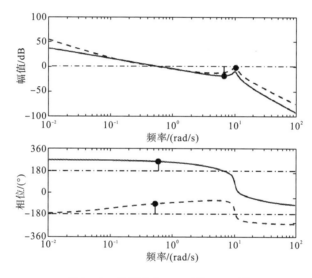

图 7.23　负载减少 50%时的 Bode 图

7.3.3　近似中 N 的选取

在上述设计分数阶 PID 控制器的过程中,近似的 N 为 4。这里分析 N 的变化对于分数阶控制器的控制性能的影响,令 N 分别为 2、6。

当负载增加 10%时,在分数阶 PID 控制器的设计与实现过程中,取 N 为 2 和 6,再控制位置伺服系统模型,得到图 7.24 的控制效果,其中,实线是 N 取 2 时的结果;虚线是 N 取 6 的结果。这两条线几乎重合,显示了这两个分数阶控制器的控制结果相差无几。相应的 Bode 图如图 7.25 所示。

图 7.26 显示了负载减少 30%时,N 分别取为 2 和 6,得到的分数阶 PID 控制器控制位置伺服系统模型的控制效果。控制后的 Bode 图如图 7.27 所示。

从上述的仿真结果可以看出近似法中 N 的变化对于分数阶 PID 控制器的影响很小,甚至可以忽略不计。可见这里设计的分数阶 PID 控制器具有很好的鲁棒性。

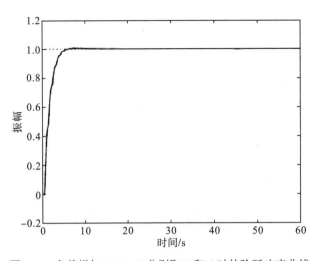

图 7.24　负载增加 10%、N 分别取 2 和 6 时的阶跃响应曲线

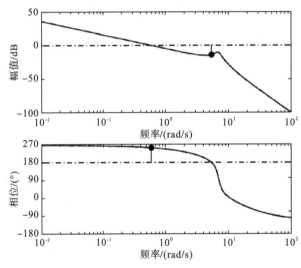

图 7.25　负载增加 10%、N 分别取 2 和 6 时的 Bode 图

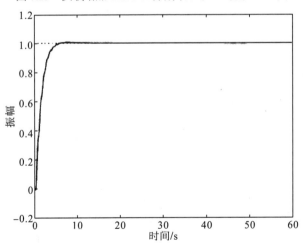

图 7.26　负载减少 30%、N 分别取 2 和 6 时的阶跃响应曲线

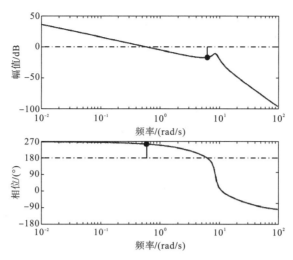

图 7.27　负载减少 30%、N 分别取 2 和 6 时的 Bode 图

在图 7.8 与图 7.9 中 N 取为 4，当 N 为 6 时可以得到两个新的关系图。图 7.28 显示了 $N=6$ 时 λ、μ 与 ITAE 之间的关系。图 7.29 显示了 $N=6$ 时 λ、μ 与 ISE 之间的关系。可以看到图 7.8 与图 7.28 之间的区别不大，图 7.9 与图 7.29 之间的区别也很小。

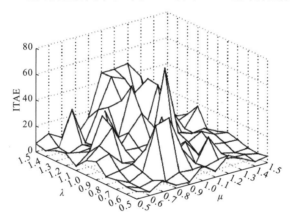

图 7.28　$N=6$ 时的 ITAE 值

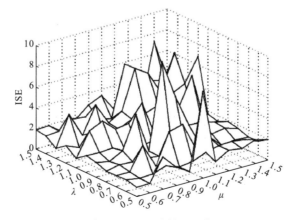

图 7.29　$N=6$ 时的 ISE 值

在 ITAE 准则下可以得到如下最优的分数阶 PID 控制器：

$$G_c(s) = 132.54 + \frac{0.02}{s^{0.6}} - 34.79s^{0.6} \qquad (7.11)$$

其 ITAE 的值为 2.34。在 ISE 准则下可以得到具有最小 ISE 值 0.88 的分数阶 PID 控制器：

$$G_c(s) = 63.2 + \frac{92.62}{s^{0.5}} + 0.31s^{0.5} \qquad (7.12)$$

用这两个分数阶 PID 控制器来控制位置伺服系统，图 7.30 显示了在不同评价准则下得到的分数阶控制器控制下的角位置的阶跃响应曲线。相应的 Bode 图如图 7.31 所示。图中实线是具有最小 ITAE 值的分数阶控制器控制的结果，虚线为具有最小 ISE 值的分数阶控制器控制的结果。可以发现，在 $N=6$ 的情况下，仍然是具有最小 ITAE 值的分数阶 PID 控制器取得很好的控制效果。

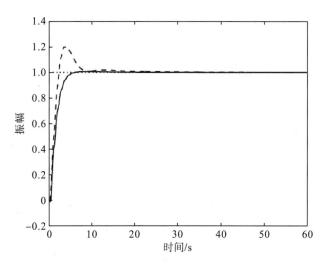

图 7.30 $N=6$ 时 $PI^{\lambda}D^{\mu}$ 控制器控制的阶跃响应

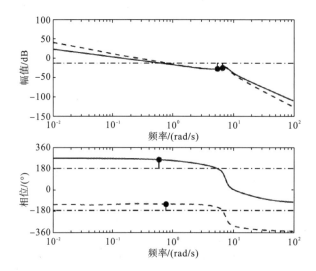

图 7.31 $N=6$ 时 $PI^{\lambda}D^{\mu}$ 控制器控制的 Bode 图

在 ITAE 评价准则下,由 N 取 4 和 6 时得到的最优分数阶 PID 控制器分别控制位置伺服系统模型,角位置的阶跃响应如图 7.32 所示,相应的 Bode 图如图 7.33 所示。两条曲线完全重合,结果显示 N 的变化对系统几乎没有影响。

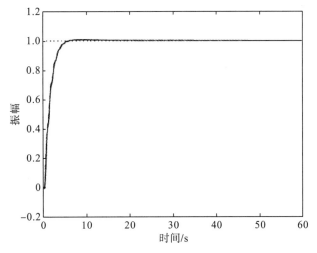

图 7.32　N=4 和 6 时 $PI^\lambda D^\mu$ 控制的阶跃响应

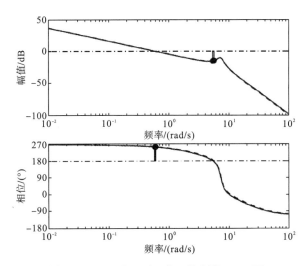

图 7.33　N=4 和 6 时 $PI^\lambda D^\mu$ 控制的 Bode 图

相对来说 N 越大,系统运行的时间越长,而差别不明显。所以完全可以选取小一些的 N 来提高系统的性能。显而易见,这里设计的分数阶 PID 控制器可以提高控制系统的稳定性与鲁棒性。

7.4　分数阶 PI 控制器与整数阶 PI 控制器的对比研究

下面分别用整数阶 PI 控制器和分数阶 PI 控制器来控制位置伺服系统模型,主要是分析最优的分数阶 PI 控制器是否好于最优的整数阶 PI 控制器。

7.4.1 控制器设计

首先来设计整数阶 PI 控制器。在这部分也是采用两种评价准则：ITAE 评价准则和 ISE 评价准则。在满足系统模型要求的条件下，由 ITAE 评价准则，可以得到如下的整数阶 PI 控制器：

$$G_c(s) = 107.35 + \frac{0.14}{s} \tag{7.13}$$

其 ITAE 值为 3.36。在 ISE 评价准则下，可以得到下面的整数阶 PI 控制器的传递函数：

$$G_c(s) = 106.82 + \frac{3.36}{s} \tag{7.14}$$

其 ISE 值为 1.01。

图 7.34 显示了在这两个整数阶 PI 控制器控制下系统角位置的单位阶跃响应曲线。图中实线表示在 ITAE 评价准则下得到的控制器控制下角位置的阶跃响应，虚线表示 ISE 控制器控制的结果。相应的 Bode 图由图 7.35 所示。显然在 ITAE 评价准则下得到的控制器要好于在 ISE 准则下的。

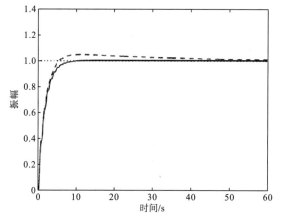

图 7.34　整数阶 PI 控制的阶跃响应曲线

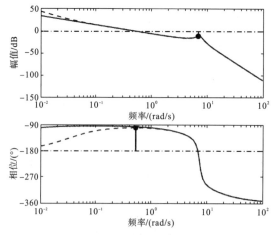

图 7.35　整数阶 PI 控制的 Bode 图

在相同的两个评价准则下，设计分数阶 PI 控制器。将控制器中微分的阶次 λ 设定在 $[0.05, 1.95]$，步长为 0.05。图 7.36 显示了不同 λ 得到的不同 ITAE 值。同样在 λ 与 ITAE 值之间也没有发现任何必然的联系。图 7.37 显示了不同的 λ 得到不同 ISE 的值。在 λ 和 ISE 值之间也没有发现任何必然的联系。与得到的 ITAE 评价值相比，得到的 ISE 值较小。

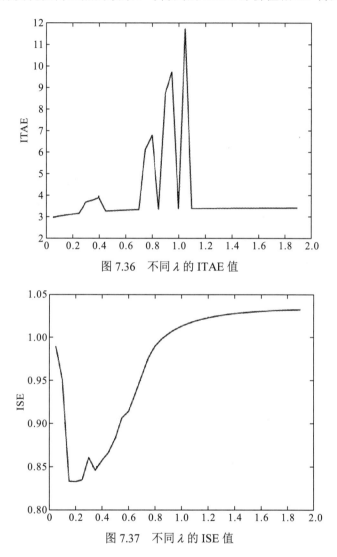

图 7.36　不同 λ 的 ITAE 值

图 7.37　不同 λ 的 ISE 值

由 ITAE 评价准则，这里选取具有最小 ITAE 值 (2.95) 的分数阶控制器微分的阶次 $\lambda = 0.05$。得到的分数阶 PI 控制器为

$$G_c(s) = 39.82 + \frac{72.3}{s^{0.05}} \tag{7.15}$$

选取具有最小 ISE 值 (0.83) 的分数阶 PI 控制器微分的阶次 $\lambda = 0.2$。所设计的分数阶 PI 控制器为

$$G_c(s) = -48.38 + \frac{198.26}{s^{0.2}} \tag{7.16}$$

在这两个分数阶 PI 控制器控制下系统角位置的阶跃响应曲线如图 7.38 所示。图中实线表示具有最小 ITAE 评价值的分数阶 PI 控制器控制下角位置的阶跃响应，虚线表示具有最小 ISE 评价值的分数阶 PI 控制器的控制结果。在这两个分数阶 PI 控制器控制下的 Bode 图如图 7.39 所示。

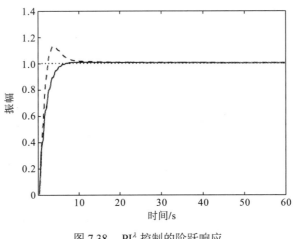

图 7.38 PI^{λ} 控制的阶跃响应

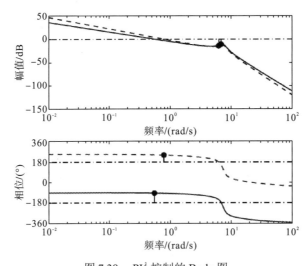

图 7.39 PI^{λ} 控制的 Bode 图

在设计分数阶 PI 控制器与仿真实验的过程中，可以看出在 ITAE 评价准则下设计的分数阶 PI 控制器可以得到更好的控制效果。

7.4.2   分数阶 PI 控制器对于负载变化的鲁棒性

当系统负载发生变化时，分别应用最优的分数阶 PI 控制器和整数阶 PI 控制器，可以看到分数阶 PI 控制器还是可以取得好一点的控制效果。

当系统负载增加 10%时，最优的分数阶 PI 控制器[式(7.15)]和最优整数阶 PI 控制器

[式 (7.13)] 分别控制位置伺服系统模型。图 7.40 显示了这两个控制器的控制效果。实线表示在最优分数阶 PI 控制器控制下角位置的阶跃响应,虚线表示最优整数阶 PI 控制器的控制结果。相应的 Bode 图如图 7.41 所示。

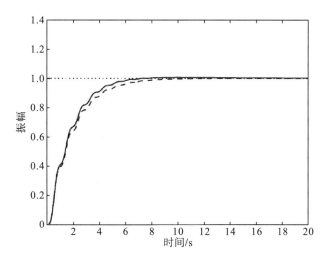

图 7.40   负载增加 10%时的阶跃响应

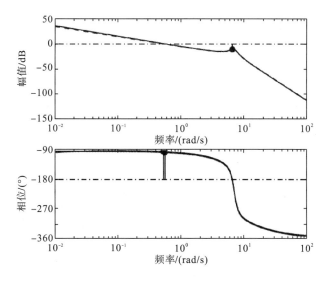

图 7.41   负载增加 10%时的 Bode 图

当系统负载减少 10%时,由最优的分数阶 PI 控制器和最优整数阶 PI 控制器分别控制位置伺服系统模型,得到的阶跃响应曲线如图 7.42 所示,相应的 Bode 图如图 7.43 所示。

当系统负载增加 30%时,由最优的分数阶 PI 控制器和最优整数阶 PI 控制器分别控制位置伺服系统模型,得到的阶跃响应曲线如图 7.44 所示,相应的 Bode 图如图 7.45 所示。

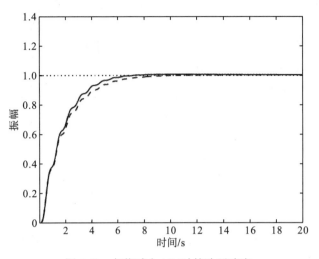

图 7.42　负载减少 10%时的阶跃响应

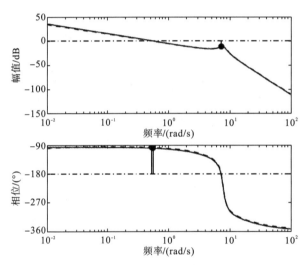

图 7.43　负载减少 10%时的 Bode 图

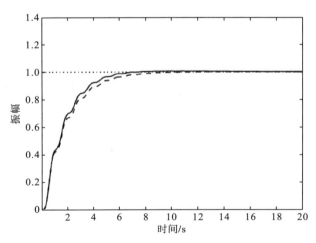

图 7.44　负载增加 30%时的阶跃响应

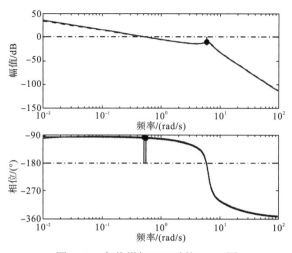

图 7.45　负载增加 30%时的 Bode 图

当系统负载减少 30%时，在最优的分数阶 PI 控制器和最优整数阶 PI 控制器控制下的阶跃响应曲线如图 7.46 所示，相应的 Bode 图如图 7.47 所示。

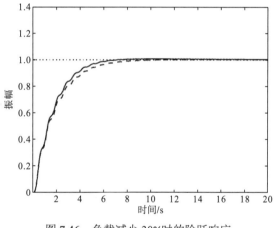

图 7.46　负载减少 30%时的阶跃响应

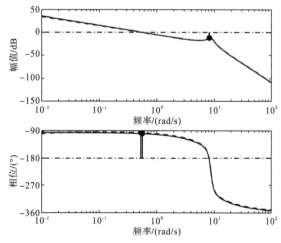

图 7.47　负载减少 30%时的 Bode 图

当系统负载增加 50%时，由最优的分数阶 PI 控制器和最优整数阶 PI 控制器分别控制位置伺服系统模型，得到的阶跃响应曲线如图 7.48 所示，相应的 Bode 图如图 7.49 所示。

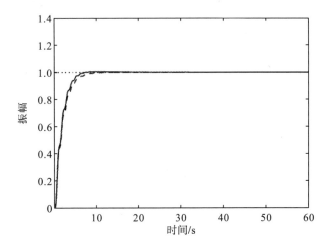

图 7.48　负载增加 50%时的阶跃响应

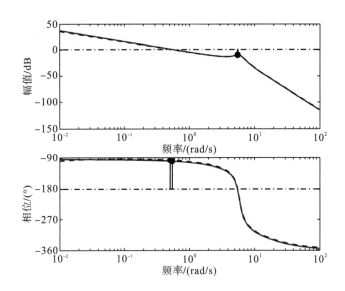

图 7.49　负载增加 50%时的 Bode 图

当系统负载减少 50%时，在最优的分数阶 PI 控制器和最优整数阶 PI 控制器控制下的阶跃响应曲线如图 7.50 所示，相应的 Bode 图如图 7.51 所示。

可以看出整数阶 PI 控制器与分数阶 PI 控制器的差别不是很大。分数阶 PI 控制器仅仅稍好于整数阶 PI 控制器。无论是在常规负载条件下，还是存在负载变化的时候，最优的分数阶 PI 控制器的性能都略好于整数阶 PI 控制器。

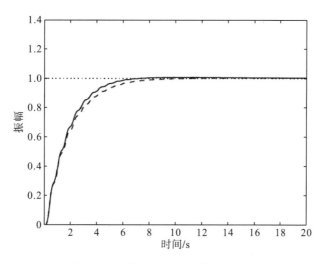

图 7.50　负载减少 50%时的阶跃响应

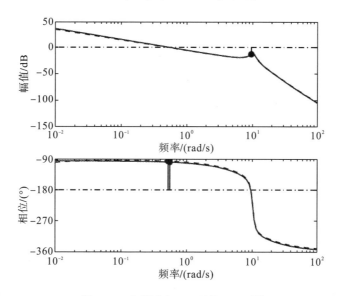

图 7.51　负载减少 50%时的 Bode 图

7.5　分数阶控制器对于弹性参数的鲁棒性

7.5.1　分数阶 PID 控制器的鲁棒性

当位置伺服系统的弹性参数发生变化时,用最优的分数阶 PID 控制器和最优的整数阶 PID 控制器去控制系统模型。

当系统弹性参数增加 20%时，由最优的分数阶 PID 控制器和最优整数阶 PID 控制器分别控制位置伺服系统模型,得到的阶跃响应曲线如图 7.52 所示,相应的 Bode 图如图 7.53 所示。其中,实线表示在最优分数阶 PID 控制器控制下角位置的输出响应,虚线为最优整数阶 PID 控制器的控制结果。

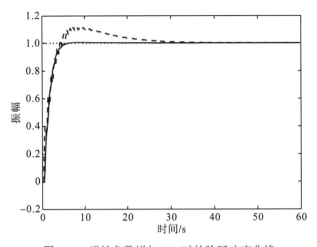

图 7.52 弹性参数增加 20%时的阶跃响应曲线

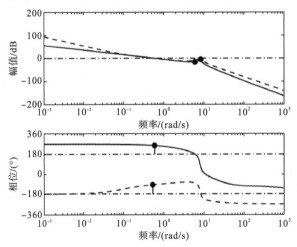

图 7.53 弹性参数增加 20%时的 Bode 图

当系统弹性参数减少 20%时，在最优的分数阶 PID 控制器和最优整数阶 PID 控制器控制下的阶跃响应曲线如图 7.54 所示，相应的 Bode 图如图 7.55 所示。

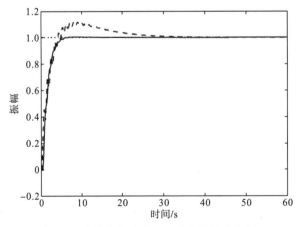

图 7.54 弹性参数减少 20%时的阶跃响应曲线

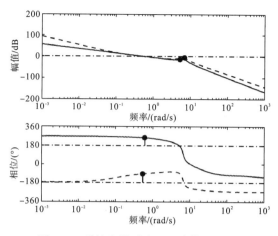

图 7.55　弹性参数减少 20%时的 Bode 图

当系统弹性参数增加 50%时，由最优的分数阶 PID 控制器和最优整数阶 PID 控制器分别控制位置伺服系统模型，得到的阶跃响应曲线如图 7.56 所示，相应的 Bode 图如图 7.57 所示。其中，实线表示在最优分数阶 PID 控制器控制下角位置的输出响应，虚线表示最优整数阶 PID 控制器的控制结果。

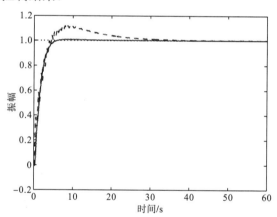

图 7.56　弹性参数增加 50%时的阶跃响应曲线

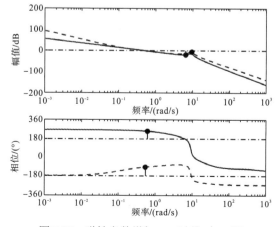

图 7.57　弹性参数增加 50%时的 Bode 图

当系统弹性参数减少 50%时，在最优的分数阶 PID 控制器和最优整数阶 PID 控制器控制下的阶跃响应曲线如图 7.58 所示，相应的 Bode 图如图 7.59 所示。

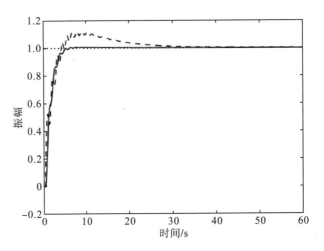

图 7.58　弹性参数减少 50%时的阶跃响应曲线

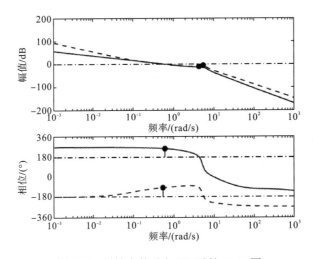

图 7.59　弹性参数减少 50%时的 Bode 图

与最优整数阶 PID 控制器的控制效果相比，无论是在常规弹性参数条件下，还是弹性参数存在变化的时候，最优的分数阶 PID 控制器都能显示更好的性能。

7.5.2　分数阶 PI 控制器的鲁棒性

这里用最优的分数阶 PI 控制器和最优的整数阶 PI 控制器来控制位置伺服系统模型。

当系统弹性参数增加 20%时，由最优的分数阶 PI 控制器和最优整数阶 PI 控制器分别控制位置伺服系统模型，得到的阶跃响应曲线如图 7.60 所示，相应的 Bode 图如图 7.61 所示。其中，实线表示在最优分数阶 PI 控制器控制下角位置的输出响应，虚线为最优整数阶 PI 控制器的控制结果。

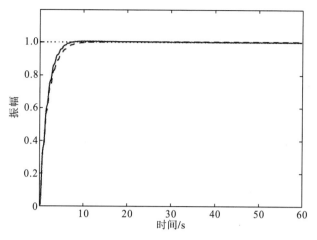

图 7.60　弹性参数增加 20%时的阶跃响应曲线

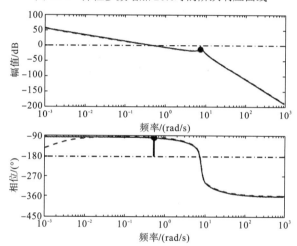

图 7.61　弹性参数增加 20%时的 Bode 图

当系统弹性参数减少 20%时，在最优的分数阶 PI 控制器和最优整数阶 PI 控制器控制下的阶跃响应曲线如图 7.62 所示，相应的 Bode 图如图 7.63 所示。

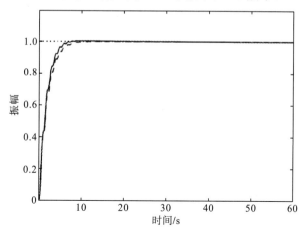

图 7.62　弹性参数减少 20%时的阶跃响应曲线

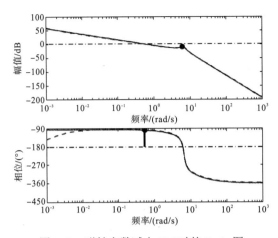

图 7.63　弹性参数减少 20%时的 Bode 图

　　当系统弹性参数增加 50%时，由最优的分数阶 PI 控制器和最优整数阶 PI 控制器分别控制位置伺服系统模型，得到的阶跃响应曲线如图 7.64 所示，相应的 Bode 图如图 7.65 所示。其中，实线表示在最优分数阶 PI 控制器控制下角位置的输出响应，虚线表示最优整数阶 PI 控制器的控制结果。

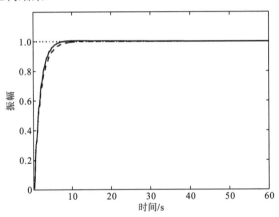

图 7.64　弹性参数增加 50%时的阶跃响应曲线

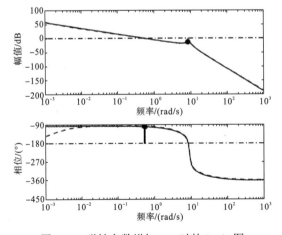

图 7.65　弹性参数增加 50%时的 Bode 图

当系统弹性参数减少 50%时，在最优的分数阶 PI 控制器和最优整数阶 PI 控制器控制下的阶跃响应曲线如图 7.66 所示，相应的 Bode 图如图 7.67 所示。

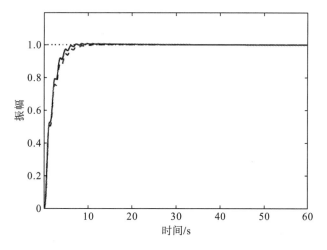

图 7.66　弹性参数减少 50%时的阶跃响应曲线

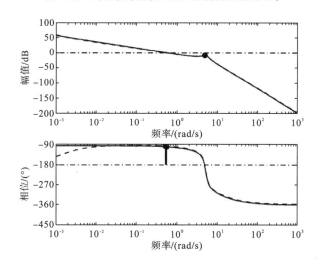

图 7.67　弹性参数减少 50%时的 Bode 图

可以看出整数阶 PI 控制器与分数阶 PI 控制器的差别不是很大。分数阶 PI 控制器仅仅稍好于整数阶 PI 控制器。无论是在常规弹性参数条件下，还是弹性参数存在变化的时候，最优的分数阶 PI 控制器的性能都略好于整数阶 PI 控制器。

7.6　分数阶控制器对于机械非线性的鲁棒性

这里讨论分数阶控制器对于机械非线性的鲁棒性。

首先用方波作为输入信号，周期取为 $T=40\text{s}$，并且增加库仑摩擦，摩擦系数为 0.1。用最优的分数阶 PID 控制器和最优的整数阶 PID 控制器控制的效果如图 7.68 所示。其中，实线表示在最优分数阶 PID 控制器控制下角位置的输出响应，虚线为最优整数阶 PID 控制器的控制结果。

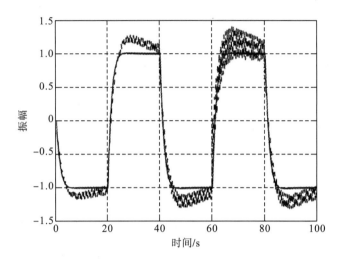

图 7.68　具有库仑摩擦的输出响应比较(PID)

用最优的分数阶 PI 控制器和最优的整数阶 PI 控制器控制的效果如图 7.69 所示。其中，实线表示在最优分数阶 PI 控制器控制下角位置的输出响应，虚线是最优整数阶 PI 控制器的控制结果。

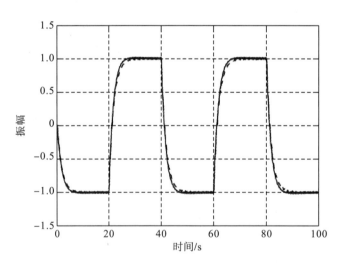

图 7.69　具有库仑摩擦的输出响应比较(PI)

从输出的控制结果可以看出最优的分数阶 PID 控制器好于最优的整数阶 PID 控制器。

当增加磁滞环节时，参数取为 0.5。用最优的分数阶 PID 控制器和最优的整数阶 PID 控制器控制的效果如图 7.70 所示。其中，实线表示在最优分数阶 PID 控制器控制下角位置的输出响应，虚线为最优整数阶 PID 控制器的控制结果。

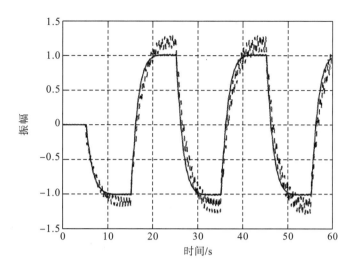

图 7.70　具有磁滞环节的输出响应比较(PID)

　　用最优的分数阶 PI 控制器和最优的整数阶 PI 控制器控制的效果如图 7.71 所示。其中实线表示在最优分数阶 PI 控制器控制下角位置的输出响应，虚线为最优整数阶 PI 控制器的控制结果。

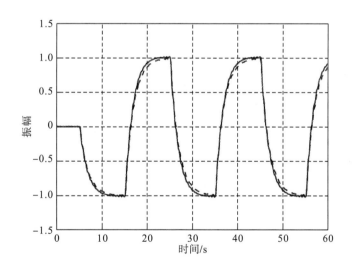

图 7.71　具有磁滞环节的输出响应比较(PI)

　　在系统中加入 ±0.5 的死区，再用最优的分数阶 PID 控制器和最优的整数阶 PID 控制器控制的效果如图 7.72 所示。其中，实线表示在最优分数阶 PID 控制器控制下角位置的输出响应，虚线为最优整数阶 PID 控制器的控制结果。

　　用最优的分数阶 PI 控制器和最优的整数阶 PI 控制器控制的效果如图7.73所示。其中，实线表示在最优分数阶 PI 控制器控制下角位置的输出响应，虚线为最优整数阶 PI 控制器的控制结果。

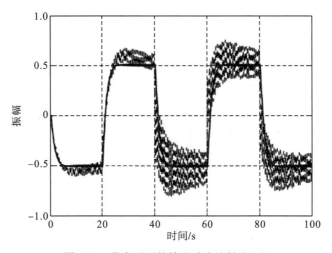

图 7.72　带有死区的输出响应比较（PID）

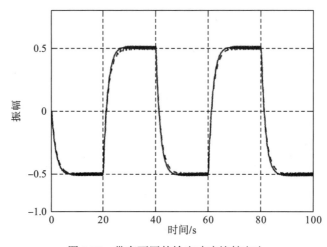

图 7.73　带有死区的输出响应比较（PI）

　　位置伺服系统是一个基本的控制问题，这里将分数阶 PID 控制器应用于位置伺服系统。通过与模型预测控制、整数阶控制器相比较，进一步验证了分数阶 PID 控制器的优越性。通过引入分数阶 PID 控制器可以连续改变控制系统的频域响应，因而可以更加灵活地设计控制器。设计过程和实验结果都显示了分数阶 PID 控制器可以更好提高控制系统的稳定性与鲁棒性。仿真结果表明不管负载的变化，或是 N 的变动，输入信号的改变，分数阶 PID 控制器的控制效果明显好于其他的控制器。

参 考 文 献

[1] Xue D Y, Zhao C N, Chen Y Q. Fractional order PID control of a DC-motor with elastic shaft: A case study[C]. Proceeding of the 2006 American Control Conference, 2006: 3182-3187.

[2] Zhao C N, Zhang X D. The application of fractional order PID controller to position servomechanism[C]. Proceedings of the 7th World Congress on Intelligent Control and Automation, 2008: 3380-3383.

[3] 赵春娜, 赵雨, 张祥德, 等. 分数阶控制器与整数阶控制器仿真研究[J]. 系统仿真学报, 2009, 21(3)：768-771.

第 8 章　智能 PID 温度控制算法研究

传统 PID 控制根据被控对象的不同，适当地调整 PID 参数，可以获得比较满意的控制效果，但传统 PID 控制算法也有局限性和不足，它只有在系统模型参数为非时变的情况下才能获得理想的效果，当应用到时变系统时，系统的性能会变差，甚至不稳定。另外，在对 PID 参数整定过程中，往往得不到全局性的最优值，因此这种控制作用无法从根本上解决动态品质和稳态精度的矛盾。模糊控制方法无须建立被控对象的数学模型，对被控对象的时滞、非线性、时变性具有一定的适应能力，同时对噪声也有较强的抑制能力，鲁棒性较好，但模糊控制器本身消除系统误差的性能较差，难以达到较高的控制精度，因此单纯采用模糊控制器不会取得较好的控制效果，重整装置反应器温度是具有较大的滞后性、非线性、时变性的控制对象，单纯采用 PID 控制和模糊 PID 控制都不会取得较好的控制效果，而采用模糊 PID 复合控制方式控制不失为一种比较好的控制方法。它能发挥模糊控制鲁棒性强、动态响应好、上升时间快、超调小的特点，又具有 PID 控制器的动态跟踪品质和稳态精度，设计中采用 PID 参数模糊自整定方法进一步完善了 PID 控制的自适应性能，在实际应用中取得了较好效果。

在连续重整装置反应器温度控制中，至今还大量地使用传统的 PID 控制。其缺点主要是 PID 参数一般由人工整定，且一次性整定得到的 PID 参数很难保证其控制效果始终处于最佳状态，常规 PID 调节已经不能满足控制鲁棒性和平稳性要求。本章针对连续重整装置反应器温度控制，对常规的 PID 算法进行改进，介绍一种 PID 参数模糊自整定方法并实际应用，描述一种基于遗传算法的 PID 控制方法和一种模糊自适应 PID 控制方法并进行仿真研究。

8.1　PID 参数模糊自整定温度测控仪

针对连续重整装置反应器温度控制，自行设计了模糊 PID 温度测控仪的硬件和软件部分，测控仪可以接入 8 点热电阻信号，具有显示温度、自动控温、声光报警等功能[1]。采用 PID 参数模糊自整定方法进一步完善了 PID 控制的自适应性能，它能发挥模糊控制鲁棒性强、动态响应好、上升时间快、超调小的特点，又具有 PID 控制器的动态跟踪品质和稳态精度，并在实际应用中取得了较好的控制效果[2]。

8.1.1　模糊 PID 控制器的设计

目前，常规 PID 调节器控制作用的一般形式为

$$U(k) = K_{\mathrm{P}} E(k) + K_{\mathrm{I}} \Sigma E(k) + K_{\mathrm{D}} E_{\mathrm{C}}(k) \quad (k = 0, 1, 2 \cdots) \tag{8.1}$$

式中，$E(k)$、$E_C(k)$ 分别为其输入偏差和偏差变化率；K_P、K_I、K_D 分别为表征其比例、积分、微分作用的参数。PID 参数模糊自整定控器是一种在常规 PID 调节器的基础上，应用模糊集合理论建立参数 K_P、K_I 和 K_D 与偏差绝对值$|E|$和偏差变化绝对值$|E_C|$间的二元连续函数关系为

$$\begin{cases} K_P = f_1(|E|,|E_C|) \\ K_I = f_2(|E|,|E_C|) \\ K_D = f_3(|E|,|E_C|) \end{cases} \tag{8.2}$$

并根据不同的$|E|$和$|E_C|$在线自整定参数 K_P、K_I 和 K_D。

1. 模糊自整定 PID 参数控制器的结构及工作原理

模糊自整定 PID 参数控制器的结构如图 8.1 所示[3]。

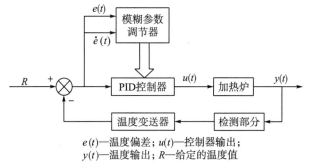

$e(t)$—温度偏差；$u(t)$—控制器输出；
$y(t)$—温度输出；R—给定的温度值

图 8.1   PID 参数模糊自整定框图

该系统由一个标准 PID 控制和一个模糊 PID 参数调节器组成。控制器的输出为

$$u(t) = K_P e(t) + K_D \frac{\mathrm{d}e(t)}{\mathrm{d}t} + \int K_I e(t) \mathrm{d}t \tag{8.3}$$

2. 模糊自整定 PID 控制算法

1）模糊化

取炉温差和温差变化率作为两个模糊变量，二者均由模糊语言变量表示为大(B)，中(M)、小(S)、各模糊语言变量的隶属度函数根据实际情况取三角形函数，如图 8.2、图 8.3 所示。

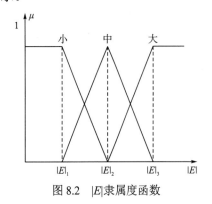

图 8.2 $|E|$隶属度函数

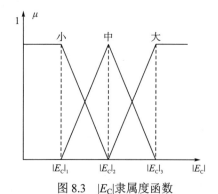

图 8.3 $|E_C|$隶属度函数

$|E|$ 和 $|E_C|$ 为偏差和偏差变化率的绝对值,它们的模糊区间划分是根据实际数据和经验值选取,在本控制器的设计中 $|E|_1$ 为 5℃, $|E|_2$ 为 15℃, $|E|_3$ 为 25℃, $|E_C|_1$ 为 2℃, $|E_C|_2$ 为 4℃, $|E_C|_3$ 为 6℃。

2)输入变量的合成算法

由于各前件部分均为与的关系,所以模糊规则前件隶属度值表示为

$$\mu_j(|E|,|E_C|) = \mu_j(|E|) \wedge \mu_j(|E_C|) \tag{8.4}$$

3)规则推理

由专家的经验和实际情况总结出如下规则。

(1)当 $|E|$ 较大时,为使系统具有较好的快速跟踪性能,应取较大的 K_P 与较小的 K_D,同时为避免系统响应出现较大的超调,应对积分作用加以限制,通常取 $K_I=0$。

(2)当 $|E|$ 处于中等大小时,为使系统响应出现较小的超调, K_P 应取得小些,在这种情况下, K_D 的取值对系统响应影响较大, K_I 的取值要适当。

(3)当 $|E|$ 较小时,为使系统有较好的稳态性能, K_P 与 K_I 应取得大些,同时为避免在设定值附近出现振荡, K_D 的选择是相当重要的。根据对象实际情况和操作经验,总结出如下规则:

R^1: if $|E|$ is B then K_P is K'_{P1}, K_I is K'_{I1}, K_D is K'_{D1}

R^2: if $|E|$ is M and $|E_C|$ is B then K_P is K'_{P2}, K_I is K'_{I2}, K_D is K'_{D2}

R^3: if $|E|$ is M and $|E_C|$ is M then K_P is K'_{P3}, K_I is K'_{I3}, K_D is K'_{D3}

R^4: if $|E|$ is M and $|E_C|$ is S then K_P is K'_{P4}, K_I is K'_{I4}, K_D is K'_{D4}

R^5: if $|E|$ is S then K_P is K'_{P5}, K_I is K'_{I5}, K_D is K'_{D5}

4)模糊推理与反模糊化

根据系统采样的 $|E|$ 和 $|E_C|$,按照下列参数整定函数得到控制器参数为

$$\begin{cases} K_P = f_1(|E|,|E_C|) = \dfrac{\displaystyle\sum_{j=1}^{5} \mu_j(|E|,|E_C|)K_{Pj}}{\displaystyle\sum_{j=1}^{5} \mu_j(|E|,|E_C|)} \\[4mm] K_I = f_2(|E|,|E_C|) = \dfrac{\displaystyle\sum_{j=1}^{5} \mu_j(|E|,|E_C|)K_{Ij}}{\displaystyle\sum_{j=1}^{5} \mu_j(|E|,|E_C|)} \\[4mm] K_D = f_3(|E|,|E_C|) = \dfrac{\displaystyle\sum_{j=1}^{5} \mu_j(|E|,|E_C|)K_{Dj}}{\displaystyle\sum_{j=1}^{5} \mu_j(|E|,|E_C|)} \end{cases} \tag{8.5}$$

式中, $\mu_j(|E|,|E_C|)$ 隶属度值为

$$\begin{cases} \mu_1(|E|,|E_\mathrm{C}|) = \mu_\mathrm{BE}(|E|) \\ \mu_2(|E|,|E_\mathrm{C}|) = \mu_\mathrm{ME}(|E|) \wedge \mu_\mathrm{BC}(|E_\mathrm{C}|) \\ \mu_3(|E|,|E_\mathrm{C}|) = \mu_\mathrm{ME}(|E|) \wedge \mu_\mathrm{MC}(|E_\mathrm{C}|) \\ \mu_4(|E|,|E_\mathrm{C}|) = \mu_\mathrm{ME}(|E|) \wedge \mu_\mathrm{SC}(|E_\mathrm{C}|) \\ \mu_5(|E|,|E_\mathrm{C}|) = \mu_\mathrm{SE}(|E|) \end{cases} \tag{8.6}$$

$K_{ij}(i=1,2,3=\mathrm{P,I,D}; j=1,2,3,4,5)$ 为参数 K_{ij} 五种组合时的加权，有

$$K_{ij} = \begin{bmatrix} K'_{\mathrm{P1}} K'_{\mathrm{P2}} K'_{\mathrm{P3}} K'_{\mathrm{P4}} K'_{\mathrm{P5}} \\ K'_{\mathrm{I1}} K'_{\mathrm{I2}} K'_{\mathrm{I3}} K'_{\mathrm{I4}} K'_{\mathrm{I5}} \\ K'_{\mathrm{D1}} K'_{\mathrm{D2}} K'_{\mathrm{D3}} K'_{\mathrm{D4}} K'_{\mathrm{D5}} \end{bmatrix} \tag{8.7}$$

式中，K_{ij} 为在不同组合时应用常规 PID 调整方法获得的 K_P、K_I、K_D 值。

由此，建立了 PID 控制器参数 K_P、K_I、K_D 与偏差 E 及其变化率 E_C 之间的模糊函数关系，应用此函数即可实现 PID 参数的模糊在线自整定，满足了系统在不同 E、E_C 下对控制器参数的不同要求。

5）曲线

针对连续重整装置反应器温度控制，为了将模糊 PID 控制器和常规 PID 控制器进行比较，假定设定值信号做 10℃ 的阶跃变化，两控制器的动态响应如图 8.4 所示。

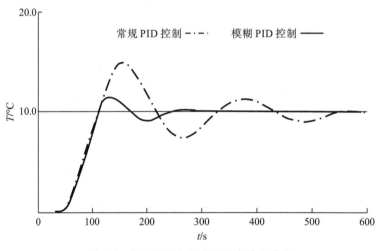

图 8.4　实际应用中反应器温度输出响应

从图中不难看出，采用模糊 PID 控制器，反应器温度不仅超调小，而且仅经过 320s 就能达到稳定；相比较而言，常规 PID 控制器不仅超调大，而且要经过 600s 才能达到稳定。由此可见，模糊 PID 控制器具有更好的控制品质。

8.1.2　硬件部分

自行设计的系统硬件。采用美国 TI 公司生产的 MSP430F149FLASH 型超低功耗 16 位单片机为核心器件，MSP430F149 具有以下特点：片内含 60KB 的 FLASHROM 程序存

储器和 2KB 的 RAM 数据存储器；6 个 8 位并行 I/O 端口，其中有 2 个具有中断能力，无须扩展即可满足系统的要求；片内含有硬件乘法器，可大大节省其运算时间；多个系统中断源，可任意嵌套；CPU 唤醒时间短，仅需 6μs；开发环境方便、高效，程序调试方便；适应工业级运行环境等优点。

MSP430F149 内含 8 个外部通道 12 位高性能 A/D 转换器，它可以不需要 CPU 的协助而独立工作，采样速率可达 200kHz，能够将转换后的数据自动存入容量为 16 字的缓冲器中，从而使得 CPU 的工作量大大降低，且片内含有基准电压、温度传感器以及电池低电压时的检测电路，可以实现数据采集及自检功能。有多种采样时钟源、多种转换时钟源、多种参考电平、多种转换模式可供用户选择。

在该系统中，模数转换器选用 MSP430F149 内部自带的 ADC12，接 8 路温度输入信号，将其温度测量值转换为数字信号。转换模式为序列通道重复转换模式。以主时钟作为采样时钟，采样信号的输入来自采样定时器。基准电压选为内部基准电压 2.5V。

系统硬件结构框图如图 8.5 所示。系统主要由温度传感器、显示电路、控温电路、声音报警电路、键盘及通信电路六大部分组成。温度检测部分采用铂电阻作为感温元件，采用双向可控硅的控温电路，主要用可控硅控制电炉加热丝的通电时间，以达到控制炉温的目的。

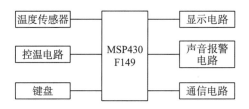

图 8.5 系统硬件结构框图

8.1.3 软件部分

1. 系统主程序的设计

系统主程序主要完成对 MSP430F149 的各端口进行初始化设置。单片机工作模式设为低功耗模式，其他所有的工作均在定时器中断服务程序中完成。主程序的流程图如图 8.6 所示。

2. 定时器 A 中断服务程序

首先，定时采样 8 个通道的温度值，其程序为 ADC0123 子程序。为防止其应用场合尖脉冲干扰的影响，对温度采样值利用数字中值滤波技术，即对每一绕组的温度和环境温度连续采样 15 次。15 次的采样时间共计 15s，然后去掉最高、最低的 5 次采样温度值，余下求平均，便可得到要显示的实际温度值和环境温度值。每当定时器产生中断时，对键盘进行扫描，看是否对一些参数进行修改。调用实时温度处理子程序，判断其实时温度所在的工作范围，将其结果一方面送到输出通道(包括显示系统、报警系统和执行系统)，另一方面与上微机进行通信。其流程图如图 8.7 所示。

在软件设计方面，为确保单片机连续工作，启用 Watchdog 监视外部电源变化，避免软件出现死循环。同时在未用到的程序存储空间加入软件陷阱，即全部填满跳转指令，从而在程序进入非正常工作区时，迫使其进入主程序，实现系统对温度的控制功能。

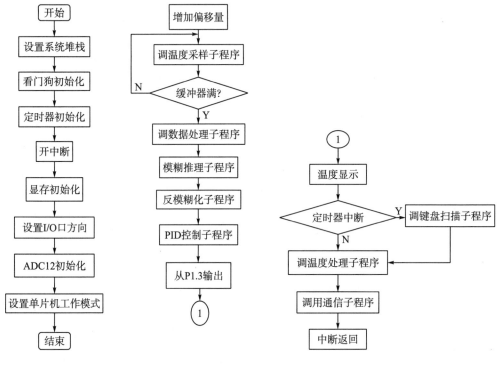

图 8.6　主程序流程图　　　　　　　　图 8.7　定时器中断服务程序

采用模糊 PID 技术设计连续重整装置反应器温度测控仪，现在已成功运行，它能够对多点温度准确测量，所需片外模块较少，如不用加片外的看门狗电路、A/D 转换电路、ESD 保护等，功能全，控制精度高，价格便宜，可靠性高，抗干扰能力强，实用性强，可在各种恶劣的场合下使用，应用范围广泛。

8.2　基于遗传算法的连续重整装置智能 PID 温度控制系统

针对连续重整装置反应器温度控制系统，介绍一种基于遗传算法的 PID 控制方法。该智能加热系统以系统误差、控制器输出、上升时间和超调量构成的函数为性能指标，利用遗传算法全局搜索能力获取一组最优的 PID 参数 K_P、K_I、K_D，并且能根据实时获取的误差在线调整 PID 参数。仿真结果说明，该智能温度控制系统具有良好的动态特性、静态特性、自适应性和鲁棒性。

由于 PID 控制算法简单，适用性好，具有一定的鲁棒性，因而在连续重整装置反应器温度控制中主要采用 PID 调节规律。PID 控制性能的好坏完全依赖其参数的整定效果，因此控制器参数的优化成为人们关注的问题。过去 PID 参数的整定一般采用经验公式，通过现场调试后确定，或通过计算机寻优搜索技术获得。一般寻优方法虽然具有良好的寻优特性，但对初值比较敏感，容易陷入局部最优解，而依靠现场调试则受现场条件的限制，不一定能整定到最优参数。遗传算法不需要连续性和可微性的限制，算法简单，因为它是在整个空间进行多点搜索，能得到全局最优解，具有全局收敛性，因此连续重整装置反应器温度控制系统中采用遗传算法进行 PID 参数整定与优化。该控制器以系统误差、控制器输出、上升时间和超调量构成的函数为性能指标，利用遗传算法全局搜索能力获取一组最优的 PID 参数 K_P、K_I 和 K_D，并且能根据实时获取的误差在线调整 PID 参数。该系统利用遗传算法调整 PID 参数，进一步完善了 PID 控制的动静态特性、自适应性和鲁棒性。

8.2.1　系统组成

图 8.8 为连续重整装置反应器基于遗传算法的 PID 温度控制系统组成框图。硬件设计主要包括主电路设计，以及为控制电路选择温度变送器、单片机、键盘、USB 接口、输出接口（接加热模块）、LCD 显示、声光报警。

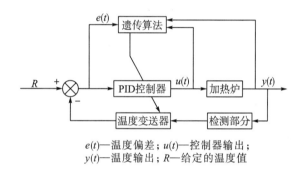

$e(t)$—温度偏差；$u(t)$—控制器输出；
$y(t)$—温度输出；R—给定的温度值

图 8.8　基于遗传算法的 PID 温度控制系统

8.2.2　遗传算法的基本操作

遗传算法简称 GA（genetic algorithms），是 1962 年由美国的霍兰德（Holland）提出的一种模仿生物进化过程的最优化方法。它将"优胜劣汰，适者生存"的生物进化原理引入优化参数形成的编码串群体中，按所选择的适配值函数并通过遗传中的复制、交叉及变异对各个体进行筛选，使适配值高的个体被保留下来，组成新的群体，新的群体既继承了上一代的信息，又优于上一代。这样周而复始，群体中各个体适应度不断提高，直至满足一定的条件。其算法简单，可并行处理，能得到全局最优解。

1. 编码

利用遗传算法求解问题时，首先要确定变量和目标函数，然后对变量进行编码。以 PID 参数 K_P、K_I 和 K_D 为变量，而目标函数则由系统的超调量 σ、上升时间 t_r 以及调整时间 t_s 归一化构成，K_P、K_I 和 K_D 中每个参数用 10 位二进制数进行编码。

2. 选择

选择是以适应度评价为依据，适应度越大的个体被选择的可能性越大。采用适应度比例选择法对个体进行选择，选择公式为

$$P_{sl} = f_l / \sum_{j=1}^{m} f_j \tag{8.8}$$

其中，f_l 为第 l 个个体的适应度；m 为种群大小；P_{sl} 为第 l 个个体被选择的概率。

3. 交叉和变异

在遗传算法中，交叉率 P_c 和变异率 P_m 对算法的收敛速度有较大影响。由于在进化初期，个体差异一般较大，交叉率大和变异率小有助于加快收敛速度；而在进化后期，交叉率小和变异率大有助于防止算法过早地陷入局部最优点。为此，采用如下公式计算 P_c 和 P_m：

$$P_c(k+1) = P_c(k) - [P_c(1) - 0.3] / k_{max} \tag{8.9}$$
$$P_m(k+1) = P_m(k) - [0.3 - P_m(1)] / k_{max} \tag{8.10}$$

式中，k 为遗传代数（迭代次数），其取值范围为 $1 \sim k_{max}$；k_{max} 是最大的遗传代数；$P_c(1)$ 和 $P_m(1)$ 分别是第 1 代的交叉率和变异率。采用单点交叉法和基本变异法作为交叉和变异的方法。

8.2.3　基于遗传算法的 PID 参数寻优的过程

1. 解的编码和解码

把待寻优的参数用一个二进制数表示。若参数 a 的变化范围为 $[a_{min}, a_{max}]$，用 m 位二进制数 b 表示，则关系为

$$a = a_{min} + \frac{b}{m^2 - 1}(a_{min}, a_{max}) \tag{8.11}$$

将所有表示参数的二进制数串接起来就组成了一个长的二进制字串，该字串即为遗传算法可以操作的对象，此过程为编码。上述过程的反过程为解码。

2. 初始种群的选取及其大小

初始种群可采取随机方法选取。比如通过投硬币，投取一次代表一个二进制数，正面为 1，反面为 0。该方法产生的种群具有随机性、全面性，避免了局部最优解的问题。种群中字串的个数越大，其代表性越广泛，最终进化到最优解的可能性越大，但势必造成计算时间增加。因此其个数一般选为 10~50。

3. 适应函数的确定

适应函数应同目标函数相关，遗传算法寻优就是寻找适配值（代入相关参数后，适应函数的值）的极值，也就是寻找目标函数极值的问题。

4. 遗传算子的确定

遗传算法有 3 个算子：选择概率 P_s、交叉概率 P_c 和变异概率 P_m。选择概率 P_s 通过适配值确定，这里不再赘述。交叉概率决定了交叉的次数，P_c 过小导致搜索停滞不前，太大也会使高适配值的结构被破坏掉。因此，交叉概率一般选为 0.25～0.8。变异概率 P_m 一般为 0.001～0.1，太大会引起不稳定，太小难以寻到全局最优解。

初始种群通过复制、交叉及变异得到了新一代种群，该代种群经解码后代入适配函数，观察是否满足结束条件，若不满足，则重复以上操作直到满足为止。

结束条件由具体问题所定，只要在各目标参数的规定范围内，则终止计算。

以上操作过程可以用图 8.9 来表示。

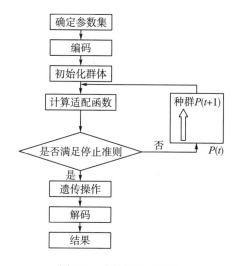

图 8.9　遗传算法流程图

8.2.4　连续重整装置反应器温度控制系统 PID 参数的寻优设计

1. PID 控制器

控制器的输出为

$$u(t) = K_P e(t) + K_D \frac{\mathrm{d}e(t)}{\mathrm{d}t} + \int K_I e(t)\mathrm{d}t \tag{8.12}$$

2. 利用遗传算法优化 K_P、K_I 和 K_D 的具体步骤

(1) 确定每个参数的大致范围和编码长度，进行编码；

(2) 随机产生 n 个个体构成初始种群 $P(0)$；

(3) 将种群中各个体解码成对应的参数值，用此参数求代价函数值 J 及适应函数值 f，取 $J = \dfrac{1}{f}$；

(4) 应用复制、交叉和变异算子对种群 $P(t)$ 进行操作，产生下一代种群 $P(t+1)$；

(5)重复步骤(3)和(4)，直至参数收敛或达到预定的指标。

3. 基于遗传算法的连续重整装置反应器温度控制系统PID参数的寻优设计

被控对象为二阶时滞传递函数：

$$G(s) = \frac{400}{s^2 + 50s} e^{-20s} \tag{8.13}$$

采样时间为5s，输入指令为阶跃信号。

为获取满意的过渡过程动态特性，采用误差绝对值时间积分性能指标作为参数选择的最小目标函数。为了防止控制能量过大，在目标函数中加入控制输入的平方项。选用下式作为参数选取的最优指标：

$$J = \int_0^{+\infty} \left[w_1 |e(t)| + w_2 u^2(t) \right] dt + w_3 \cdot t_u \tag{8.14}$$

式中，$e(t)$ 为系统误差；$u(t)$ 为控制器输出；t_u 为上升时间；w_1、w_2、w_3 为权值。

为了避免超调，采用了惩罚功能，即一旦产生超调，将超调量作为最优指标的一项。如果 $e(t) < 0$，则

$$J = \int_0^{+\infty} \left[w_1 |e(t)| + w_2 u^2(t) + w_4 |ey(t)| \right] dt + w_3 \cdot t_u \tag{8.15}$$

其中，w_4 为权值，且 $w_4 \gg w_1$；$ey(t) = y(t) - y(t-1)$，$y(t)$ 为被控对象输出。

遗传算法中使用的样本个数为30，交叉概率和变异概率分别为：$P_c = 0.9$，$P_m = 0.033$。参数 K_P 的取值范围为 $[0,20]$，K_I 和 K_D 的取值范围为 $[0,1]$，取 $w_1 = 0.9999$，$w_2 = 0.001$，$w_4 = 100$，$w_3 = 2.0$。采用实数编码方式，经过 100 代进化，获得的优化参数如下：PID 整定结果为 $K_P = 18.5640$，$K_I = 0.2417$，$K_D = 0.1304$，性能指标 $J = 24.3108$。采用整定后的最优值和 PID 控制阶跃响应如图 8.10 和图 8.11 所示。

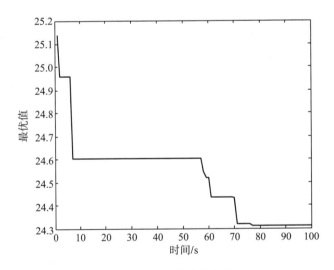

图 8.10　遗传算法最优值

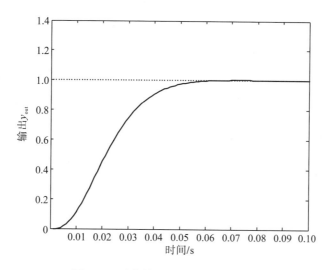

图 8.11　遗传算法优化 PID 阶跃响应

在应用遗传算法时，为了避免参数选取范围过大，可以先按经验选取一组参数，然后再在这组参数的周围利用遗传算法进行设计，从而大大减少初始寻优的盲目性，减少计算量。

8.2.5　控制效果分析

采用遗传算法进行 PID 3 个参数的整定，具有以下优点：

(1) 与单纯形法相比，遗传算法同样具有良好的寻优特性，克服了单纯形法参数初值的敏感性。在初始条件选择不当时，单纯形法会在不需要给出调节器初始参数的情况下，仍能寻找到合适的参数，使控制目标满足要求。同时单纯形法难以解决多值函数问题，以及在多参数寻优(如串级系统)中，容易造成寻优失败或时间过长，而遗传算法的特性决定了它能很好地克服以上问题。

(2) 与专家整定法相比，它具有操作方便、速度快，不需要复杂规则，只通过字串进行简单地复制、交叉、变异，便可达到寻优等优点，避免了专家整定法中前期大量的知识库整理工作及大量的仿真实验。

(3) 遗传算法是从许多点开始并行操作，在解空间进行高效启发式搜索，克服了从单点出发的弊端以及搜索的盲目性，从而使寻优速度更快，避免了过早陷入局部最优解。

(4) 遗传算法不仅适用于单目标寻优，而且也适用于多目标寻优。根据不同的控制系统，针对一个或多个目标，遗传算法均能在规定的范围内寻找到合适参数。遗传算法作为一种全局优化算法，得到了越来越广泛的应用。近年来，遗传算法在控制上的应用日益增多。仿真结果说明，基于遗传算法的连续重整装置反应器智能 PID 温度控制系统具有良好的动静态特性、自适应性和鲁棒性。

8.3   连续重整装置模糊自适应 PID 温度控制系统

模糊控制对非线性或不确定性对象具有良好的控制效果，且已有较多的实际应用，解决了许多常规 PID 控制难于解决的实际工程问题。当被控对象的工况发生变化时，其被控过程的特性有较大的改变，控制系统的品质会变差，且常规模糊控制所依赖的模糊控制规则往往仅依据一个或几个专家经验确定，必然造成模糊控制规则的粗糙和不完善。因此，为改善模糊控制的品质，必须使模糊控制器具有随机组工况变化的自适应能力，这就要求实时地调整模糊控制规则，但在实际应用中所采用的模糊控制规则往往较多，且规则的前提参数和结论参数与控制系统品质之间关系又不明显，造成了通过直接调整规则参数来使控制系统具有自适应能力的方法难以取得应用性的进展。

提出一个简单实用的自适应模糊控制算法是控制工程师所关心的问题。已有学者在常规 PD 型模糊控制系统的基础上，通过引入积分环节，提出了 PID 型的模糊控制器，从而可消除模糊控制系统的稳态偏差。还有一些专家介绍了模糊控制器隶属度函数的相关内容，研究了模糊控制器的可调因子，讨论了模糊 PID 控制器可调因子的整定方法。在此，为改善 PID 型模糊控制系统的自适应能力，本章通过研究模糊控制系统相关可调因子与控制系统品质之间的关系，描述一种调整可调因子的模糊校正方法，从而使所提出的 PID 型模糊控制系统具有自适应能力。最后通过仿真实验验证了自适应模糊控制系统的有效性。

针对连续重整装置反应温度控制，这里介绍一种模糊自适应的 PID 控制器，该控制器能够在线修改模糊 PID 控制器参数，仿真结果表明该方法具有良好的动静态响应特性、自适应性和鲁棒性。

8.3.1   PID 型模糊控制器结构

一般的模糊控制器是以被调量与定值之间的误差和误差变化率为输入变量，因此它具有类似于常规 PD 控制器的作用，采用该类模糊控制器的控制系统可以获得良好的动态品质，但被调量的稳态偏差难以消除。为能消除控制系统的稳态偏差，可采用如图 8.12 所示的 PID 型模糊控制系统。

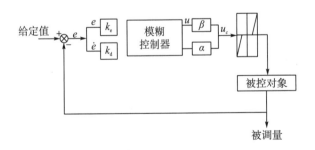

图 8.12   PID 型模糊控制系统

　　图 8.12 给出了以被调量与给定值之间的误差和误差变化率为输入变量模糊控制器的结构，这种模糊 PID 控制器的结构将 PD 型和 PI 型控制器并联。

　　图 8.12 中，控制规则可采用如下形式：

$$\text{if } e \text{ is } A_i \text{ and } \dot{e} \text{ is } B_j, \text{ then } u \text{ is } u_{i,j} \tag{8.16}$$

　　不失一般性，假设模糊集合 A_i、B_j 的隶属函数为如图 8.13 所示的三角形函数，$u_{i,j}$ 为控制规则的单值型输出。现假定时刻 t 的输入 e 落在 $[e_i, e_{i+1}]$，$\dot{e}$ 落在 $[\dot{e}_j, \dot{e}_{j+1}]$，其中 e_i、e_{i+1} 分别为模糊子集 A_i、A_{i+1} 的核心，$\dot{e}_j$、$\dot{e}_{j+1}$ 分别为模糊子集 B_j、B_{j+1} 的核心，其关系如图 8.13 所示。

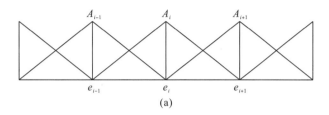

(a)

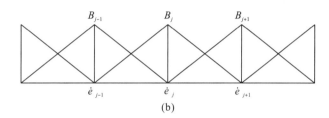

(b)

图 8.13　模糊子集 A_i、B_j 隶属函数

　　采用代数积-加法-重心模糊推理法，可推导获得 PD 型模糊控制器的数学表达式为

$$u = A + Pe + D\dot{e} \tag{8.17}$$

式中，$A = u_{i,j} - \dfrac{u_{i+1,j} - u_{i,j}}{e_{i+1} - e_i} e_i - \dfrac{u_{i,j+1} - u_{i,j}}{\dot{e}_{j+1} - \dot{e}_j} \dot{e}_j$，$P = \dfrac{u_{i+1,j} - u_{i,j}}{e_{i+1} - e_i}$，$D = \dfrac{u_{i,j+1} - u_{i,j}}{\dot{e}_{j+1} - \dot{e}_j}$。

　　由此可获得图 8.12 中整个 PID 型模糊控制器的输入、输出关系为

$$
\begin{aligned}
u_c &= \alpha u + \beta \int u \mathrm{d}t = \alpha(A + Pk_e e + Dk_d \dot{e}) + \beta \int (A + Pk_e e + Dk_d \dot{e})\mathrm{d}t \\
&= \alpha A + \beta At + (\alpha k_e P + \beta k_d D)e + \beta k_e P \int e \mathrm{d}t + \alpha k_d D \dot{e}
\end{aligned} \tag{8.18}
$$

　　由式 (8.18) 可知，整个模糊控制器的输入、输出关系可近似看作是一个比例-积分-微分关系。其中，比例系数为 $\alpha k_e P + \beta k_d D$；积分系数为 $\beta k_e P$；微分系数为 $\alpha k_d D$。

　　模糊 PID 控制器的控制规则如表 8.1 所示，它和模糊 PI 控制器的模糊规则很相似。

　　设连续重整装置反应器加热炉的数学模型为二阶系统，死区为 0.2，为了研究方便，仿真时未考虑时滞部分，主要是研究模糊自适应算法本身。

表 8.1 模糊 PID 控制规则库

$e/\dot e$	NL	NM	NS	ZR	PS	PM	PL
PL	ZR	ps	pm	pl	pl	pl	pl
PM	ns	ZR	ps	pm	pl	pl	pl
PS	nm	ns	ZR	ps	pm	pl	pl
ZR	nl	nm	ns	ZR	ps	pm	pl
NS	nl	nl	nm	ns	ZR	ps	pm
NM	nl	nl	nl	nm	ns	ZR	ps
NL	nl	nl	nl	nl	nm	ns	ZR

$$\begin{cases} G(s) = \dfrac{1}{(s+1)(0.5s+1)} \\ k_e = 1, k_d = 0.25, \alpha = 0.2, \beta = 1,1.6,2.8 \end{cases} \tag{8.19}$$

仿真时其仿真曲线如图 8.14 所示,由仿真曲线可以看出,如果逐渐降低参数 β,积分控制部分将减小,系统振幅降低,使系统更加稳定。比例部分包含 β 和 k_d 的乘积,减小 β 值使比例部分降低,使控制系统对误差的响应降低。

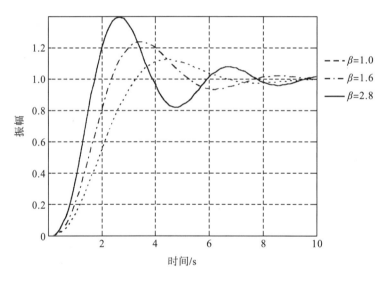

图 8.14　系统不同 β 值比较

可调因子 k_d 影响了 PID 型模糊控制器的比例和微分成分,可调因子 β 影响控制器的比例和积分部分,也就是说,通过调整这两个参数就可实现对 PID 型模糊控制器比例、积分和微分的综合调整,从而可实现 PID 型模糊控制系统的自适应。

8.3.2　参数自适应方法

图 8.15 显示了控制系统的阶跃响应,可以将响应过程根据峰值时间分成不同的相位,在每个峰值时间根据峰值大小同时调整控制器参数 k_d 和 β。调整可调常量和积分增益算法如下:

$$k_\mathrm{d} = k_\mathrm{ds} / \delta_k, \qquad \beta = \delta_k \times \beta_\mathrm{s} \qquad\qquad (8.20)$$

其中，k_ds 和 β_s 分别是 k_d 和 β 的初值；δ_k 是峰值时间 $t_k(k=1,2,3,\cdots)$ 时的绝对峰值。参数自适应模糊控制器的结构图如图 8.16 所示。

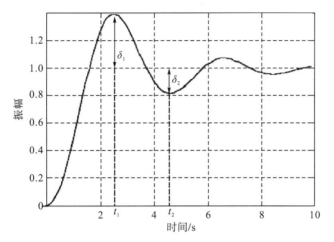

图 8.15　控制系统阶跃响应不同的相位

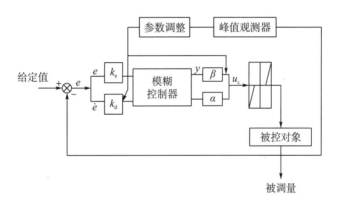

图 8.16　参数自适应模糊控制器结构图

8.3.3　隶属度函数的调整和可调因子的自整定

如果不修改模糊规则和可调因子，可以修改隶属度函数来改善稳态响应性能，因此可以调整 u 的隶属度函数，使 MF 的 m4 窄一些，m3 和 m5 离中心近一些并窄一些，如图 8.17 所示。

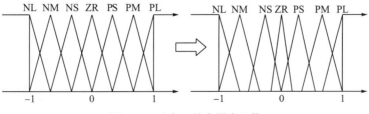

图 8.17　改变 u 的隶属度函数

从图 8.18 的仿真结果可以看出，系统的稳态性能明显改善。单纯改变隶属度函数很难改变系统的暂态性能，因此使用参数自整定的方法定义函数 $f[e(t)]$ 和 $g[e(t)]$。

$$f[e(t)] = a_1 \times \mathrm{abs}[e(t)] + a_2 \tag{8.21}$$

$$g[e(t)] = b_1 \times \{1 - \mathrm{abs}[e(t)]\} + b_2 \tag{8.22}$$

其中，a_1、a_2、b_1、b_2 都是正数常量，自整定可调因子随时间变化：

$$\beta_{\mathrm{s}}[e(t)] = \beta \times f[e(t)] \tag{8.23}$$

$$k_{\mathrm{ds}}[e(t)] = k_{\mathrm{d}} \times g[e(t)] \tag{8.24}$$

其中，β 和 k_{d} 是可调因子的初始值。函数 $f[e(t)]$ 的目标是随着误差的变化改变 $\beta_{\mathrm{s}}[e(t)]$，也应是说，误差为 0 时 $f[e(t)]$ 实际等于 a_2。然而函数 $g[e(t)]$ 不是这样，其稳态值为 (b_1+b_2)，所以可以随着误差粗略地调整 $\beta_{\mathrm{s}}[e(t)]$ 和 $k_{\mathrm{ds}}[e(t)]$。这也意味着除了调节 k_{e}、k_{d}、α、β，还可以调节 a_1、a_2、b_1、b_2 参数，扩大调节参数的范围。

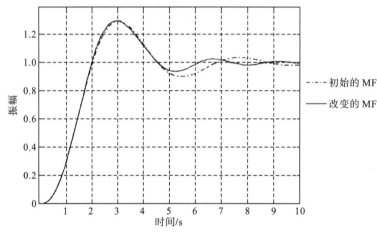

图 8.18　仿真结果

带自整定可调因子的模糊 PID 控制器结构如图 8.19 所示。

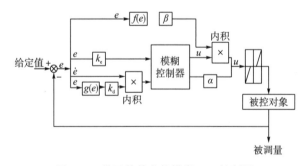

图 8.19　带函数整定的模糊 PID 控制器

研究 a_1、a_2、b_1 和 b_2 如何起作用是非常重要的，可以用以下方法。
开始时：

$$e=1: \quad f(1)=a_1+a_2; \quad g(1)=b_2 \tag{8.25}$$

稳态时：
$$e=0：f(0)=a_2；g(0)=b_1+b_2 \qquad\qquad (8.26)$$

因此开始时，$\beta_s[e(t)]$ 等于 $(a_1+a_2)\beta$，在稳态时等于 $(a_2)\beta$。可以通过调整 a_1 和 a_2 来调节 $(a_1+a_2)\beta$ 和 $(a_2)\beta$，从而决定 $\beta_s[e(t)]$ 的初值和终值。

我们希望使 $f(1)\times g(1)=f(0)\times g(0)$ 保证比例部分 $(\alpha k_e P+\beta k_d D)$ 不改变太多，使系统始终能够快速对误差进行响应。也可以用其他方法来调节 a_1、a_2、b_1 和 b_2 以获得更好的性能。仿真模型如图 8.19 所示，a_1、a_2、b_1 和 b_2 为

$$a_1=1.3，\quad a_2=0.25，\quad b_1=4.3 \text{ 和 } b_2=0.8$$

可调因子的初值不同时，带自整定可调因子的模糊 PID 控制器的仿真结果如图 8.20～图 8.22 所示。总的来说，模糊自适应 PID 控制器可以明显降低振荡，缩短系统的响应时间，提高系统的性能。

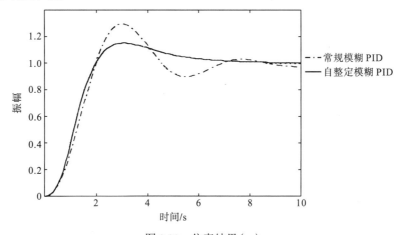

图 8.20　仿真结果（一）

$(k_e；k_d；\alpha；\beta)=(1；0.25；0.2；2)$

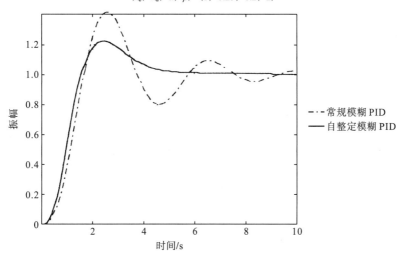

图 8.21　仿真结果（二）

$(k_e；k_d；\alpha；\beta)=(1；0.25；0.2；3)$

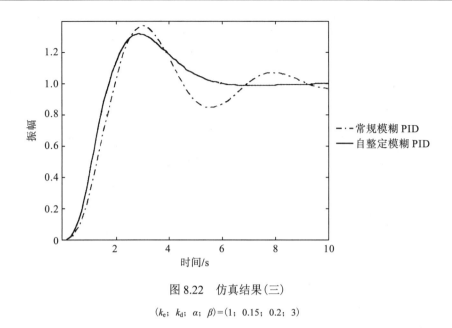

图 8.22　仿真结果(三)

$(k_e;\ k_d;\ \alpha;\ \beta)=(1;\ 0.15;\ 0.2;\ 3)$

8.3.4　控制效果分析

　　为了进一步完善 PID 型模糊控制器的性能,可以采用一种带自整定可调因子的模糊控制器,将 PID 型模糊控制器等价为比例控制、积分控制和微分控制三个部分。这种方法随着系统响应过程逐步减弱了模糊控制器中积分控制部分的作用,从而减小了系统接近稳态时的振幅,同时保持比例部分稳定以保证系统对误差的快速响应。带自整定的模糊控制器显著降低了系统的振荡和过渡时间。仿真结果表明了带自整定可调因子的模糊控制器的良好性能。

参 考 文 献

[1] 李英顺, 邓长辉, 伦淑娴, 等. 基于遗传算法的真空感应炉 PID 温度控制系统[J]. 人工智能技术应用, 2013(3): 12-15.

[2] 李英顺, 伦淑娴, 皮红梅. 基于模糊神经网络的 PID 温度控制系统[J]. 鞍山钢铁学院学报, 2002, 25(6): 903-906.

[3] 李英顺, 伦淑娴. 模糊 PID 温度测控仪[J]. 仪表技术与传感器, 2003(1): 20-22.

第 9 章 风暴灾害中的分数阶模型

海洋风暴是破坏性极强的自然灾害，全球沿海城市每年约有 4500 万人受到风暴潮灾害的影响。即便不考虑未来沿海地区人口和风暴频率的变化，在全球变暖背景下，当海面上升 0.5m，将有约 9000 万人口受到海洋风暴的影响，当海面上升 1m，受影响的人口将达到 1.2 亿人以上，我国由于风暴潮造成的生命财产损失是触目惊心的。据不完全统计，仅公元前 48 年至公元 1949 年近 2000 年间，有较详细记载的特大风暴潮灾害就有 576 次，平均不足 4 年就有一次。近几十年来，风暴潮灾害死亡人数虽有所减少，但灾害直接经济损失则不断增加。所以，我国应加快对东部沿海地区风暴潮灾害经济损失评估的研究，为中国东部地区制订风暴潮灾害风险减灾防灾措施、城市安全与可持续发展战略提供强有力的理论依据和科学平台，尤其对提升沿海经济圈的国际地位、促进东部城市群可持续发展战略实施具有重要的现实和战略意义。

随着全球气候异常的加剧和沿海经济的快速发展，海洋风暴潮灾害发生的频率越来越快，所造成的经济损失也越来越严重，政府有关部门和企事业单位、个人对灾害经济损失统计和评估的精度也在不断上升，而简单地统计灾后损失的财产和人员伤亡是远远不够的，必须面向与灾害相关的各有关机构和单位，如政府机构、交通部门、广播电视部门、水利部门、海洋渔业局、公安部门、卫生部门等，尤其是受灾害影响的人民群众，建立一套口径正确、可操作性强、门类齐全的城市风暴潮灾害经济损失的系统，为各有关部门在灾害来临前做好充分的灾前资产评估和灾后损失统计提供有力的决策支持和信息，力争将灾害的损失降到最低。风暴潮损失评估是风暴潮危险性和破坏性分析的重要阶段。评估将以定量的指标来描述一次风暴潮发生的严重程度，同时评估的结果还将为抢险救灾、救灾款发放以及灾后重建等工作提供科学的依据。

9.1 人员伤亡损失评估

风暴潮造成的人员伤亡数量及其分布状况是评估人员伤亡价值损失的基础。只有准确地对灾害造成的人员伤亡的数量及其分布状况进行评估，才有可能以此为基础对人员伤亡的价值损失进行评估。因此，在对风暴潮造成人员伤亡的价值损失进行评估以前，必须首先对风暴潮造成的人员伤亡的数量及其分布状况进行评估。在一般的评估系统中用到的人口库都是静态的人口数据，没有考虑人口分布的实际情况和人口增长的规律，从而使得评估模型中的人口数据与实际情况出现较大的偏差，直接导致人员伤亡评估结果不准确。本书从建立人口分布及增长模型方面进行了改善，使其更接近人口分布及发展的实际情况。

人口分布是指人口数量规模的地域分布，是重要的人口现象和社会经济现象。受地理位置、地形要素、地貌形态、土地覆盖现状及经济发展状况等相关客观因素的影响。在现有的技术条件下，通过建立包括地形要素(居民地、水系、公路、铁路等)、高程带、土地利用等的地理因子库，再找出这些因子与人口分布的相关性，确定各个因子的权重系数，建立人口分布模型。通过统计各标准单元内相关因子数值，并结合人口分布的限制条件等，实现人口在空间单元内的定量分布。采用区域人口预测的方法对单元进行短期人口预测，改善人口数据更新缓慢的问题，提高人口数据库的精度。这些工作可以分为两步，第一步为预测前的准备工作，考察预测对象的宏观环境及可能影响，并收集、评价和调整预测所用的基础资料。人口增长主要是由人口的自然增长和人口迁移引起的，人口的自然增长不会在短期内发生突变，预测前的调整工作主要针对单元区划变更的问题进行。第二步是对所选的资料进行统计分析，找出统计规律并进行假设检验。人口的增长趋势大概分为两种类型：典型的线性增长趋势，其年增长量基本保持不变；二次曲线增长趋势，即年增长量之差大致为一个常数。

在风暴潮损失评估过程中，人员伤亡是一个需要重点考虑的指标，在同等经济水平下，伤亡人口的数量直接影响风暴潮造成的经济损失。由于海洋风暴人员伤亡主要是由于建筑物的倒塌和被水淹没造成的，综合考虑到洪水灾害强度、水深、浸泡时间、人口密度、灾害发生的时间、建筑物的毁坏程度等，建立如下的人员伤亡评估公式：

$$\ln D = ah^{-\beta} + b \tag{9.1}$$

式中，系数 a、b、β 由洪水灾害强度、水深、浸泡时间、人口密度、灾害发生的时间、建筑物的毁坏程度等确定；h 表示风暴潮中潮水的涨幅高度；D 是死亡的人口数。根据以往多年的风暴潮灾情分析与研究，采用回归线方法，得到系数：$a = -2.65$，$b = 6.4$，$\beta = 1.1$。则风暴潮灾害的人员死亡失踪损失评估模型为

$$\ln D = -2.65h^{-1.1} + 6.4 \tag{9.2}$$

人员损失是人口伤亡评估值与人员的无形损失之和。风暴潮灾害中人员伤亡受多种因素影响，主要是建筑物的倒塌和被水淹没，同时人员分布、建筑物分布、建筑物自然属性、建筑物抗洪能力、评估区域的抗洪措施等数据的准确性也是引起风暴潮灾害人员伤亡评估结果不准确的重要因素。

人员损失包括有形损失与无形损失。有形损失，包括死伤的人数，人员的劳动损失、工效损失、效益损失，包括医疗费、丧葬费、抚恤费、补助及救济费、交通费、律师费、歇工工资等。无形损失是指人的劳动价值损失。

对于因灾死亡或受伤的每一个人，从人道上讲具有相同的价值；从社会经济角度看，具有不同价值，作为灾情的准确评价，需要有所区别。引用人力资本概念，以人的劳动价值损失来度量因灾伤亡带来的损失，也称为无形损失，即一个人的劳动价值是其未来的劳动收入经贴现折算为现在的价值，并考虑年龄、文化程度、身体状况等因素，可表现为

$$L = \sum_{i=1}^{D} L_i = \sum_{i=1}^{D} \sum_{t=1}^{O_i} \eta_{it} p_{it} (1+\gamma)^{-t} \tag{9.3}$$

式中，L 为一次灾害造成的人员伤亡损失；D 为人员伤亡总数；L_i 为第 i 个人的劳动价值损失；η_{it} 为预计此人在第 t 年所得劳动收入价值；p_{it} 是此人从现在起活到第 t 年的概率；γ 为社会贴现率；O_i 是预期此人从现在起的最大寿命。

9.2　直接经济损失评估

1. 建筑损失评估

建筑损失主要包括被损毁、倒塌的房屋、商店、住宅、办公楼等建筑物。每种建筑物都可以通过其具体的建筑结构造价来进行量比，可参照表 9.1 进行取值。

表 9.1　房屋建筑单价

建筑结构	单价/(元/m²)	建筑用途
框架结构	1000	机关办公用房、商业用房等
砖混结构	750	城镇居民房屋
砖木结构	450	农村公用建筑
土木结构	250	农村居民用房

用公式表示为

$$S = \sum_{i=1}^{n} kA_i P_i \tag{9.4}$$

式中，S 为建筑损失，万元；n 为建筑物总数；A_i 为第 i 种建筑结构遭到破坏的建筑面积，m^2；P_i 为第 i 种建筑结构遭到破坏的相应单价，元/m^2，k 为比例常数。

在实际风暴潮灾害调查中，建筑损失多表示为淹没房屋数(间)和损坏房屋数(间)，需换算为具体受损的建筑面积。对于被冲毁和损坏的房屋，可以按照每间房屋的平均面积来计算。室内财产损失一般先调查被损毁和损坏的房屋数量(间)，再计算具体损失。由于所处地区不同，室内财产损失差异也较大。

2. 城市生命线设施损失评估

城市生命线设施是城市经济发展的命脉，风暴潮灾害发生后，生命线设施会遭受不同程度的破坏。随着社会经济的发展、经济状况的日益改善，灾害设防措施在一定程度上减少了生命线设施的损失。然而，由于基础建设步伐加快，生命线设施的数量急剧增多，这无疑提高了生命线设施的潜在易损性，因此生命线设施的灾害经济损失估计显得更加重要。然而由于生命线设施一般分布在很大的地理范围内，是一种"线"或者"面"结构，不像房屋等其他工程结构建造在有限的面积上，是一种"点"结构。同时生命线设施还包含多个系统，例如，供电系统、通信系统、交通系统和水利系统等，而各个系统的抗灾害性能不同，对损失的影响就存在很大的不同。因此，在一次风暴潮灾害中，要准确地估计生命线设施的损失比建筑物损失的估计要更为复杂。

通过多种回归曲线拟合发现生命线设施的损失和建筑物工程结构的损失的对数值呈指数关系，可以选用指数曲线模型进行最小二乘法回归，得其方程为

$$y = a \cdot e^{bx} \tag{9.5}$$

式中，x 为建筑物工程结构损失的对数值；y 为生命线设施损失，万元。我们根据多次风暴灾害给出的损失评估报告，经过大量计算分析，本书取 $a = 0.6984$，$b = 1.9017$。

3. 工商业、交通运输业损失评估

1）工商业的直接经济损失

工商业的直接经济损失可以根据淹没范围内工矿企业、商店停产所造成的损失计算出来。灾前和灾中，可以估算淹没范围以及淹没范围内可能的停产企业商业数量并估算其停产所造成的损失。灾后，则根据实际因受淹造成停产的具体企业、商业来计算其直接经济损失。由于洪灾影响，设备计划外停产造成产品减产的损失为

$$\text{IPD} = \sum_{i=1}^{p_3} \sum_{j=1}^{p_2} \sum_{k=1}^{p_1} V_{ijk} \cdot E_{ij} \cdot T_{ij} \tag{9.6}$$

式中，V_{ijk} 为第 i 个商业企业第 j 种设备生产的第 k 类产品的价格；E_{ij} 为由于洪灾造成第 i 个商业企业计划外停产的第 j 种设备的生产能力；T_{ij} 为第 i 个商业企业第 j 种设备停产时间；p_1 为第 i 个商业企业第 j 种设备生产第 k 类产品的数量；p_2 为第 i 个商业企业拥有第 j 种设备的数量；p_3 为研究区内商业企业总数量。

2）交通运输业直接经济损失

交通运输业直接经济损失的估算包括：铁路、公路等线路被破坏的修复费用；输电线路及通信线路被破坏的修复费用。风暴潮灾害常常给当地交通状况造成严重影响，因此，交通损失是经济损失中的一个重要方面。交通损失主要指在风暴潮灾害中公路、铁路、桥梁等重要交通设施的损失情况。公路损失是被损毁公路的长度与其相应单位工程造价的乘积。由于地质地貌条件不同，即使同等级的公路其工程造价也有较大差异，需视其具体情况而定。桥梁因用途不同所用建筑材料也不一样，因此在计算桥梁损失时需根据灾区实际情况再做具体分析。经向有关部门咨询，公路的基本工程造价如表9.2所示。由于地质地貌条件不同，即使同等级的公路其工程造价也有较大差异。铁路的基本工程造价如表9.3所示。

表9.2　等级公路的单位工程造价

公路等级	工程造价/(万元/km)
高速公路(包括高等级公路)	3000～10000
一级公路(国道)	1000～3000
二级公路(省道)	500～1000
三级公路(县道)	100～500
四级公路(乡村道路)	1～100

表9.3　不同地形铁路工程造价

地形分类	平均造价/(万元/km)
山区	169.31
丘陵	86.05
平原	65.36

4. 农林牧渔业损失评估

农产品损失情况可采用市场价值法进行估算。牲畜的市场价格各地有所不同,为便于统一计量,可以按照当时的市场价格来计算。农作物的损失可以包括作物减产和绝产,根据洪水淹没面积上减产产量的价值和在该区为补偿农产品减产而增加的农产品采购费用计算:

$$R_1=\sum_{i=1}^{N_m}\mathrm{NCP}_i(\mathrm{QCP1}-\mathrm{QCP2})\mathrm{SCP}_i+\sum_{j=1}^{N_f}\mathrm{VCP}_j\mathrm{BCP}_j\mathrm{SCP}_j \tag{9.7}$$

式中,N_m 为种植在洪泛区由于一次洪水使收成降低的作物种类数;NCP_i 为种植在产量由 QCP1 降到 QCP2 地区的第 i 种作物的价格;SCP_i 为第 i 种作物受淹没面积;N_f 为作物因受淹而死亡的种类;BCP_j 为补偿受灾区因一次洪水使作物死亡或减产而必须运进的第 j 种作物的产量;VCP_j 为补偿受灾区因一次洪水使作物死亡或减产而必须运进的第 j 种作物的价格;SCP_j 为第 j 种作物死亡面积。农作物成灾面积与绝收面积根据淹没时间估算。

畜牧业损失主要来源于牲畜的死亡,计算牲畜死亡损失时,要考虑牲畜死亡的种类数、活重和批发价格:

$$R_2=\sum_{i=1}^{N_A}\mathrm{VT}_i\mathrm{GT}_i \tag{9.8}$$

式中,N_A 为牲畜死亡的种类数;GT_i 为第 i 类牲畜的活重;VT_i 为第 i 类牲畜的批发价格。

5. 土地资源损失评估

在土地资源的量化过程中,判断土地是否遭受永久性破坏是非常重要的。一般来说,大部分土地资源在灾后是可以通过一定的措施加以部分甚至完全恢复的。因此在评价土地资源损失时只需要考虑对其进行清理恢复的费用,具体计算时用灾害破坏面积与该种土地类型基价的一定比例来进行估价,土地资源基价可以通过相关调查来得到。当部分土地资源由于严重破坏以至于在灾后很难甚至无法恢复时,这种损失则直接按照土地基价进行估算,计算公式可采用:

$$S=\sum_{i=1}^{n}kA_iP_i \tag{9.9}$$

式中,S 为资源损失,万元;n 为土地类型总数;k 为比例常数;A_i 为第 i 种土地类型的面积;P_i 为第 i 种土地类型的单价。在实际评价中,土地资源基价可根据情况做适当调整。

9.3　间接经济损失评估

风暴潮灾害导致的间接经济损失非常复杂,包括生态环境、社会稳定、经济持续发展能力、旅游业、生产和服务性活动等诸多方面,其损失非常抽象,一般很难用公式直接量化。但是直接经济损失与间接经济损失之间存在密切联系,直接经济损失越严重,往往造成的间接经济损失也越大,灾害影响力越持久。因此,可通过两者的一定比例关系来进行粗略估算。这里引入了一个比例系数 λ，一般取为直接损失的整数倍，只能通过以往案例的统计分析得出。在风暴损失评价中，可以选取比例系数 $\lambda=5$，即间接经济损失是直接经济损失的 5 倍。这个比值也得到了大量研究者的认同。

救灾投入费用也是灾害损失评价中不可忽视的部分。它是为了保持灾区稳定，政府广泛动员社会进行紧急救援、医疗卫生、物资发放、工程治理等所需的费用。事实上这部分费用就是损失的机会成本。这里采用相关计算方法，通过直接经济损失来计算救灾投入费用，引入系数 β。在风暴损失评价中，选取系数 $\beta=1.5\%$，即救灾投入费用是直接经济损失的 β 倍。

9.4　举 例 分 析

例 9.1　1980 年 7 月，8007 号台风在广东徐闻沿海登陆，最高潮位达 5.94m，台风带来的狂风、暴雨和罕见大海潮，造成了非常严重的灾害[1]。在台风正面袭击的某地区，90% 的海堤被冲垮，碗口粗的大树被连根拔起。汹涌的潮水涌入湛江市，濒临大海的霞山商业区处于大水之中，水深 1~2m，有的达 2m 多深，一些来不及撤离的居民被水围困，全市处于停电、停水、交通瘫痪的状态。港区内，1 艘 2 万 t 级外轮和 1 艘 5 万 t 级油轮被巨大海潮推上海滩搁浅，一些载重量为十几吨的水泥船、运输船和渔船涌进市区。海口市也遭海水浸淹，市区街道水深 1m 多，损失严重。台风中共倒塌房屋 11 万多间，损坏房屋 47 万多间，沉毁大小船只 3100 多艘，冲垮山塘、涵闸、电站、堤围等 1000 多处，倒断橡胶树 850 万株、电杆 1300 多条，受灾农作物达 370 多万亩，共造成 414 人死亡、失踪。

根据上面的人员损失评估模型，其中 $h=5.94$，可以得到：

$$\ln D=-2.65\times 5.94^{-1.1}+6.4 \tag{9.10}$$

则 $D=\mathrm{e}^{-2.65\times 5.94^{-1.1}+6.4}=2.718^{6.03}=415.5$。

其中，误差为

$$e=\frac{|415.5-414|}{414}\times 100\%=0.36\% \tag{9.11}$$

误差在 1% 之内，是可以忽略不计。

例 9.2　某台风使某地区最高潮位达 3.05m，受淹、倒伏的农作物达 2500 多万亩，倒塌房屋 9 万多间，损坏房屋 28 万多间，沉损船只 2000 多条，冲毁桥梁 700 多座，毁坏公路 900 多公里，损坏水利工程设施 3000 多处，280 人死亡、失踪。

根据上面的人员损失评估模型，其中 $h=3.05$，可以得到：

$$\ln D=-2.65\times 3.05^{-1.1}+6.4 \tag{9.12}$$

则 $D=\mathrm{e}^{-2.65\times 3.05^{-1.1}+6.4}=2.718^{5.63}=278.5$。

其中，误差为

$$e=\frac{|278.5-280|}{280}\times 100\%=0.54\%<1\% \tag{9.13}$$

可以忽略不计。

例 9.3　受风暴潮影响，某市出现最大风暴增水 122cm。受风暴潮和巨浪的共同影响，某地的 10 多处海堤被冲毁，码头被淹。街道多处受淹，沿海有多处海堤受损。共造成 72 人死亡、失踪。

根据上面的人员损失评估模型，其中 $h=1.22$，可以得到：

$$\ln D = -2.65 \times 1.22^{-1.1} + 6.4 \tag{9.14}$$

则 $D = e^{-2.65 \times 1.22^{-1.1} + 6.4} = 2.718^{4.28} = 72.2$。

其中，误差是

$$e = \frac{|72.2 - 72|}{72} \times 100\% = 0.28\% < 1\% \tag{9.15}$$

可以忽略不计。

风暴潮是指在大气强迫力作用下局部海面的异常升降现象，增水幅度可达几米，可以在沿岸地区造成重大的海洋灾害。在西北太平洋沿岸国家中，中国遭受风暴潮灾害最频繁、最严重。据《中国海洋灾害公报》统计，1994～2003 年，海洋灾害的损失约为 1330 亿元，平均每年损失在 100 多亿元，其中 90%以上是风暴潮灾害所造成的损失。在严重年份（1991 年、1996 年、1997 年）风暴潮灾害造成的损失达 100 亿元甚至数百亿人民币。随着沿海地区经济快速发展，沿海地区的经济承载量不断加大，风暴潮灾害发生时其损失也在不断增加，未来全球变化影响和海平面上升趋势均将导致风暴潮灾害呈加重的趋势，因此，风暴潮防灾减灾已成为政府十分关心的重要工作。

近二十年国际减灾战略的实施表明，灾害预防、防备和减灾三项工作中，预防工作最为重要，而灾害经济损失评估是其中的重中之重。开展自然灾害损失经济评估对城市经济安全及区域可持续发展具有重要意义。因此，加紧建立我国东南沿海地区风暴潮灾害经济损失评估系统，确立一套行之有效的统计口径和项目，将为综合灾害风险管理决策提供科学依据和技术平台，从而为该地区制定风暴潮灾害风险管理、减灾措施与提高城市经济体抗灾害能力提供理论依据和科学工具。

对于因风暴潮灾害死亡或受伤的每一个人，从人道上讲具有相同的价值；从社会经济角度看，具有不同价值。引用人力资本概念，以人的劳动价值损失来度量因灾伤亡带来的损失，也称为无形损失，即一个人的劳动价值是其未来的劳动收入经贴现折算为现在的价值。人员的总体损失是人口伤亡评估值与人员的无形损失之和。风暴潮灾害中人员伤亡受多种因素影响，主要是建筑物的倒塌和被水淹没，同时人员分布、建筑物分布、建筑物自然属性、建筑物抗洪能力、评估区域的抗洪措施等数据的准确性也是引起风暴潮灾害人员伤亡评估结果不准确的重要因素。对于死伤的人数，人员的劳动损失、工效损失、效益损失，包括医疗费、丧葬费、抚恤费、补助及救济费、交通费、律师费、歇工工资等都是灾害造成的损失。

参 考 文 献

[1] Zhao C N, Zhao Y, Liu y, et al. Fractional personnel losing modeling approach and application[J]. Computational Intelligence and Software Engineering, 2009: 1-4.

第 10 章　教育评估的分数阶模型

10.1　教育评估简介

教育评估，尤其是高等教育评估已逐渐成为国内外教育管理中的一项重要工作。通过教育评估，能够促进教育目标的实现，推动教育事业的发展。课程评估是教育评估工作中的一个重要组成部分，是保证课程建设顺利实施的必要手段。通过课程评估可以从宏观上把握学校整体教学状况，不断地改进教学工作，全面提高教学质量。因此，建立完善、科学、规范的课程评估体系和方法，是课程建设的重要部分，是高校教学管理部门不容忽视的一项重要任务。

课程评估是教育部《高等学校教学质量与教学改革工程》的重要内容，其宗旨是激励高等学校进行课程建设，打造一批高质量的优秀课程并对相关课程形成示范效应，从而达到全面提高教学水平和教学质量的目的。高校课程评估，即对教学计划中包含的课程，根据理论和教学原则提供的规律认识，运用各种科学手段，做出判断的过程。课程评估是学校内部质量保证体系的重要组成部分，可以及时准确发现存在的不足，有助于促进课程内容与课程体系的改革以及多种教学方法和手段的使用，不断提高教学质量和教学效果，对保证高校形成自我约束、自我发展的机制，实现高校的健康稳定发展具有重要的现实意义。

教学质量评估是教育评估的重要组成部分。教学不仅仅是传授知识，而且是培养学生思维方式方法的重要途径，开展教学质量评估工作不但使教育管理者能更好地了解教学状态，有效地实施教学管理，而且还可以督促教师增加教学投入，改进教学方法，对提高教学质量具有重要的现实意义。目前各高校采用的评估方法多是基于教师良好教学行为基础上的评估。首先确定教师在课堂上应具有的有效教学行为标准，然后对照标准进行评估。这种评估工作一般要通过学生问卷、专家听课、教师自评等多种信息采集方法进行信息收集工作，然后再通过数学运算给出相应的教学质量分数，以此确定教师教学质量等级。各校在实践中虽然有这样或那样的差异，但总的来说基本上是采用这种评价模式来进行教学质量评估的。

目前的教学评估方法存在很多弊病，制约着教学评估的效益，具体存在以下几个问题。

(1)学生评教中的态度问题。许多学校在对学生进行问卷调查时，发现部分学生在回答问卷时不认真、随意勾涂，完全没有对照评估要素进行评价，导致评估结果失真。如果没有及时分析出现这种情况的原因并采取相应措施，那么随着问卷次数的增加会有越来越多的学生对问卷厌烦。

(2)专家评教的效度问题。许多学校在实践中发现，在进行课堂教学质量评估时，专家听课评分的结果反而不如学生评教的结果真实，专家听课评分结果普遍偏高。造成这种状况的原因主要有三个方面：专家工作量大，导致不认真；存在"人情分"状况；专家对评估工作认识不足。

(3)评估指标单一。一些学校在制订评估指标时没有考虑不同类课程的不同特点,用同一套评估指标来进行规范,且评估指标中绝大部分为定性指标,定量指标少,造成评估结果受主观因素影响大,很难客观公正地评价教学质量。

目前的教学评估出现这些问题的主要原因是,当前的教学评估方法中评估指标的完整性欠缺,评估方案单一、缺乏灵活性。主观评定内容占绝大部分,造成教学评估流于形式,走过场缺少实效性。究其根本是因为当前的教学评估系统没有从课堂教学的根本目的进行思考,与实际的教学目标脱钩。课堂教学的根本目的就是通过课堂教学使学生尽可能地掌握知识,了解老师所讲的内容。因此评价教学质量的根本方法就是:用通过课堂教学使学生掌握相关知识的程度作为评估依据。以前的主观打分方式,完全没有办法客观公正地对学生掌握相关知识的程度进行定量描述,因此造成了当前教学评估的实效性不强。如何对学生掌握知识的程度进行客观、准确、定量的描述,就成为教学评估的关键问题。建立一个学生掌握知识程度的客观评估模型,就成了解决问题的关键。

课程评估指标中大部分是描述复杂非线性过程的定性指标,无法用传统的数学知识直接对其进行定量评价,常用“优、良、中、差”等定性语义集对其评价。定性指标定量化,即通过科学的方法,以直观的数值形式给出定性指标的量化结果。定性指标经过定量化处理后,就可以利用经典的数学方法,对其融合运算,得到客观有效的评估结果。定性指标定量化为课程评估的最终结果提供科学合理的依据,使评估结果更加客观有效。

分数阶建模是描述复杂非线性过程的有效方法,是分析与处理复杂系统的有力工具。该建模方法以分数阶微积分为基础,即允许微积分方程中对函数的导数阶次选择为分数,通过分数阶微积分积累函数在一定范围内的整体信息,能够更准确地描述复杂系统的动态响应,提供完善的数学模型,提高分析复杂动态系统的能力。定性指标分数阶定量化,就是通过对复杂的非线性过程进行数学建模,利用客观数据代替主观打分,通过分数阶模型代替人为处理,可以大大提高定性指标定量化的科学性和客观性。通过定性指标分数阶定量化,可以更加客观准确地对复杂事物变化过程进行描述,使评估结果更加客观、科学、有效。

10.2　分数阶评估方法

这里将灰色系统理论和层次分析引入到课程评估体系中。由层次分析法来确定各指标的权重;基于灰色关联分析理论,研究了含有评价指标体系、正负理想方案和基于关联距离度的方案优选的评估方法。该方法弥补了单一主观赋权法的不足,给出了详细的评估过程,基于多种评价方法,为课程评估提供一种新的思路和决策方法。

10.2.1　课程评估指标体系

评估指标体系是评估的依据和尺度。课程评估指标体系是依据课程质量建设内涵要求与目标,合理运用教育学理论和测量学原理,在深入调查研究的基础上,组织相关专家和教学管理者，通过层次分析(analytic hierarchy process，AHP)、比较筛选和归纳概括，构建由 5 项一级指标和 15 项二级指标组成的评估指标体系(表 10.1)。

表 10.1 课程评估指标体系

课程评估指标	教学队伍 B_1	课程负责人与主讲教师 C_{11}
		教学队伍结构及整体素质 C_{12}
		教学改革与教学研究 C_{13}
	教学内容 B_2	课程内容 C_{21}
		教学内容组织与安排 C_{22}
		实践教学 C_{23}
	教学方法与手段 B_3	教学设计 C_{31}
		教学方法 C_{32}
		教学手段 C_{33}
	教学条件 B_4	教材及相关数据 C_{41}
		实践教学条件 C_{42}
		网络教学环境 C_{43}
	教学效果 B_5	同行评价 C_{51}
		学生评教 C_{52}
		录像数据评价 C_{53}

运用 AHP 法需要先将所评价的问题条理化和层次化，并构造一个基于层次分析的结构模型。这里将课程评估的各个指标分层排序，该结构分为三层：第一层为课程评估结果；第二层为五个一级指标层，即将对课程的评估转化为对这五部分的评估；第三层为每个一级指标层下面的基本指标，处于系统的最底层，表示系统问题的最基本分解指标。

师资队伍建设是课程建设的核心，是任何时候都不可忽视的。教学内容、教学方法和手段将继续作为评估重点，教学条件是课程评估的基础，教学效果将继续作为成果评估的主要基础，突显课程的实际应用效果。该课程评估指标体系设计较为全面，涉及课程建设的各个方面，为课程评估提供了统一的、可操作的考核标准。通过评估，能够对全院课程建设的现状和水平有一个更全面、更清晰的认识。

10.2.2 确定指标权重

层次分析法是美国著名运筹学家、匹兹堡大学教授萨蒂(Saaty)提出的一种多准则决策方法，其本质上是一种决策思维方式，它通过把一个复杂问题分解为各相关指标，并将这些指标按层次关系分组以形成有序的递阶层次结构，即目标层、准则层和指标层。通过两两比较矩阵计算权重的方法统一处理决策中的定性与定量因素，确定每一层次中各指标的相对重要性。然后在递阶层次结构内进行合成，得到决策指标相对于目标的重要性的总排序。

AHP 法现已广泛用于决策、预测、评估等方面，是系统工程的常用方法。在工程招标、投标、评标研究工作中已有广泛的应用[1]。下面基于 AHP 法确定指标权重。

1. 建立层次结构

将课程评估的各个指标分层排列，根据指标间的层次关系建立课程评估的层次结构，如表 10.1 所示。

2. 构造判断矩阵

判断矩阵是指决策者根据同一层次的各指标对上一层次相应指标的重要性所给出的矩阵。确定判断矩阵是 AHP 方法中的一个重要环节，本书还是选用 1~9 及其倒数表示两个指标相对重要性的权重。"1"表示两个指标 a_i 和 a_j 同等重要；"3"表示 a_i 比 a_j 稍微重要；"5"表示明显重要；"7"表示非常重要；"9"表示绝对重要；"2"和"8"之间的偶数则表示以上相邻判断的中间值，并规定 $a_{ij} = 1/a_{ji}$。

由专家对同类别下同层次的所有指标进行两两比较，用"1"和"9"之间的数来表示其相对重要性程度。在本书的课程评估中，存在六个判断矩阵。

3. 层次单排序和一致性检验

判断矩阵的特征值可作为衡量同一层次中每个因素对上一目标的影响所占的比例，因此，层次单排序可以归结为计算判断矩阵的特征值和特征向量，可以通过 MATLAB 来直接求取判断矩阵的特征值和特征向量。

为避免违反逻辑的判断矩阵导致决策失误，需对判断矩阵进行一致性检验。为进行一致性检验，首先需要计算一致性指标(conformity index，CI)：

$$CI = \frac{\lambda_{max} - n}{n - 1} \tag{10.1}$$

其中，λ_{max} 是判断矩阵的最大特征值；n 是矩阵的维数。然后查找平均随机一致性指标，如表 10.2 所示。

表 10.2　平均随机一致性指标

order	1	2	3	4	5	6	7	8	9
RI	0	0	0.52	0.89	1.12	1.26	1.36	1.41	1.46

通过矩阵信息得出相应的一致性指标，即平均随机一致性指标(random index，RI)，最后计算一致性比例(consistency ratio，CR)：

$$CR = \frac{CI}{RI} \tag{10.2}$$

当 CR<0.10 时，认为判断矩阵的一致性是可以接受的，否则，应对判断矩阵做适当修正。

4. 层次总排序

在经过层次单排序以后，还需要计算所有指标对总目标的层次总排序，其目的是更加清晰地表达所有指标对系统总目标的重要性，从而使决策者根据不同的重要性进行有区别的处理。

利用同一层次中所有层次单排序的计算结果，就可以计算针对上一层次而言的本层次所有元素的重要性权重值，这就称为层次总排序。层次总排序需要从上到下逐层顺序进行。对于最高层，其层次单排序就是其总排序。

5. 一致性检验

为了评价层次总排序的计算结果的一致性，类似于层次单排序，也需要进行一致性检验。同样以 CR<0.10 来判断层次总排序的计算结果是否具有令人满意的一致性。

经过以上步骤确定评估模型的权重以后，根据各个指标就可以进行评估。

10.2.3 基于关联距离度的评估模型

灰色系统理论是由邓聚龙提出的，灰色关联分析是灰色系统理论的一个重要内容，它不需要大量的样本及数据的典型分布[2]。本书在灰色关联的基础上，介绍基于理想距离的课程评估方法。

1. 分数阶定量化

在课程评估体系中，有些评估指标是定性的，没有给出具体定量的数值，而是用"优、良、中、差"等这种等级形式进行评价。对于评估指标中的定性指标，可以根据分配置信区间、白化算式、分数阶近似等方法，将其转换成定量指标。

分数阶模型是描述复杂系统的有力工具。这里利用最基本的分数阶次来定量划分专家的定性评判结果。对于"优、良、中、差"的定性等级，对应于相应的数值区间分别设为 $[100, 90]$、$(90, 75]$、$(75, 60]$、$(60, 0]$。对于聘请的专家，根据他对于该课程方向的掌握程度，给每个专家分配一个系数 a，a 为 0.95~1，如果专家对于该门课程每个方面都能够完全精深，则赋予的系数为 1。如果专家的系数为 a，对于该课程的定性评价所对应置信区间为 $[c,d]$，则对应的量化分值为

$$y = \frac{2d}{c+d} \times \left(\frac{c+d}{2}\right)^{\alpha} \tag{10.3}$$

通过分数阶定量化处理，不仅给出了相应的评估数值，并且增加了各个评估结果的差距，使得评估的结果更明显化。

对原始资料中定性指标进行定量化处理后，则得到评估的课程初始矩阵为

$$\boldsymbol{Y} = \left(y_{ij}\right)_{m \times n} = \begin{bmatrix} y_{11} & y_{12} & \cdots & y_{1n} \\ y_{21} & y_{22} & \cdots & y_{2n} \\ \vdots & \vdots & & \vdots \\ y_{m1} & y_{m2} & \cdots & y_{mn} \end{bmatrix} \tag{10.4}$$

2. 理想化

对初始矩阵的理想化，就是在初始评估矩阵中增加最优和最差参考评估方案。最优课程评估方案就是正理想评估方案，即所有评估方案中各个指标值能达到的最佳值；最差评

估方案就是负理想评估方案,即所有评估方案中各个指标值能达到的最坏值。本书选取的课程评估的评估指标,都是属于正向型的,即有益型指标(指标值越大越好)。下面构造理想初始评估矩阵。

1) 正理想初始评估矩阵

在初始评估矩阵中第 i 个评估方案序列为

$$y_i = (y_{i1}, y_{i2}, \cdots, y_{in}) \quad (i = 1, 2, \cdots, m) \tag{10.5}$$

构造最优参考序列为

$$y_0^+ = (y_{01}, y_{02}, \cdots, y_{0n}) \tag{10.6}$$

其中,

$$y_{0j} = \max\{y_{1j}, y_{2j}, \cdots, y_{mj}\} \tag{10.7}$$

此时构造的矩阵 $\boldsymbol{Y}^+ = (y_{ij})_{(m+1)n}$。其中, $i = 0, 1, 2, \cdots, m; j = 1, 2, \cdots, n$。$\boldsymbol{Y}^+$ 为评估指标的正理想初始评估矩阵。

2) 负理想初始评估矩阵

构造最差参考序列为

$$y_0^- = (y_{01}, y_{02}, \cdots, y_{0n}) \tag{10.8}$$

其中,

$$y_{0j} = \min\{y_{1j}, y_{2j}, \cdots, y_{mj}\} \tag{10.9}$$

此时构造的矩阵 $\boldsymbol{Y}^- = (y_{ij})_{(m+1)n}$。其中 $i = 0, 1, 2, \cdots, m; j = 1, 2, \cdots, n$。$\boldsymbol{Y}^-$ 为评估指标的负理想初始评估矩阵。

3. 标准化

在理想化的初始评估矩阵中,指标的度量标准还是不同的,为消除各评估指标间不同量纲和数量级所带来的不可公度性,决策前需要对评估指标进行无量纲化处理,得到标准化的评估矩阵。不同理想评估矩阵中的评估指标,采用不同的标准化方法。

对于正理想初始评估矩阵中的有益型指标,利用下面的公式进行标准化处理:

$$p_{ij} = \frac{y_{ij} - \min_{0 < i < m} y_{ij}}{\max_{0 < i < m} y_{ij} - \min_{0 < i < m} y_{ij}} \tag{10.10}$$

其中, y_{ij} 为初始序列, $i = 0, 1, 2, \cdots, m; j = 1, 2, \cdots, n$。

对于负理想初始评估矩阵中的有益型指标,利用标准化函数进行处理:

$$p_{ij} = \frac{\max_{0 < i < m} y_{ij} - y_{ij}}{\max_{0 < i < m} y_{ij} - \min_{0 < i < m} y_{ij}} \tag{10.11}$$

其中, y_{ij} 为初始序列。

理想化的初始评估矩阵 $\boldsymbol{Y}^\pm$ 经过标准化处理后得到标准化的理想评估矩阵 $\boldsymbol{P}^\pm$。

4. 关联矩阵

在标准化的理想矩阵中，数据列 $y_{0j} = (y_{01}, y_{02}, \cdots, y_{0n})$ 为参考序列，y_{1j}，y_{2j}，$\cdots$，y_{mj} 为比较序列，令 $\beta_{ij} = |y_{0j} - y_{ij}|$，则定义第 i 个评估方案的第 j 个指标与参考序列的第 j 个指标的关联系数为

$$\varepsilon_{ij} = \frac{\min\limits_{i} \min\limits_{j} \beta_{ij} + \alpha \max\limits_{i} \max\limits_{j} \beta_{ij}}{\beta_{ij} + \alpha \max\limits_{i} \max\limits_{j} \beta_{ij}} \tag{10.12}$$

其中，α 称为分辨系数，$\alpha \in [0,1]$，通常取 $\alpha = 0.5$，其意义是削弱最大绝对差数值太大引起的失真，减少极值对最后结果的影响。

对标准化理想评估矩阵 $\boldsymbol{P}^{\pm}$ 的所有行向量分别相对于最优与最差参考序列求取关联系数，得到一个由灰关联系数组成的矩阵，分别称为正关联矩阵 $\boldsymbol{E}^{+}$ 和负关联矩阵 $\boldsymbol{E}^{-}$：

$$\boldsymbol{E}^{+} = \begin{bmatrix} \varepsilon_{01}^{+} & \varepsilon_{02}^{+} & \cdots & \varepsilon_{0n}^{+} \\ \varepsilon_{11}^{+} & \varepsilon_{12}^{+} & \cdots & \varepsilon_{1n}^{+} \\ \varepsilon_{21}^{+} & \varepsilon_{22}^{+} & \cdots & \varepsilon_{2n}^{+} \\ \vdots & \vdots & & \vdots \\ \varepsilon_{m1}^{+} & \varepsilon_{m2}^{+} & \cdots & \varepsilon_{mn}^{+} \end{bmatrix} \tag{10.13}$$

$$\boldsymbol{E}^{-} = \begin{bmatrix} \varepsilon_{01}^{-} & \varepsilon_{02}^{-} & \cdots & \varepsilon_{0n}^{-} \\ \varepsilon_{11}^{-} & \varepsilon_{12}^{-} & \cdots & \varepsilon_{1n}^{-} \\ \varepsilon_{21}^{-} & \varepsilon_{22}^{-} & \cdots & \varepsilon_{2n}^{-} \\ \vdots & \vdots & & \vdots \\ \varepsilon_{m1}^{-} & \varepsilon_{m2}^{-} & \cdots & \varepsilon_{mn}^{-} \end{bmatrix} \tag{10.14}$$

由上面的 AHP 方法确定了指标间相对重要性程度，得到权向量：

$$\boldsymbol{W} = (\omega_1, \omega_2, \cdots, \omega_n)$$

正负理想灰色关联评估矩阵在权向量 $\boldsymbol{W} = (\omega_1, \omega_2, \cdots, \omega_n)$ 的作用下得到加权理想评估矩阵：

$$\boldsymbol{E}_{w}^{+} = \begin{bmatrix} \omega_1 & \omega_2 & \cdots & \omega_n \\ \omega_1 \varepsilon_{11}^{+} & \omega_2 \varepsilon_{12}^{+} & \cdots & \omega_n \varepsilon_{1n}^{+} \\ \omega_1 \varepsilon_{21}^{+} & \omega_2 \varepsilon_{22}^{+} & \cdots & \omega_n \varepsilon_{2n}^{+} \\ \vdots & \vdots & & \vdots \\ \omega_1 \varepsilon_{m1}^{+} & \omega_2 \varepsilon_{m2}^{+} & \cdots & \omega_n \varepsilon_{mn}^{+} \end{bmatrix} \tag{10.15}$$

$$\boldsymbol{E}_{w}^{-} = \begin{bmatrix} \omega_1 & \omega_2 & \cdots & \omega_n \\ \omega_1 \varepsilon_{11}^{-} & \omega_2 \varepsilon_{12}^{-} & \cdots & \omega_n \varepsilon_{1n}^{-} \\ \omega_1 \varepsilon_{21}^{-} & \omega_2 \varepsilon_{22}^{-} & \cdots & \omega_n \varepsilon_{2n}^{-} \\ \vdots & \vdots & & \vdots \\ \omega_1 \varepsilon_{m1}^{-} & \omega_2 \varepsilon_{m2}^{-} & \cdots & \omega_n \varepsilon_{mn}^{-} \end{bmatrix} \tag{10.16}$$

5. 关联距离度

在关联矩阵中，第一行代表的是最优参考序列方案和最差参考序列方案，与最优值越接近表明评估结果越好，与最差值越接近表明评估值越差。这里采用欧氏距离作为衡量的标准。在正负关联矩阵中，计算各比较序列方案相对于最优最差参考序列的欧氏距离值：

$$D_i^{\pm} = \sqrt{\sum_{j=1}^{n} \omega_j^2 \left(\varepsilon_{ij}^{\pm} - 1 \right)^2} \tag{10.17}$$

根据上式，就可以得到各比较序列方案对于最优参考序列的灰关联距离值 D_i^+ 和对于最差参考序列的灰关联距离值 D_i^-。D_i^+ 越小，表示比较序列 y_i 与最优参考序列越接近；D_i^- 越小，表示比较序列 y_i 与最差参考序列越接近。显然，对于比较序列 y_i 来说，D_i^+ 越小越好，而 D_i^- 越大越好。我们希望得到的最佳方案是最靠近最优参考序列，同时又最远离最差参考序列。但在实际的评估情况中，往往会出现如图 10.1 所示的情况。

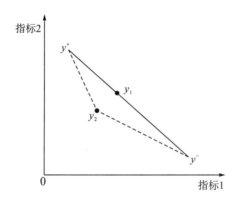

图 10.1　最优参考方案和最差参考方案

图 10.1 描述了具有两个指标的评估问题，y^+ 和 y^- 分别表示最优参考序列方案和最差参考序列方案，图中 y_1 距离最优参考方案 y^+ 要比 y_2 近，但同时距离最差参考方案 y^- 也要比 y_2 近。这里定义一个灰色关联距离度，用它的值来表示方案的优劣程度。

定义 10.1　关联距离度 K_i 综合衡量比较序列方案 y_i 靠近最优参考序列和远离最差参考序列的程度，其表示形式为

$$K_i = \frac{D_i^{+2}}{D_i^{-2} + D_i^{+2}} \tag{10.18}$$

按照灰色关联距离度 K_i 的值从小到大进行排序，就代表了比较序列的优劣次序关系，K_i 值越小，表示这个方案越好。

6. 灰关联距离评估的算法步骤

根据上面分析，课程评估算法可概括如下：

(1) 应用层次分析法，根据专家给出的数据构造判断矩阵，确定各个指标的权重；

(2) 对各个课程评估指标进行量化，得到初始课程评估矩阵；

(3)根据正负理想课程方案，构造理想初始评估矩阵 $\boldsymbol{Y}^{\pm}$；

(4)消除各个指标不同的度量标准，进行无量纲化处理，得到标准化的评估矩阵 $\boldsymbol{P}^{\pm}$；

(5)根据标准化的评估矩阵，计算每门课程的各个评估指标相对于正负理想评估方案的关联系数，构造关联矩阵 $\boldsymbol{E}^{\pm}$；

(6)由指标的权数确定加权关联矩阵；

(7)在关联矩阵中，由式(10.17)计算每门课程相对于正负理想评估方案的距离值；

(8)由式(10.18)计算每门课程的灰色关联距离度；

(9)按照灰色关联距离度由小到大进行排序、分类，对待评估的课程做出评价。

10.3　实例分析

以首都师范大学信息工程学院近期的课程评估为例，随机抽取四门课程。专家的评分都是直接量化的结果，通过平均取值，归一化得到表 10.3 的结果。

表 10.3　四门相关专业课程的评估分值

评估指标	评估对象			
	C_1	C_2	C_3	C_4
课程负责人与主讲教师	0.65	0.76	0.65	0.94
教学队伍结构及整体素质	0.77	0.90	0.78	0.95
教学改革与教学研究	0.80	0.69	0.64	0.84
课程内容	0.87	0.80	0.80	0.91
教学内容组织与安排	0.78	0.78	0.79	0.81
实践教学	0.67	0.59	0.57	0.85
教学设计	0.87	0.79	0.74	0.95
教学方法	0.87	0.84	0.78	0.90
教学手段	0.88	0.86	0.77	0.94
教材及相关资料	0.81	0.85	0.74	0.91
实践教学条件	0.83	0.87	0.76	0.85
网络教学环境	0.92	0.86	0.69	0.95
同行及校内督导组评价	0.86	0.88	0.79	0.93
学生评教	0.78	0.72	0.72	0.84
录像数据评价	0.76	0.76	0.64	0.81

(1)步骤 1：权重确定。根据专家给出的数据构造如下 6 个判断矩阵(表 10.4～表 10.9)，确定了各个指标的权数，并进行了一致性检验。

表 10.4　评估一级指标的两两比较矩阵权重（CR=0.053）

评估指标	B_1	B_2	B_3	B_4	B_5	权重
B_1	1	1/3	1/3	5	3	0.157
B_2	3	1	1/2	9	4	0.311
B_3	3	2	1	9	4	0.410
B_4	1/5	1/9	1/9	1	1/5	0.031
B_5	1/3	1/4	1/4	5	1	0.091

表 10.5　教学队伍的两两比较矩阵权重（CR=0.002）

教学队伍	C_{11}	C_{12}	C_{13}	权重
C_{11}	1	3.5	1	0.444
C_{12}	1/3.5	1	1/3	0.134
C_{13}	1	3	1	0.422

表 10.6　教学内容的两两比较矩阵权重（CR=0.037）

教学内容	C_{21}	C_{22}	C_{23}	权重
C_{21}	1	3	5	0.637
C_{22}	1/3	1	3	0.258
C_{23}	1/5	1/3	1	0.105

表 10.7　教学方法与手段的两两比较矩阵权重（CR=0.052）

教学方法与手段	C_{31}	C_{32}	C_{33}	权重
C_{31}	1	1.5	3	0.475
C_{32}	2/3	1	4	0.399
C_{33}	1/3	1/4	1	0.126

表 10.8　教学条件的两两比较矩阵权重（CR=0.004）

教学条件	C_{41}	C_{42}	C_{43}	权重
C_{41}	1	1/2	1.25	0.258
C_{42}	2	1	3	0.548
C_{43}	0.8	1/3	1	0.194

表 10.9　教学效果的两两比较矩阵权重（CR=0.006）

教学效果	C_{51}	C_{52}	C_{53}	权重
C_{51}	1	1	1.8	0.396
C_{52}	1	1	1.4	0.365
C_{53}	1/1.8	1/1.4	1	0.239

因此，可得出各个指标的综合权重向量为 $\boldsymbol{W} = (0.070, 0.021, 0.066, 0.198, 0.080, 0.033, 0.195, 0.164, 0.052, 0.008, 0.017, 0.006, 0.036, 0.033, 0.021)^{\mathrm{T}}$。

(2) 步骤 2: 根据专家给出的定量的评估成绩, 归一化, 就得到评估的初始矩阵:

$$
Y = \begin{bmatrix}
0.65 & 0.77 & 0.80 & 0.87 & 0.78 & 0.67 & 0.87 & 0.87 & 0.88 & 0.81 & 0.83 & 0.92 & 0.86 & 0.78 & 0.76 \\
0.76 & 0.90 & 0.69 & 0.80 & 0.78 & 0.59 & 0.79 & 0.84 & 0.86 & 0.85 & 0.87 & 0.86 & 0.88 & 0.72 & 0.76 \\
0.65 & 0.78 & 0.64 & 0.80 & 0.79 & 0.57 & 0.74 & 0.78 & 0.77 & 0.74 & 0.76 & 0.69 & 0.79 & 0.72 & 0.64 \\
0.94 & 0.95 & 0.84 & 0.91 & 0.81 & 0.85 & 0.95 & 0.90 & 0.94 & 0.91 & 0.85 & 0.95 & 0.93 & 0.84 & 0.81
\end{bmatrix}
$$

$$(10.19)$$

(3) 步骤 3: 得到正理想初始评估矩阵, 如式(10.20)所示, 负理想初始评估矩阵如式 (10.21)所示。

$$
Y^+ = \begin{bmatrix}
0.94 & 0.95 & 0.84 & 0.91 & 0.81 & 0.85 & 0.95 & 0.90 & 0.94 & 0.91 & 0.87 & 0.95 & 0.93 & 0.84 & 0.81 \\
0.65 & 0.77 & 0.80 & 0.87 & 0.78 & 0.67 & 0.87 & 0.87 & 0.88 & 0.81 & 0.83 & 0.92 & 0.86 & 0.78 & 0.76 \\
0.76 & 0.90 & 0.69 & 0.80 & 0.78 & 0.59 & 0.79 & 0.84 & 0.86 & 0.85 & 0.87 & 0.86 & 0.88 & 0.72 & 0.76 \\
0.65 & 0.78 & 0.64 & 0.80 & 0.79 & 0.57 & 0.74 & 0.78 & 0.77 & 0.74 & 0.76 & 0.69 & 0.79 & 0.72 & 0.64 \\
0.94 & 0.95 & 0.84 & 0.91 & 0.81 & 0.85 & 0.95 & 0.90 & 0.94 & 0.91 & 0.85 & 0.95 & 0.93 & 0.84 & 0.81
\end{bmatrix}
$$

$$(10.20)$$

$$
Y^- = \begin{bmatrix}
0.65 & 0.77 & 0.64 & 0.80 & 0.78 & 0.57 & 0.74 & 0.78 & 0.77 & 0.74 & 0.76 & 0.69 & 0.79 & 0.72 & 0.64 \\
0.65 & 0.77 & 0.80 & 0.87 & 0.78 & 0.67 & 0.87 & 0.87 & 0.88 & 0.81 & 0.83 & 0.92 & 0.86 & 0.78 & 0.76 \\
0.76 & 0.90 & 0.69 & 0.80 & 0.78 & 0.59 & 0.79 & 0.84 & 0.86 & 0.85 & 0.87 & 0.86 & 0.88 & 0.72 & 0.76 \\
0.65 & 0.78 & 0.64 & 0.80 & 0.79 & 0.57 & 0.74 & 0.78 & 0.77 & 0.74 & 0.76 & 0.69 & 0.79 & 0.72 & 0.64 \\
0.94 & 0.95 & 0.84 & 0.91 & 0.81 & 0.85 & 0.95 & 0.90 & 0.94 & 0.91 & 0.85 & 0.95 & 0.93 & 0.84 & 0.81
\end{bmatrix}
$$

$$(10.21)$$

(4) 步骤 4: 对正负理想初始评估矩阵中的不同类型评估指标, 采用不同的标准化方法, 得到正理想评估矩阵 P^+ 和负理想评估矩阵 P^-, 如式(10.22)、式(10.23)所示。

$$
P^+ = \begin{bmatrix}
1.00 & 1.00 & 1.00 & 1.00 & 1.00 & 1.00 & 1.00 & 1.00 & 1.00 & 1.00 & 1.00 & 1.00 & 1.00 & 1.00 & 1.00 \\
0.00 & 0.00 & 0.80 & 0.64 & 0.00 & 0.36 & 0.62 & 0.75 & 0.65 & 0.41 & 0.64 & 0.88 & 0.50 & 0.50 & 0.71 \\
0.38 & 0.72 & 0.25 & 0.00 & 0.00 & 0.07 & 0.24 & 0.50 & 0.53 & 0.65 & 1.00 & 0.65 & 0.64 & 0.00 & 0.71 \\
0.00 & 0.06 & 0.00 & 0.00 & 0.33 & 0.00 & 0.00 & 0.00 & 0.00 & 0.00 & 0.00 & 0.00 & 0.00 & 0.00 & 0.00 \\
1.00 & 1.00 & 1.00 & 1.00 & 1.00 & 1.00 & 1.00 & 1.00 & 1.00 & 0.82 & 1.00 & 1.00 & 1.00 & 1.00 & 1.00
\end{bmatrix}
$$

$$(10.22)$$

$$
P^- = \begin{bmatrix}
1.00 & 1.00 & 1.00 & 1.00 & 1.00 & 1.00 & 1.00 & 1.00 & 1.00 & 1.00 & 1.00 & 1.00 & 1.00 & 1.00 & 1.00 \\
1.00 & 1.00 & 0.20 & 0.36 & 1.00 & 0.64 & 0.38 & 0.25 & 0.35 & 0.59 & 0.36 & 0.12 & 0.50 & 0.50 & 0.29 \\
0.62 & 0.28 & 0.75 & 1.00 & 1.00 & 0.93 & 0.76 & 0.50 & 0.47 & 0.35 & 0.00 & 0.35 & 0.36 & 1.00 & 0.29 \\
1.00 & 0.94 & 1.00 & 1.00 & 0.33 & 1.00 & 1.00 & 1.00 & 1.00 & 1.00 & 1.00 & 1.00 & 1.00 & 1.00 & 1.00 \\
0.00 & 0.00 & 0.00 & 0.00 & 0.00 & 0.00 & 0.00 & 0.00 & 0.00 & 0.18 & 0.00 & 0.00 & 0.00 & 0.00 & 0.00
\end{bmatrix}
$$

$$(10.23)$$

(5) 步骤 5: 在正负理想评估矩阵中, 其最佳、最差课程方案与所有待评估的课程方案差值, $\min\limits_i \min\limits_j \beta_{ij} = 0.00$, $\max\limits_i \max\limits_j \beta_{ij} = 1.00$。

根据式(10.12), 可以得到各个课程方案的关联系数, 形成正理想灰色关联课程评估矩阵 E^+ 和负理想灰色关联课程评估矩阵 E^-, 分别如式(10.24)和式(10.25)所示。

$$E^{+} = \begin{bmatrix} 1.00 & 1.00 & 1.00 & 1.00 & 1.00 & 1.00 & 1.00 & 1.00 & 1.00 & 1.00 & 1.00 & 1.00 & 1.00 & 1.00 & 1.00 \\ 0.33 & 0.33 & 0.71 & 0.58 & 0.33 & 0.44 & 0.57 & 0.67 & 0.59 & 0.46 & 0.58 & 0.81 & 0.50 & 0.50 & 0.63 \\ 0.45 & 0.64 & 0.40 & 0.33 & 0.33 & 0.35 & 0.40 & 0.50 & 0.52 & 0.59 & 1.00 & 0.59 & 0.58 & 0.33 & 0.63 \\ 0.33 & 0.45 & 0.33 & 0.33 & 0.43 & 0.33 & 0.33 & 0.33 & 0.33 & 0.33 & 0.33 & 0.33 & 0.33 & 0.33 & 0.33 \\ 1.00 & 1.00 & 1.00 & 1.00 & 1.00 & 1.00 & 1.00 & 1.00 & 1.00 & 1.00 & 0.74 & 1.00 & 1.00 & 1.00 & 1.00 \end{bmatrix}$$

$$\tag{10.24}$$

$$E^{-} = \begin{bmatrix} 1.00 & 1.00 & 1.00 & 1.00 & 1.00 & 1.00 & 1.00 & 1.00 & 1.00 & 1.00 & 1.00 & 1.00 & 1.00 & 1.00 & 1.00 \\ 1.00 & 1.00 & 0.38 & 0.44 & 1.00 & 0.58 & 0.45 & 0.40 & 0.43 & 0.55 & 0.44 & 0.36 & 0.50 & 0.50 & 0.41 \\ 0.57 & 0.41 & 0.67 & 1.00 & 1.00 & 0.88 & 0.68 & 0.50 & 0.49 & 0.43 & 0.33 & 0.43 & 0.44 & 1.00 & 0.41 \\ 1.00 & 0.89 & 1.00 & 1.00 & 0.43 & 1.00 & 1.00 & 1.00 & 1.00 & 1.00 & 1.00 & 1.00 & 1.00 & 1.00 & 1.00 \\ 0.33 & 0.33 & 0.33 & 0.33 & 0.33 & 0.33 & 0.33 & 0.33 & 0.33 & 0.33 & 0.38 & 0.33 & 0.33 & 0.33 & 0.33 \end{bmatrix}$$

$$\tag{10.25}$$

（6）步骤 6：根据上面的方法，得到各个指标的权值，有 $W = (0.070, 0.021, 0.066, 0.198, 0.080, 0.033, 0.195, 0.164, 0.052, 0.008, 0.017, 0.006, 0.036, 0.033, 0.021)^{\mathrm{T}}$，得到加权的关联矩阵 $E_{w}^{\pm}$。

$$E_{w}^{+} = \begin{bmatrix} 0.070 & 0.021 & 0.066 & 0.198 & 0.080 & 0.033 & 0.195 & 0.164 & 0.052 & 0.008 & 0.017 & 0.006 & 0.036 & 0.033 & 0.021 \\ 0.023 & 0.007 & 0.047 & 0.115 & 0.026 & 0.015 & 0.111 & 0.110 & 0.031 & 0.004 & 0.010 & 0.005 & 0.018 & 0.017 & 0.013 \\ 0.032 & 0.013 & 0.026 & 0.065 & 0.026 & 0.012 & 0.078 & 0.082 & 0.027 & 0.005 & 0.017 & 0.004 & 0.021 & 0.011 & 0.013 \\ 0.023 & 0.009 & 0.022 & 0.065 & 0.034 & 0.011 & 0.064 & 0.054 & 0.017 & 0.003 & 0.006 & 0.002 & 0.012 & 0.011 & 0.007 \\ 0.070 & 0.021 & 0.066 & 0.198 & 0.080 & 0.033 & 0.195 & 0.164 & 0.052 & 0.008 & 0.013 & 0.006 & 0.036 & 0.033 & 0.021 \end{bmatrix}$$

$$E_{w}^{-} = \begin{bmatrix} 0.070 & 0.021 & 0.066 & 0.198 & 0.080 & 0.033 & 0.195 & 0.164 & 0.052 & 0.008 & 0.017 & 0.006 & 0.036 & 0.033 & 0.021 \\ 0.070 & 0.021 & 0.025 & 0.087 & 0.080 & 0.019 & 0.088 & 0.066 & 0.022 & 0.004 & 0.007 & 0.002 & 0.018 & 0.017 & 0.009 \\ 0.040 & 0.009 & 0.044 & 0.198 & 0.080 & 0.029 & 0.133 & 0.082 & 0.025 & 0.003 & 0.006 & 0.003 & 0.016 & 0.033 & 0.009 \\ 0.070 & 0.019 & 0.066 & 0.198 & 0.034 & 0.033 & 0.195 & 0.164 & 0.052 & 0.008 & 0.017 & 0.006 & 0.036 & 0.033 & 0.021 \\ 0.023 & 0.007 & 0.022 & 0.065 & 0.026 & 0.011 & 0.064 & 0.054 & 0.017 & 0.003 & 0.006 & 0.002 & 0.012 & 0.011 & 0.007 \end{bmatrix}$$

（7）步骤 7：在加权的关联矩阵中，根据式（10.17）计算其课程的欧氏距离值，每门课程的距离值：$\left(D_{1}^{+}\right)^{2} = 0.024018$，$\left(D_{2}^{+}\right)^{2} = 0.045978$，$\left(D_{3}^{+}\right)^{2} = 0.056482$，$\left(D_{4}^{+}\right)^{2} = 0.000016$，$\left(D_{1}^{-}\right)^{2} = 0.037007$，$\left(D_{2}^{-}\right)^{2} = 0.01354$，$\left(D_{3}^{-}\right)^{2} = 0.00212$，$\left(D_{4}^{-}\right)^{2} = 0.057334$。

（8）步骤 8：再由式（10.18）得到该课程方案的灰色关联距离度：$K_{1} = 0.394$，$K_{2} = 0.773$，$K_{3} = 0.964$，$K_{4} = 0.0003$。

（9）步骤 9：根据灰色关联距离度的值，对课程方案进行排序，课程评估的结果很明显：由距离度由小到大排列，距离度越小课程评估的结果越好：$C_{4}, C_{1}, C_{2}, C_{3}$。这与选取四门课程的学生评价、同行评价等结果是相符合的，并且更加明显地区分了同类评估结果的课程之间的差异性。该方法是有效的、实用的。

课程评估通过统一标准评估课程建设，对于学校强化师资队伍建设，加强教学基本建设，深化教学改革，提高教学管理水平，建立学校内部质量保证体系，形成自我约束、自我发展的机制，不断提高教学质量和教学效果，实现高校的健康稳定发展具有重大意义。基于层次分析法和理想灰关联距离的课程评估方法，通过首都师范大学信息工程学院近期的课程评估实际案例，验证了该方法的实际有效性。

参 考 文 献

［1］Zhao C N, Zhao Y, Tan X H, et al. Course evaluation method based on analytic hierarchy process［J］. Lecture Notes in Electrical Engineering, 2012, 142: 275-283.

［2］Zhao C N, Li Y S, Luo L M. Application of gray relational analysis for course evaluation［J］. Intelligent Computation Technology and Automation, 2010: 758-761.

第11章　分数阶序列最小优化方法

　　计算机与网络已经融入人们的日常学习、工作和生活之中，成为人们不可或缺的助手和伙伴。计算机与网络的飞速发展完全改变了人们的学习、工作和生活方式。智能化是计算机研究与开发的一个主要目标。为将机器智能化技术向更深的层次拓展，当前学者研究最多的就是经典的机器学习和深度学习。自 2006 年深度学习概念崭露头角以来，经典机器学习的热度大不如前。然而深度学习虽然在一些方面确实要比经典的机器学习效果更佳，但由于其本身的一些特点限制，比如对数据和硬件的依赖、运行的时间较长、特征工程等，目前对于智能化的研究仍需将经典机器学习与深度学习相结合。经典的机器学习包括决策树、聚类、贝叶斯分类、支持向量机、EM 等知识。在支持向量机理论中，当前学者研究最多的是序列最小优化(sequential minimal optimization，SMO)算法。序列最小优化算法，将一个大的问题分解成若干个只有两个变量的子问题，并对子问题进行求解，直到所有变量满足，卡鲁什-库恩-塔克尔(Karush-Kuhn-Tucker，KKT)条件为止。仔细研究其原理之后发现，序列最小优化算法的所有数学推导都是建立在整数阶的基础上，若能将其在分数阶方面进行拓展将会得到更好的结果。

11.1　支持向量机

　　支持向量机(support vector machines，SVM)理论于 1995 年由 AT&T Bell 实验室研究小组的领导人万普尼克(Vapnik)提出，是一种分类技术，因其在解决小样本、非线性及高维模式识别问题中的高效性，一经提出就受到了人们的追捧。但实务中的数据往往规模较大、维度复杂。这时会出现机器运算时间过长、内存消耗过大、精度偏低等问题。为了解决这些问题，许多学者做了大量的研究，并取得了卓越的研究成果。现在支持向量机的功能已经非常强大，其不仅能够解决分类问题，还能够解决回归预测等问题。对于支持向量机的学习，国外的研究相对比较深入，国内则处于起步阶段。这些研究主要集中于块算法、分解算法、序列最小优化算法和增量学习法等。

　　块算法主要是通过迭代方法逐步排除非支持向量机，然而当支持向量机的数目比较多时，随着迭代次数的增多，工作集也会越来越大，算法仍然会十分复杂。

　　分解算法先将训练样本分为工作集 B 和非工作集 N，固定非工作集 N 中的训练样本，然后对工作集 B 中 q 个样本进行训练。分解算法虽然降低了问题的规模，但是训练的样本集主要集中在工作集，算法收敛的速度比较慢。收缩(Shrinking)方法对分解算法进行了改进，知名的 SVM 工具箱 SVMlight 便是以分解算法和 Shrinking 方法为基础而编写的。

　　序列最小优化算法是在分解算法的基础上发展而来的，它将原问题分解成若干个只有两个变量的子问题，求解子问题，直到所有变量满足 KKT 条件为止。序列最小优化算法不仅解决了多样本的解不确定以及机器运算时间比较长的问题，也解决了稀疏矩阵问题。

增量减量学习方法考虑增加或减少一个训练样本对拉格朗日系数和支持向量机的影响。这种学习法虽然降低了机器运算的复杂度，但是也降低了运算结果的精确度。

经过不断的改进，支持向量机目前在实务方面应用广泛，如文本(超文本)分类、图像分类、生物序列分析和生物数据挖掘、手写体识别等。为了简化支持向量机的学习和应用，学者们编写了许多支持向量机的工具箱。其中，比较著名的工具箱有：LIBSVM、mySVM、SVMlight、SVMstruct、LS_SVMlab、Weka 3 等[①]。其中 LIBSVM 更为优秀，它不仅提供了可在 Windows 上执行的文件，同时还设置默认参数、提供了交互检验的功能，最主要的是提供了源代码。

支持向量机是在统计学基础上发展的一种分类技术。它最初被设计成一种二分类模型，随着研究的不断深入和计算机技术的不断发展，支持向量机已经应用在多分类、回归分析和预测等多方面。下面介绍线性可分和非线性可分支持向量机。

11.1.1　线性可分支持向量机

假设给定一个特征空间上的训练数据集为

$$T = \left\{ (\boldsymbol{x}_1, y_1), (\boldsymbol{x}_2, y_2), \cdots, (\boldsymbol{x}_n, y_n) \right\} \tag{11.1}$$

其中，$\boldsymbol{x}_i \in \boldsymbol{X} = \mathbf{R}^n, y_i \in Y = \{+1, -1\}, i = 1, 2, \cdots, n$；$\boldsymbol{x}_i$ 为第 i 个特征向量，也称为实例，y_i 为 $\boldsymbol{x}_i$ 的类标签。当 $y_i = +1$ 时，称为正例；当 $y_i = -1$ 时，称为负例。$(\boldsymbol{x}_i, y_i)$ 称为样本点。超平面函数定义为

$$f(\boldsymbol{x}) = \boldsymbol{w}^{\mathrm{T}} \boldsymbol{x} + b \tag{11.2}$$

其中，$\boldsymbol{w}$ 是法向量；b 为偏移量。

显然，如果 $f(\boldsymbol{x}_i) = 0$，那么 $\boldsymbol{x}_i$ 是位于超平面上的点，为了计算方便，假设所有满足 $f(\boldsymbol{x}_i) < 0$ 的点标签数据 y_i 都等于 -1，而所有 $f(\boldsymbol{x}_i) > 0$ 则对应 $y_i = 1$ 的数据点，即

$$\begin{cases} \text{当} f(\boldsymbol{x}_i) < 0 \text{时，} y_i = -1 \\ \text{当} f(\boldsymbol{x}_i) = 0 \text{时，在平面上} \\ \text{当} f(\boldsymbol{x}_i) > 0 \text{时，} y_i = 1 \end{cases} \tag{11.3}$$

如图 11.1 所示，在平面内有线性可分数据，图中的"○"和"×"分别代表正例和负例。中间的那条线表示将正例和负例数据正确划分。

然而表示能将数据正确划分的超平面(分界线)有很多，为寻找一条超平面的理想分界线，学者们提出了函数间隔和几何间隔两个概念。

1. 函数间隔

支持向量机中最简单的模型是最大间隔分类器，对于给定的数据 T 和超平面 $(\boldsymbol{w}, b)$，超平面 $(\boldsymbol{w}, b)$ 关于样本点 $(\boldsymbol{x}_i, y_i)$ 的函数间隔定义为

---

① LIBSVM、mySVM、SVMlight、SVMstruct、LS_SVMlab、Weka 3 都是支持向量机的工具箱，类似于 MATLAB 中 Simulink 下的框图。

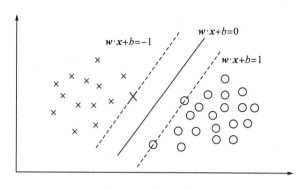

图 11.1　支持向量机

$$\hat{Y}_i = y_i \cdot \left(\boldsymbol{w}^{\mathrm{T}} \boldsymbol{x}_i + b \right) = y_i \cdot f\left(\boldsymbol{x}_i \right) \tag{11.4}$$

超平面 $\left(\boldsymbol{w}, b \right)$ 关于训练数据集 T 的函数间隔为超平面 $\left(\boldsymbol{w}, b \right)$ 关于 T 中所有样本点 $\left(\boldsymbol{x}_i, y_i \right)$ 的函数间隔之最小值，即

$$\hat{Y} = \min_{i=1,2,\cdots,n} \hat{Y}_i \tag{11.5}$$

但如果同时将 $\boldsymbol{w}$ 和 b 变成原来的 2 倍，函数间隔会变成原来的 2 倍，但是超平面没有变化。鉴于这种情况，必须对法向量 $\boldsymbol{w}$ 添加一些约束条件。

2. 几何间隔

对于给定的数据 T 和超平面 $\left(\boldsymbol{w}, b \right)$，超平面 $\left(\boldsymbol{w}, b \right)$ 关于样本点 $\left(\boldsymbol{x}_i, y_i \right)$ 的几何间隔定义为

$$\gamma_i = y_i \cdot \left(\frac{\boldsymbol{w}^{\mathrm{T}} \boldsymbol{x}_i}{\| \boldsymbol{w} \|} + \frac{b}{\| \boldsymbol{w} \|} \right) \tag{11.6}$$

其中，$\| \boldsymbol{w} \|$ 是二范数。

令 $\gamma = \min_{i=1,2,\cdots,n} \gamma_i$，可推导出下面的关系：

$$\gamma_i = \frac{\hat{Y}_i}{\| \boldsymbol{w} \|}, \gamma = \frac{\hat{Y}}{\| \boldsymbol{w} \|} \tag{11.7}$$

此时，即使 $\boldsymbol{w}$ 和 b 变成原来的 2 倍，几何间隔也不会有变化。

3. 最大间隔

如前文所述超平面的个数较多，经过分析可知，几何间隔最大时，便能够得到最理想的超平面。函数间隔 $\hat{Y}$ 等于 1 的时候称为正则超平面，这样做的好处是相当于优化了几何间隔，并最小化权重向量的范数。最大间隔超平面定义为

$$\max_{\boldsymbol{w},b} \gamma, \ \text{s.t.} \ y_i \cdot \left(\frac{\boldsymbol{w}^{\mathrm{T}} \boldsymbol{x}_i}{\| \boldsymbol{w} \|} + \frac{b}{\| \boldsymbol{w} \|} \right) = \frac{f\left(\boldsymbol{x}_i \right)}{\| \boldsymbol{w} \|} \geqslant \gamma \quad (i=1,2,\cdots,n) \tag{11.8}$$

可以得到最优化问题为

$$\max_{\boldsymbol{w},b} \frac{1}{\| \boldsymbol{w} \|}, \ \text{s.t.} \ y_i \left(\boldsymbol{w}^{\mathrm{T}} \boldsymbol{x}_i + b \right) \geqslant 1 \quad (i=1,2,\cdots,n) \tag{11.9}$$

4. 对偶问题

根据对偶理论，因为求 $\dfrac{1}{\|w\|}$ 的最大值相当于求 $\dfrac{1}{2}\|w\|^2$ 的最小值(这里乘以 $\dfrac{1}{2}$ 是为了下面计算的方便)，将最优化问题转化为

$$\min \frac{1}{2}\|w\|^2, \text{ s.t. } y\cdot\left(w^{\mathrm{T}}x_i+b\right)\geqslant 1 \quad (i=1,2,3,\cdots,n) \tag{11.10}$$

于是，最优化问题已经转化成一个凸二次规划问题。为了解决这个凸二次规划问题，引入拉格朗日对偶问题。将目标函数转换成对偶函数后，具有以下优势：

(1)能够自然地引入核函数；

(2)当 x 的维度比较高时，对偶问题往往更容易求解，此时与之对应的 w 的位数也会非常高，分离超平面法向量 w^* 的计算量通常较大，通过对偶问题，只需求出对偶问题的解 α^*，通过 α^* 来计算 b^*、w^*。

(3)目标函数不一定是凸函数，但是经过转换变成对偶问题之后，对偶函数总是凸函数，具有较好的性质。

为此，将拉格朗日乘子 α_i $(\alpha_i\geqslant 0, i=1,2,\cdots,n)$ 代入式(11.10)中的每一个不等式，则拉格朗日函数可定义为

$$\mathcal{L}(w,b,\alpha)=\frac{1}{2}\|w\|^2-\sum_{i=1}^{n}\alpha_i\left[y_i\left(w^{\mathrm{T}}x_i+b\right)-1\right] \tag{11.11}$$

其中，$\alpha=\left(\alpha_1,\alpha_2,\cdots,\alpha_n\right)^{\mathrm{T}}$ 为拉格朗日乘子向量。

然后令

$$\theta(w)=\max_{\alpha_i\geqslant 0}\mathcal{L}(w,b,\alpha)$$

$$\min_{w,b}\theta(w)=\min_{w,b}\max_{\alpha_i\geqslant 0}\mathcal{L}(w,b,\alpha)=p^*$$

$$\max_{\alpha_i\geqslant 0}\min_{w,b}\mathcal{L}(w,b,\alpha)=d^*$$

其中，p^* 表示这个问题的最优值；d^* 表示新问题的最优值且和最初的问题是等价的。由于求解原问题需要求解两个参数，而且又涉及不等式问题，对偶问题能够更加简单直接地求出结果。根据上确界和下确界理论方法，可以得出 “$d^*\leqslant p^*$”。

5. KKT 条件

KKT 条件主要用于求解含有不等式约束条件的凸二次规划问题。拉格朗日乘子法则用来求取含有等式约束优化问题的最优值。拉格朗日乘子法和 KKT 条件是求取有约束条件优化问题的两种重要方法。但是，拉格朗日乘子法和 KKT 条件只是求取优化问题的必要条件，只有在目标函数是凸函数的情况下，才能保证其充分必要性。

根据 “$d^*\leqslant p^*$”，一个线性可分支持向量机的最优化数学模型能够表示为下列标准形式：

$$\min f(x)$$
$$\text{s.t. } g_k(x)\leqslant 0 \quad (k=1,2,\cdots,q)$$

$$h_j(x) = 0 \quad (j = 1, 2, \cdots, p)$$

$$x_i \in X \subset \mathbf{R}^n$$

其中，$f(x)$ 是需要最小化的函数；$g_k(x)$ 是 $\mathbf{R}^n$ 上连续可微的凸函数；$h_j(x)$ 是 $\mathbf{R}^n$ 上的仿射函数；p 和 q 分别为等式约束和不等式约束的数量。

上述线性支持向量机求解分为四个步骤：

第一步：函数 $\mathcal{L}(w,b,\alpha)$ 分别对 w、b 求偏导，令其等于 0，求得 $\min \mathcal{L}(w,b,\alpha)$：

$$\mathcal{L}(w,b,\alpha) = \frac{1}{2}\|w\|^2 - \sum_{i=1}^{n}\alpha_i \left[y_i(w^\mathrm{T}x_i + b) - 1 \right] \tag{11.12}$$

将下列公式代入：

$$\frac{\partial \mathcal{L}}{\partial w} = 0 \Rightarrow w = \sum_{i=1}^{n}\alpha_i y_i x_i$$

$$\frac{\partial \mathcal{L}}{\partial b} = 0 \Rightarrow \sum_{i=1}^{n}\alpha_i y_i = 0$$

得到：

$$\mathcal{L}(w,b,\alpha) = \frac{1}{2}\sum_{i,j=1}^{n}\alpha_i\alpha_j y_i y_j x_i^\mathrm{T}x_j - \sum_{i,j=1}^{n}\alpha_i\alpha_j y_i y_j x_i^\mathrm{T}x_j - b\sum_{i=1}^{n}\alpha_i y_i + \sum_{i=1}^{n}\alpha_i'$$

$$= \sum_{i=1}^{n}\alpha_i - \frac{1}{2}\sum_{i,j=1}^{n}\alpha_i\alpha_j y_i y_j x_i^\mathrm{T}x_j$$

即

$$\min \mathcal{L}(w,b,\alpha) = -\frac{1}{2}\sum_{i,j=1}^{n}\alpha_i\alpha_j y_i y_j x_i^\mathrm{T}x_j + \sum_{i=1}^{n}\alpha_i \tag{11.13}$$

第二步：对 $\min \mathcal{L}(w,b,\alpha)$ 求 α 的极大值，即对偶问题的最优化问题。

$$\max_{\alpha} \sum_{i=1}^{n}\alpha_i - \frac{1}{2}\sum_{i,j=1}^{n}\alpha_i\alpha_j y_i y_j x_i^\mathrm{T}x_j$$

$$\text{s.t. } \alpha_i \geq 0 \quad (i = 1, 2, \cdots, n)$$

$$\sum_{i=1}^{n}\alpha_i y_i = 0$$

将目标函数由求极大值转换成求极小值就得到等价的对偶问题：

$$\min_{\alpha} \frac{1}{2}\sum_{i,j=1}^{n}\alpha_i\alpha_j y_i y_j x_i^\mathrm{T}x_j - \sum_{i=1}^{n}\alpha_i$$

$$\text{s.t. } \alpha_i \geq 0 \quad (i = 1, 2, \cdots, n)$$

$$\sum_{i=1}^{n}\alpha_i y_i = 0$$

求得最优解：$\boldsymbol{\alpha}^* = \left(\alpha_1^*, \alpha_2^*, \cdots, \alpha_n^*\right)^\mathrm{T}$。

第三步：计算法向量 w 和偏移量 b 的最优值。

可以得到法向量最优值 w^* 为

$$\boldsymbol{w}^* = \sum_{i=1}^{n} \alpha_i^* y_i \boldsymbol{x}_i \tag{11.14}$$

并选择 $\boldsymbol{\alpha}^*$ 的一个正分量 $\alpha_j^* > 0$，得出偏移量最优值 b^* 为

$$b^* = y_j - \sum_{i=1}^{n} \alpha_i^* y_i (\boldsymbol{x}_i \cdot \boldsymbol{x}_j) = \frac{\max\limits_{y_i=-1} \boldsymbol{w}^{*\mathrm{T}} \boldsymbol{x}_i + \min\limits_{y_i=1} \boldsymbol{w}^{*\mathrm{T}} \boldsymbol{x}_i}{2}$$

第四步：最终得出分离超平面：

$$\boldsymbol{w}^* \boldsymbol{x}_i + b^* = 0 \tag{11.15}$$

分类决策函数，$f(x) = \mathrm{sign}\left(\boldsymbol{w}^* \boldsymbol{x}_i + b^*\right)$。

11.1.2 线性不可分支持向量机

有些数据使用线性支持向量机可以分类，但多数情况下，数据集会有噪声，这就意味着有些函数间隔会小于 1。针对这个问题，引入松弛变量的概念。

令松弛变量 $\xi_i \geqslant 0$，$i = 1, 2, \cdots, n$，则原来的约束条件变为

$$y_i \left(\boldsymbol{w}^{\mathrm{T}} \boldsymbol{x}_i + b\right) \geqslant 1 - \xi_i \quad (i = 1, 2, \cdots, n) \tag{11.16}$$

此时，目标函数相应变为

$$\min \frac{1}{2} \|\boldsymbol{w}\|^2 - C \sum_{i=1}^{n} \xi_i \tag{11.17}$$

其中，C 为惩罚参数且 $C > 0$，C 的大小根据实际问题确定，C 值大时对误分类惩罚增加，C 值小时对误分类惩罚减小。它的作用是使间隔尽量最大，同时使误差的个数尽量最小。

经过松弛变量和惩罚因子约束过的凸二次规划问题如下：

$$\min \frac{1}{2} \|\boldsymbol{w}\|^2 - C \sum_{i=1}^{n} \xi_i$$
$$\text{s.t. } y_i \left(\boldsymbol{w}^{\mathrm{T}} \boldsymbol{x}_i + b\right) \geqslant 1 - \xi_i \quad (i = 1, 2, \cdots, n) \tag{11.18}$$
$$\xi_i \geqslant 0 \quad (i = 1, 2, \cdots, n)$$

类似于线性可分的支持向量机，推导线性不可分支持向量机。令

$$\mathcal{L}(w, b, \xi, \alpha, r) = \frac{1}{2} \|\boldsymbol{w}\|^2 + C \sum_{i=1}^{n} \xi_i - \sum_{i=1}^{n} \alpha_i \left[y_i \left(\boldsymbol{w}^{\mathrm{T}} \boldsymbol{x}_i + b\right) - 1 + \xi_i \right] - \sum_{i=1}^{n} \xi_i r_i \tag{11.19}$$

其中，$\alpha_i \geqslant 0, r_i \geqslant 0$。

$\mathcal{L}(w, b, \xi, \alpha, r)$ 对 $\boldsymbol{w}$、b、ξ 求极小值，则

$$\frac{\partial \mathcal{L}(w, b, \xi, \alpha, r)}{\partial \boldsymbol{w}} = 0 \Rightarrow w = \sum_{i=1}^{n} \alpha_i y_i \boldsymbol{x}_i$$

$$\frac{\partial \mathcal{L}(w, b, \xi, \alpha, r)}{\partial b} = 0 \Rightarrow \sum_{i=1}^{n} \alpha_i y_i = 0 \tag{11.20}$$

$$\frac{\partial \mathcal{L}(w, b, \xi, \alpha, r)}{\partial \xi} = 0 \Rightarrow C - \alpha_i - r_i = 0 \quad (i = 1, 2, \cdots, n)$$

将这三个公式代入目标函数式(11.17)，化简得到：

$$\max_{\alpha} \sum_{i=1}^{n} \alpha_i - \frac{1}{2} \sum_{i,j=1}^{n} \alpha_i \alpha_j y_i y_j \boldsymbol{x}_i^{\mathrm{T}} \boldsymbol{x}_j \tag{11.21}$$

于是，最后原问题变为

$$\min_{\alpha} \frac{1}{2} \sum_{i,j=1}^{n} \alpha_i \alpha_j y_i y_j \boldsymbol{x}_i^{\mathrm{T}} \boldsymbol{x}_j - \sum_{i=1}^{n} \alpha_i$$

$$\text{s.t. } 0 \leqslant \alpha_i \leqslant C \quad (i=1,2,\cdots,n) \tag{11.22}$$

$$\sum_{i=1}^{n} \alpha_i y_i = 0$$

11.1.3　非线性支持向量机与核函数

对于线性可分问题，使用线性支持向量机是十分高效的。但实务中遇到的问题往往是非线性的，这时使用线性支持向量机难以得到期望的结果，核函数的出现解决了此类问题。

核技巧的基本思想是通过非线性变换将输入空间对应于特征空间，使得在输入空间 $\mathbf{R}^n$ 中的超曲平面模型对应于特征空间 $\mathcal{H}$ 中的超平面模型(支持向量机)。此时，只需要将特征空间上的数据分开，就可以完成分类。

假设所求数据集如图 11.2 所示。容易看到数据集难以分开。但是通过映射到特征空间之后，便可以将数据集分开。

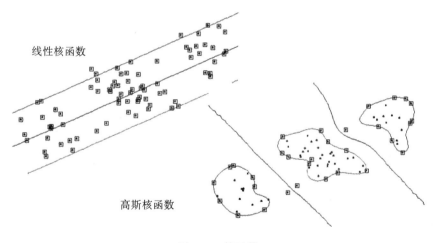

图 11.2　核函数

下面给出核函数的定义：

设 $\mathcal{X}$ 是输入空间(欧氏空间 $\mathbf{R}^n$ 或离散集合)，$\mathcal{H}$ 为特征空间(希尔伯特空间)，如果存在一个从 $\mathcal{X}$ 到 $\mathcal{H}$ 的映射 $\phi(x):\mathcal{X}\to\mathcal{H}$，使得对所有 $x,z\in\mathcal{X}$，函数 $K(x,z)$ 满足条件 $K(x,z)=\phi(x)\cdot\phi(z)$，则称 $K(x,z)$ 为核函数，$\phi(x)$ 为映射函数，式中 $\phi(x)\cdot\phi(z)$ 为 $\phi(x)$ 和 $\phi(z)$ 的内积。

常用的核函数有以下几种：

(1) 多项式核函数：$K(x_1, x_2) = (\langle x_1, x_2 \rangle + \mathbf{R})^d$；

(2) 高斯核函数：$K(x_1, x_2) = \exp\left(-\dfrac{\|x_1 - x_2\|^2}{2\sigma^2}\right)$；

(3) 线性核函数：$K(x_1, x_2) = \langle x_1, x_2 \rangle$；

(4) Sigmoid 核函数：$K(x_1, x_2) = \tanh\left[v(x_1, x_2) + c\right]$。

11.2　序列最小优化算法

序列最小优先(SMO)算法是一种启发式算法，在所有变量都满足 KKT 条件下，在拉格朗日乘子 $\alpha_i = \{\alpha_1, \alpha_2, \alpha_3, \cdots, \alpha_n\}$ 中随机选取两个乘子 α_1 和 α_2（不失一般性，假定是 α_1、α_2），然后固定 α_1、α_2 以外的其他乘子 α_3、α_4、α_5、$\cdots$、α_n，使得目标函数只是关于 α_1 和 α_2 的函数。这里需要选择两个乘子，一是因为 α 的约束条件决定了其与标签乘积的累加等于 0，因此必须一次同时优化两个，否则就会破坏约束条件；二是因为所有的拉格朗日乘子变化会导致运算时间过长和内存占用过大。所以，从拉格朗日乘子 α_i 中随机选取两个，然后不断地分解子问题，最终求得目标值。对于 α_1 和 α_2 的选取，首先选取违反 KKT 条件最严重的一个乘子，另外一个则根据约束条件进行选取。具体流程如图 11.3 所示。

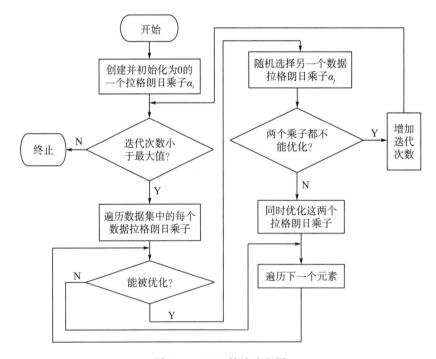

图 11.3　SMO 算法流程图

经过对偶变化目标函数简化为

$$\min_{\alpha} \psi(\alpha) = \min_{\alpha} \frac{1}{2} \sum_{i,j=1}^{n} \alpha_i \alpha_j y_i y_j K(x_i, x_j) - \sum_{i=1}^{n} \alpha_i$$

$$\text{s.t. } \sum_{i=1}^{n} \alpha_i y_i = 0 \tag{11.23}$$

$$0 \leqslant \alpha_i \leqslant C, i = 1, 2, \cdots, n$$

将凸二次规划问题目标函数表达为

$$\psi = \frac{1}{2} K_{11} \alpha_1^2 + \frac{1}{2} K_{22} \alpha_2^2 + s K_{12} \alpha_1 \alpha_2 + y_1 \alpha_1 v_1 + y_2 \alpha_2 v_2 - \alpha_1 - \alpha_2 + \Psi_{\text{constant}}$$

$$\text{s.t. } \alpha_1 y_1 + \alpha_2 y_2 = -\sum_{i=3}^{n} \alpha_i y_i = \zeta \tag{11.24}$$

$$0 \leqslant \alpha_i \leqslant C, i = 1, 2$$

其中，ζ 是常数。

$$s = y_1 y_2$$

$$K_{i,j} = K \langle x_i, x_j \rangle \quad (i, j = 1, 2, \cdots, n) \tag{11.25}$$

$$v_i = \sum_{j=3}^{n} y_i \alpha_j^{\text{old}} K_{ij} = f(x_i) - b^{\text{old}} - y_1 \alpha_1^{\text{old}} K_{1i} - y_2 \alpha_2^{\text{old}} K_{2i}$$

其中，α^{old} 表示未更新之前的值。

为了求解凸二次规划问题，首先要对约束条件进行分析，在约束条件下求解凸二次规划问题的极小值。

通过上述分析可以看出，为了不违反线性约束 $\sum_{i=1}^{n} \alpha_i y_i = 0$，乘子 α_i 的新值必须在同一条直线上。记更新前的拉格朗日乘子为 α_1^{old}、α_2^{old}，更新之后的拉格朗日乘子为 α_1^{new}、α_2^{new}，则：

$$\alpha_1^{\text{new}} y_1 + \alpha_2^{\text{new}} y_2 = \alpha_1^{\text{old}} y_1 + \alpha_2^{\text{old}} y_2 = \zeta \tag{11.26}$$

其中，ζ 是常数。

这条线在 (α_1, α_2) 的空间，并且在 $0 \leqslant \alpha_1, \alpha_2 \leqslant C$ 的盒子约束中。约束目标函数到一条直线上所得到的一维问题有解析解。

两个因子难以同时求解，所以可先求第二个乘子 α_2 的解 α_2^{new}，再用 α_2 的解 α_2^{new} 表示 α_1 的解 α_1^{new}。

盒子约束 $0 \leqslant \alpha_1, \alpha_2 \leqslant C$ 和线性约束为 α_2^{new} 的可行值提供了一个更严格的约束。

令 $L \leqslant \alpha_2^{\text{new}} \leqslant H$，其中 L 是下边界，H 是上边界。

如果 $y_1 \neq y_2$，则：

$$\begin{cases} L = \max(0, \alpha_2^{\text{old}} - \alpha_1^{\text{old}}) \\ H = \min(C, \alpha_2^{\text{old}} - \alpha_1^{\text{old}} + C) \end{cases} \tag{11.27}$$

如果 $y_1 = y_2$，则：

$$\begin{cases} L = \max\left(0, \alpha_2^{\text{old}} + \alpha_1^{\text{old}} - C\right) \\ H = \min\left(C, \alpha_2^{\text{old}} + \alpha_1^{\text{old}}\right) \end{cases} \tag{11.28}$$

为了更容易理解，E_i 使用预测值 $f(x_i)$ 与真实值 y_i 之间的差值。令

$$E_i = f(x_i) - y_i = \left(\sum_{j=1}^{n} \alpha_j y_j K(x_j, x_i) + b\right) - y_i \quad (i = 1, 2) \tag{11.29}$$

在式 (11.26) 两边分别乘以 y_1，则可以得到：

$$\alpha_1^{\text{new}} + s\alpha_2^{\text{new}} = 常数 = \alpha_1^{\text{old}} + s\alpha_2^{\text{old}} = \omega \tag{11.30}$$

其中，ω 表示除 α_1、α_2 以外其他所有拉格朗日乘子乘以 y_1 的和，$\omega = -y_1 \sum_{i=3}^{n} y_i \alpha_i^{\text{old}}$。

因此 α_1 可以用 α_2 表示，$\alpha_1^{\text{new}} = \omega - s\alpha_2^{\text{new}}$，从而把子问题的目标函数转换为只含 α_2 的问题：

$$\begin{aligned} \psi &= \frac{1}{2} K_{11}(\alpha_1^{\text{new}})^2 + \frac{1}{2} K_{22}(\alpha_2^{\text{new}})^2 + s K_{12} \alpha_1^{\text{new}} \alpha_2^{\text{new}} + y_1 \alpha_1^{\text{new}} v_1 + y_2 \alpha_2^{\text{new}} v_2 \\ &\quad - \alpha_1^{\text{new}} - \alpha_2^{\text{new}} + \psi_{\text{constant}} \\ &= \frac{1}{2} K_{11}(\omega - s\alpha_2^{\text{new}})^2 + \frac{1}{2} K_{22}(\alpha_2^{\text{new}})^2 + s K_{12}(\omega - s\alpha_2^{\text{new}}) \alpha_2^{\text{new}} \\ &\quad + y_1(\omega - s\alpha_2^{\text{new}}) v_1 + y_2 \alpha_2^{\text{new}} v_2 - (\omega - s\alpha_2^{\text{new}}) - \alpha_2^{\text{new}} + \psi_{\text{constant}} \end{aligned} \tag{11.31}$$

上式对 α_2^{new} 求偏导，得

$$\begin{aligned} \frac{\mathrm{d}\psi}{\mathrm{d}\alpha_2^{\text{new}}} &= -s K_{11}(\omega - s\alpha_2^{\text{new}}) + K_{22} \alpha_2^{\text{new}} - K_{12} \alpha_2^{\text{new}} + s K_{12}(\omega - s\alpha_2) - y_2 v_1 + s + y_2 v_2 - 1 \\ &= -s K_{11} \omega + s K_{11} s \alpha_2^{\text{new}} + K_{22} \alpha_2^{\text{new}} - K_{12} \alpha_2^{\text{new}} + s K_{12} \omega - s K_{12} s \alpha_2^{\text{new}} - y_2 v_1 + s + y_2 v_2 - 1 \\ &= (K_{11} + K_{22} - 2K_{12}) \alpha_2^{\text{new}} - s(K_{11} - K_{12}) \omega - y_2(v_1 - v_2) - 1 + s = 0 \end{aligned} \tag{11.32}$$

化简为

$$\alpha_2^{\text{new}}(K_{11} + K_{22} - 2K_{12}) = s(K_{11} - K_{12})\omega + y_2(v_1 - v_2) + 1 - s \tag{11.33}$$

由此可得

$$\begin{aligned} & s(K_{11} - K_{12})\omega + y_2(v_1 - v_2) + 1 - s \\ &= y_1 y_2(K_{11} - K_{12})(\alpha_1^{\text{old}} + s\alpha_2^{\text{old}}) + y_2 \left\{\left[f(x_1) - b^{\text{old}} - y_1 \alpha_1^{\text{old}} K_{11} - y_2 \alpha_2^{\text{old}} K_{21}\right]\right. \\ &\quad \left. - \left[f(x_2) - b^{\text{old}} - y_1 \alpha_1^{\text{old}} K_{12} - y_2 \alpha_2^{\text{old}} K_{22}\right]\right\} + 1 - y_1 y_2 \\ &= y_2\left(K_{11}\alpha_2^{\text{old}} y_2 + K_{22}\alpha_2^{\text{old}} y_2 - 2K_{12}\alpha_2^{\text{old}} y_2\right) + y_2\left[f(x_1) - f(x_2) - y_1 + y_2\right] \\ &= \alpha_2^{\text{old}}(K_{11} + K_{22} - 2K_{12}) + y_2\left[f(x_1) - f(x_2) - y_1 + y_2\right] \end{aligned} \tag{11.34}$$

令 $\eta = K_{11} + K_{22} - 2K_{12}$，在上式两边同时除以 η，得到关于单变量 α_2 的解为

$$\alpha_2^{\text{new,unc}} = \alpha_2^{\text{old}} + \frac{y_2(E_1 - E_2)}{\eta} \tag{11.35}$$

由 $\alpha_2^{\text{new,unc}}$ 求 α_2^{new} 的计算公式为

$$\alpha_2^{\mathrm{new}} = \begin{cases} H, & \alpha_2^{\mathrm{new,unc}} > H \\ \alpha_2^{\mathrm{new,unc}}, & L \leqslant \alpha_2^{\mathrm{new,unc}} \leqslant H \\ L, & \alpha_2^{\mathrm{new,unc}} < L \end{cases} \tag{11.36}$$

由式 (11.30) 可知：

$$\alpha_1^{\mathrm{new}} = \alpha_1^{\mathrm{old}} + y_1 y_2 \left(\alpha_2^{\mathrm{old}} - \alpha_2^{\mathrm{new}} \right) \tag{11.37}$$

下面更新超平面的偏移量 b，根据 KKT 条件知道，当 $0 < \alpha_i < C$ 时，$\left(\boldsymbol{w}^{\mathrm{T}} \boldsymbol{x}_i + b \right) y_i = 1$ 成立，所以当 $0 < \alpha_i < C$ 时，$\left(\boldsymbol{w}^{\mathrm{T}} \boldsymbol{x}_1 + b \right) = y_1$ 成立，可得

$$\sum_{i=1}^{n} \alpha_i y_i K_{i1} + b = y_1 \tag{11.38}$$

将 $f(x) = \boldsymbol{w}^{\mathrm{T}} \boldsymbol{x} + b$ 代入上式得

$$\begin{aligned} b_1^{\mathrm{new}} &= y_1 - \sum_{i=3}^{n} \alpha_i^{\mathrm{new}} y_i K_{i1} - \alpha_1^{\mathrm{new}} y_1 K_{11} - \alpha_2^{\mathrm{new}} y_2 K_{21} \\ &= y_1 - f(x_1) + b^{\mathrm{old}} + \alpha_1^{\mathrm{old}} y_1 K_{11} + \alpha_2^{\mathrm{old}} y_2 K_{21} - \alpha_1^{\mathrm{new}} y_1 K_{11} - \alpha_2^{\mathrm{new}} y_2 K_{21} \\ &= b^{\mathrm{old}} - E_1 - y_1 \left(\alpha_1^{\mathrm{new}} - \alpha_1^{\mathrm{old}} \right) K_{11} - y_2 \left(\alpha_2^{\mathrm{new}} - \alpha_2^{\mathrm{old}} \right) K_{12} \end{aligned} \tag{11.39}$$

所以可以计算出：

$$b_1^{\mathrm{new}} = b^{\mathrm{old}} - E_1 - y_1 \left(\alpha_1^{\mathrm{new}} - \alpha_1^{\mathrm{old}} \right) K_{11} - y_2 \left(\alpha_2^{\mathrm{new}} - \alpha_2^{\mathrm{old}} \right) K_{12} \tag{11.40}$$

同理可得

$$b_2^{\mathrm{new}} = b^{\mathrm{old}} - E_2 - y_1 \left(\alpha_1^{\mathrm{new}} - \alpha_1^{\mathrm{old}} \right) K_{12} - y_2 \left(\alpha_2^{\mathrm{new}} - \alpha_2^{\mathrm{old}} \right) K_{22} \tag{11.41}$$

根据上面公式的运算结果，可以得到目标函数的最优解 $\boldsymbol{\alpha}^*$，再根据 $\boldsymbol{\alpha}^*$ 的值可以推出最优值 b^*、$\boldsymbol{w}^*$，从而确定超平面和决策函数。

11.3　序列最小优化算法的分数阶拓展

整数阶 SMO 算法进行分数阶拓展的主要思路如下：首先，对整数阶 SMO 算法进行展开，从展开式中发现含有 α_2^{new} 和 $\left(\alpha_2^{\mathrm{new}} \right)^2$ 两项；其次，根据分数阶微积分的定义，分别对 α_2^{new} 和 $\left(\alpha_2^{\mathrm{new}} \right)^2$ 项求分数阶导数；最后，将分数阶求导结果代入展开式中化简，求得分数阶判别函数。

在求 x 的分数阶导数之前，先求 x 的整数阶的导数。令 x 的阶次为 p，即对 x^p 求导：

$$\begin{aligned} D^0 x^p &= x^p \\ D^1 x^p &= p x^{p-1} \\ D^2 x^p &= p(p-1) x^{p-2} \end{aligned} \tag{11.42}$$

$$\cdots$$

$$D^n x^p = p(p-1)(p-2)(p-n+1) x^{p-n}$$

由阶乘的定义 $p! = p(p-1)(p-2)(p-n+1)(p-n)(p-n-1)\cdots 1$，可将上式简化为

$$D^n x^p = \frac{p(p-1)(p-2)(p-n+1)(p-n)(p-n-1)\cdots 1}{(p-n)(p-n-1)\cdots 1} x^{p-n} = \frac{p!}{(p-n)!} x^{p-n} \tag{11.43}$$

上式为 x 的整数阶导数表达式。将整数 n 替换为任意数 μ，同时 x^p 中的 p 也定义为任意数，令 $z = \mu$，则伽马函数的积分形式可以表示为

$$\Gamma(z) = \int_0^{+\infty} e^{-t} t^{z-1} dt \tag{11.44}$$

它的极限形式可以表示为

$$\Gamma(z) = \lim_{n \to \infty} \frac{n! n^z}{z(z+1) \cdots (z+n)} \tag{11.45}$$

经上述转换后，可以重新对式 (11.43) 进行表示。对于任意的 μ 和非自然数 p，x^p 的 μ 阶导为

$$D^\mu x^p = \frac{\Gamma(p+1)}{\Gamma(p-\mu+1)} x^{p-\mu} \tag{11.46}$$

将式 (11.45) 代入式 (11.46) 中，做如下变形，可得

$$
\begin{aligned}
D^\mu x^p &= \frac{\Gamma(p+1)}{\Gamma(p-\mu+1)} x^{p-\mu} \\
&= \frac{\displaystyle\lim_{n \to \infty} \frac{n! n^{p+1}}{(p+1)(p+1+1) \cdots (p+1+n)}}{\displaystyle\lim_{n \to \infty} \frac{n! n^{p-n+1}}{(p-\mu+1)(p-\mu+1+1) \cdots (p-\mu+1+n)}} x^{p-\mu} \\
&= \lim_{n \to \infty} \frac{n! n^{p+1} (p-\mu+1)(p-\mu+1+1) \cdots (p-\mu+1+n)}{n! n^{p-\mu+1} (p+1)(p+1+1) \cdots (p+1+n)} x^{p-\mu} \\
&= \lim_{n \to \infty} \frac{n^{p+1} (p-\mu+1)(p-\mu+1+1) \cdots (p-\mu+1+n)}{n^{p-\mu+1} (p+1)(p+1+1) \cdots (p+1+n)} x^{p-\mu}
\end{aligned}
\tag{11.47}
$$

于是，有

$$D^\mu x^2 = \lim_{n \to \infty} \frac{n^3 (3-\mu)(4-\mu) \cdots (3-\mu+n)}{n^{3-\mu} \cdot 3 \cdot 4 \cdots (3+n)} x^{2-\mu} \tag{11.48}$$

$$D^\mu x = \lim_{n \to \infty} \frac{n^2 (2-\mu)(3-\mu) \cdots (2-\mu+n)}{n^{2-\mu} \cdot 2 \cdot 3 \cdots (2+n)} x^{1-\mu} \tag{11.49}$$

下面对分数阶 SMO 算法进行证明，证明方法类似于整数阶的证明方式。通过整数阶 SMO 算法的介绍，可知不管是线性可分支持向量机，还是线性不可分支持向量机，经过化简最终要求解的目标函数最优值和约束条件都可表述为

$$
\begin{aligned}
\min_\alpha \psi(\alpha) &= \min_\alpha \frac{1}{2} \sum_{i,j=1}^n \alpha_i \alpha_j y_i y_j K(x_i, x_j) - \sum_{i=1}^n \alpha_i \\
&\text{s.t.} \ \sum_{i=1}^n \alpha_i y_i = 0 \\
&0 \leqslant \alpha_i \leqslant C, i = 1, 2, \cdots, n
\end{aligned}
\tag{11.50}
$$

将目标函数最优值和约束条件化为

$$\psi = \frac{1}{2} K_{11} \alpha_1^2 + \frac{1}{2} K_{22} \alpha_2^2 + s K_{12} \alpha_1 \alpha_2 + y_1 \alpha_1 v_1 + y_2 \alpha_2 v_2 - \alpha_1 - \alpha_2 + \psi_{\text{constant}}$$

$$\text{s.t.}\quad \alpha_1 y_1 + \alpha_2 y_2 = -\sum_{i=3}^{n} \alpha_i y_i = \zeta \tag{11.51}$$

$$0 \leqslant \alpha_i \leqslant C, i = 1,2$$

其中，ζ 是常数；$s = y_1 y_2$；$K_{i,j} = K\langle x_i, x_j \rangle$，$i,j = 1,2,\cdots,n$；$v_i = \sum_{j=3}^{n} y_i \alpha_j^{\text{old}} K_{ij} = f(x_i) - b^{\text{old}} - y_1 \alpha_1^{\text{old}} K_{1i} - y_2 \alpha_2^{\text{old}} K_{2i}$，$\alpha_1^{\text{old}}$、$\alpha_2^{\text{old}}$ 表示更新之前的拉格朗日乘子，α_1^{new}、α_2^{new} 表示更新之后的拉格朗日乘子。

由于分数阶 SMO 算法是在整数阶的基础上建立起来的，所以其约束条件与整数阶相同，即：

当 $y_1 \neq y_2$ 时有

$$\begin{cases} L = \max\left(0, \alpha_2^{\text{old}} - \alpha_1^{\text{old}}\right) \\ H = \min\left(C, \alpha_2^{\text{old}} - \alpha_1^{\text{old}} + C\right) \end{cases} \tag{11.52}$$

当 $y_1 = y_2$ 时有

$$\begin{cases} L = \max\left(0, \alpha_2^{\text{old}} + \alpha_1^{\text{old}} - C\right) \\ H = \min\left(C, \alpha_2^{\text{old}} + \alpha_1^{\text{old}}\right) \end{cases} \tag{11.53}$$

为了下面证明，同样令预测值与真实值之间的误差为 E_i：

$$E_i = f(x_i) - y_i = \left[\sum_{j=1}^{n} \alpha_j y_j K(x_j, x_i) + b\right] - y_i \quad (i = 1,2) \tag{11.54}$$

在 $\alpha_1^{\text{new}} y_1 + \alpha_2^{\text{new}} y_2 = \alpha_1^{\text{old}} y_1 + \alpha_2^{\text{old}} y_2$ 两边分别乘以 y_1，则可以得到：

$$\alpha_1^{\text{new}} + s\alpha_2^{\text{new}} = 常数 = \alpha_1^{\text{old}} + s\alpha_2^{\text{old}} = \omega \tag{11.55}$$

其中，$\omega = -y_1 \sum_{i=3}^{n} y_i \alpha_i^{\text{old}}$。

因此，α_1 可以用 α_2 表示，$\alpha_1^{\text{new}} = \omega - s\alpha_2^{\text{new}}$，从而把子问题的目标函数转换为只含 α_2 的问题。此时，目标函数为

$$\begin{aligned}
\psi &= \frac{1}{2} K_{11} (\alpha_1^{\text{new}})^2 + \frac{1}{2} K_{22} (\alpha_2^{\text{new}})^2 + sK_{12} \alpha_1^{\text{new}} \alpha_2^{\text{new}} + y_1 \alpha_1^{\text{new}} v_1 + y_2 \alpha_2^{\text{new}} v_2 - \alpha_1^{\text{new}} - \alpha_2^{\text{new}} + \psi_{\text{constant}} \\
&= \frac{1}{2} K_{11} \left(\omega - s\alpha_2^{\text{new}}\right)^2 + \frac{1}{2} K_{22} (\alpha_2^{\text{new}})^2 + sK_{12} \left(\omega - s\alpha_2^{\text{new}}\right) \alpha_2^{\text{new}} + y_1 \left(\omega - s\alpha_2^{\text{new}}\right) v_1 + y_2 \alpha_2^{\text{new}} v_2 \\
&\quad - \left(\omega - s\alpha_2^{\text{new}}\right) - \alpha_2^{\text{new}} + \psi_{\text{constant}} \\
&= \frac{1}{2} K_{11} \left[\omega^2 - 2\omega s\alpha_2^{\text{new}} + (s\alpha_2^{\text{new}})^2\right] + \frac{1}{2} K_{22} (\alpha_2^{\text{new}})^2 + sK_{12} \omega \alpha_2^{\text{new}} - s^2 K_{12} \left(\alpha_2^{\text{new}}\right)^2 + y_1 \omega v_1 \\
&\quad - y_1 s\alpha_2^{\text{new}} v_1 + y_2 \alpha_2^{\text{new}} v_2 - \omega + s\alpha_2^{\text{new}} - \alpha_2^{\text{new}} + \psi_{\text{constant}} \\
&= \left(\frac{1}{2} K_{11} s^2 + \frac{1}{2} K_{22} - s^2 K_{12}\right) \left(\alpha_2^{\text{new}}\right)^2 - \left(1 - sK_{12}\omega + \omega sK_{11} + y_1 sv_1 - y_2 v_2 - s\right) \alpha_2^{\text{new}} + \frac{1}{2} K_{11} \omega^2 \\
&\quad + y_1 \omega v_1 - \omega + \psi_{\text{constant}}
\end{aligned} \tag{11.56}$$

因为 $s = y_1 y_2$ 且 $y_i = \pm 1$，所以 $s^2 = 1$，并且由于对偶性 $K_{12} = K_{21}$，所以

$$\left(\frac{1}{2}K_{11}s^2+\frac{1}{2}K_{22}-s^2K_{12}\right)\left(\alpha_2^{\text{new}}\right)^2=\frac{1}{2}\left(K_{11}-2K_{12}+K_{22}\right)\left(\alpha_2^{\text{new}}\right)^2 \tag{11.57}$$

根据 $v_i=\sum_{j=3}^{n}y_i\alpha_j^{\text{old}}K_{ij}=f(x_i)-b^{\text{old}}-y_1\alpha_1^{\text{old}}K_{1i}-y_2\alpha_2^{\text{old}}K_{2i}$，$\alpha_1^{\text{old}}+s\alpha_2^{\text{old}}=\omega$，$E_i=f(x_i)-y_i=$

$\left[\sum_{j=1}^{n}\alpha_j y_j K(x_j,x_i)+b\right]-y_i$，$i=1,2$，目标函数可以化简为

$$\left(1-sK_{12}\omega+\omega sK_{11}+y_1sv_1-y_2v_2-s\right)\alpha_2^{\text{new}}$$
$$=\left\{1-y_1y_2-K_{12}y_1\left(y_1\alpha_1^{\text{old}}+y_2\alpha_2^{\text{old}}\right)y_1y_2+K_{11}y_1\left(y_1\alpha_1^{\text{old}}+y_2\alpha_2^{\text{old}}\right)y_1y_2+y_1^2y_2\left[f(x_1)-b^{\text{old}}\right.\right.$$
$$\left.-y_1\alpha_1^{\text{old}}K_{11}-y_2\alpha_2^{\text{old}}K_{21}\right]-y_2\left[f(x_2)-b^{\text{old}}-y_1\alpha_1^{\text{old}}K_{12}-y_2\alpha_2^{\text{old}}K_{22}\right]\Big\}\alpha_2^{\text{new}} \tag{11.58}$$
$$=\left(1-y_1y_2-K_{12}\alpha_2^{\text{old}}+K_{11}\alpha_2^{\text{old}}+y_2f(x_1)-\alpha_2^{\text{old}}K_{21}-y_2f(x_2)+\alpha_2^{\text{old}}K_{22}\right)\alpha_2^{\text{new}}$$
$$=\left\{\left(K_{11}-2K_{12}+K_{22}\right)\alpha_2^{\text{old}}+y_2\left[f(x_1)-y_1+y_2-f(x_2)\right]\right\}\alpha_2^{\text{new}}$$

将上面公式代入，则得到目标函数为

$$\psi=\frac{1}{2}\left(K_{11}-2K_{12}+K_{22}\right)\left(\alpha_2^{\text{new}}\right)^2-\left\{\left(K_{11}-2K_{12}+K_{22}\right)\alpha_2^{\text{old}}\right.$$
$$\left.+y_2\left[f(x_1)-y_1+y_2-f(x_2)\right]\right\}\alpha_2^{\text{new}}+\frac{1}{2}K_{11}\omega^2+y_1\omega v_1-\omega+\psi_{\text{constant}} \tag{11.59}$$

下面对上式目标函数求 α_2^{new} 的 $\mu\ (\mu>0)$ 阶偏导数，得

$$D^\mu\psi(\alpha_2)=\frac{1}{2}\left(K_{11}-2K_{12}+K_{22}\right)\frac{\Gamma(2+1)}{\Gamma(2-\mu+1)}\left(\alpha_2^{\text{new}}\right)^{2-\mu}-\left\{\left(K_{11}-2K_{12}+K_{22}\right)\alpha_2^{\text{old}}+y_2\right.$$
$$\left[f(x_1)-y_1+y_2-f(x_2)\right]\Big\}\frac{\Gamma(1+1)}{\Gamma(1-\mu+1)}\left(\alpha_2^{\text{new}}\right)^{1-\mu}=0 \tag{11.60}$$

由式(11.48)和式(11.49)可知：

$$D^\mu\psi(\alpha_2)=\frac{1}{2}\left(K_{11}-2K_{12}+K_{22}\right)\lim_{n\to\infty}\frac{n^3(3-\mu)(4-\mu)\cdots(3-\mu+n)}{n^{3-\mu}\cdot3\cdot4\cdots(3+n)}\left(\alpha_2^{\text{new}}\right)^{2-\mu}\left\{\left(K_{11}-2K_{12}+K_{22}\right)\right.$$
$$\left.-\alpha_2^{\text{old}}+y_2\left[f(x_1)-y_1+y_2-f(x_2)\right]\right\}\lim_{n\to\infty}\frac{n^2(2-\mu)(3-\mu)\cdots(2-\mu+n)}{n^{2-\mu}\cdot2\cdot3\cdots(2+n)}\left(\alpha_2^{\text{new}}\right)^{1-\mu} \tag{11.61}$$

同样，令 $\eta=K_{11}+K_{22}-2K_{12}$，根据式(11.54)对上式化简，得

$$\left(\alpha_2^{\text{new}}\right)^{2-\mu}=\lim_{n\to\infty}\frac{n^2(2-\mu)(3-\mu)\cdots(2-\mu+n)n^{3-\mu}\cdot3\cdot4\cdots(3+n)}{n^{2-\mu}\cdot2\cdot3\cdots(2+n)n^3(3-\mu)(4-\mu)\cdots(3-\mu+n)}\left[2\alpha_2^{\text{old}}-\frac{2y_2(E_1-E_2)}{\eta}\right]\left(\alpha_2^{\text{new}}\right)^{1-\mu}$$
$$\alpha_2^{\text{new}}=\lim_{n\to\infty}\frac{(3+n)(2-\mu)}{3-\mu+n}\left[\alpha_2^{\text{old}}-\frac{y_2(E_1-E_2)}{\eta}\right] \tag{11.62}$$

当 $n\to\infty$ 时，$\lim_{n\to\infty}\frac{(3+n)(2-\mu)}{3-\mu+n}=2-\mu$，所以上式可化为

$$\alpha_2^{\text{new}} = \left(2 - \mu\right)\left[\alpha_2^{\text{old}} - \frac{y_2\left(E_1 - E_2\right)}{\eta}\right] \tag{11.63}$$

由于 α_2 的取值限制，α_2 的取值范围是

$$\alpha_2^{\text{new}} = \begin{cases} H, & \alpha_2^{\text{new,unc}} > H \\ \alpha_2^{\text{new,unc}}, & L \leqslant \alpha_2^{\text{new,unc}} \leqslant H \\ L, & \alpha_2^{\text{new,unc}} < L \end{cases} \tag{11.64}$$

为了验证计算的正确性，使用在线数学手册(Math Handbook)计算 $D^\mu x^2 / D^\mu x$，Math Handbook 包括数学公式、化学公式、解剖学公式，简单易用。将公式的运算结果相除，可以得到 $D^\mu x^2 / D^\mu x$ 表达式。将 μ 取任意阶次，同时将 x 取任意一个非零数值，将计算的结果与 Math Handbook 计算结果相比较，最后发现两者运算结果相同，因此证明计算正确。

对于 α_1^{new} 的更新，得

$$\alpha_1^{\text{new}} = \alpha_1^{\text{old}} + y_1 y_2\left(\alpha_2^{\text{old}} - \alpha_2^{\text{new}}\right) \tag{11.65}$$

下面计算 b 的值。b 满足约束条件：

$$b = \begin{cases} b_1, & 0 < \alpha_1^{\text{new}} < C \\ b_2, & 0 \leqslant \alpha_2^{\text{new}} \leqslant C \\ \dfrac{b_1 + b_2}{2}, & \text{其他} \end{cases} \tag{11.66}$$

根据上面公式，b 的值更新如下：

$$\begin{aligned} b_1^{\text{new}} &= b^{\text{old}} - E_1 - y_1\left(\alpha_1^{\text{new}} - \alpha_1^{\text{old}}\right)K_{11} - y_2\left(\alpha_2^{\text{new}} - \alpha_2^{\text{old}}\right)K_{12} \\ b_2^{\text{new}} &= b^{\text{old}} - E_2 - y_1\left(\alpha_1^{\text{new}} - \alpha_1^{\text{old}}\right)K_{12} - y_2\left(\alpha_2^{\text{new}} - \alpha_2^{\text{old}}\right)K_{22} \end{aligned} \tag{11.67}$$

从上面的推导流程可以得到目标函数的最优解 α^*，再根据 α^* 的值可以推出最优值 b^*、w^*，从而确定超平面和决策函数。

11.4　实　例　验　证

根据推导结果，使用 MATLAB 2017 进行编程。实验数据可以通过 CSDN 下载。

对线性可分支持向量机进行验证。使用 Data_test2.mat 数据。Data_test2.mat 是随机生成的数据集，含有 80 个带标签的数据，其中 40 个是标签为+1 的正例，40 个是标签为-1 的负例。设置迭代的最大次数为 50，误差值为 0.01，b 的初始值为 0。数据在未进行分类时结果如图 11.4 所示，其中黑色是标签为-1 的负例，灰色是标签为+1 的正例。

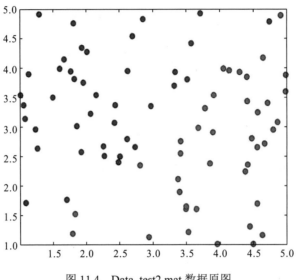

图 11.4   Data_test2.mat 数据原图

当松弛变量影响因子 C=0.8 时，结果如表 11.1 和图 11.5 所示。

表 11.1   线性可分松弛变量 C=0.8 分类情况表

导数阶次/阶	正确分类个数/个	错误分类个数/个	正确率/%
0.1	61	19	76.25
0.2	64	16	80.00
0.3	64	16	80.00
0.4	65	15	81.25
0.5	65	15	81.25
0.6	65	15	81.25
0.7	65	15	81.25
0.8	68	12	85.00
0.9	66	14	82.50
1.0	75	5	93.75
1.1	65	15	81.25
1.2	67	13	83.75
1.3	65	15	81.25
1.4	76	4	95.00
1.5	71	9	88.75
1.6	60	20	75.00
1.7	47	33	58.75
1.8	49	31	61.25
1.9	39	41	48.75

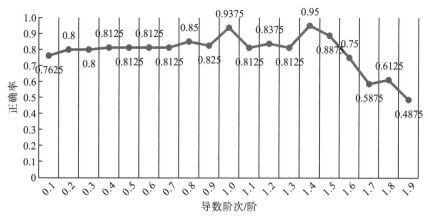

图 11.5 线性可分 $C=0.8$ 分类情况柱状图

从表 11.1 中可以看出,在导数阶次为 1.0 时,正确分类的个数是 75 个,错误分类的个数是 5 个,正确分类率是 93.75%;在导数阶次为 1.4 时,正确分类的个数是 76 个,错误分类的个数是 4 个,正确分类率是 95.00%。1.4 阶导数比 1 阶导数正确分类率高 1.25 个百分点,所以在 1.4 阶时分类效果更好。

下面将整数阶序列最小优化算法与分数阶最小优化算法不同之处进行对比。

整数阶序列最小优化算法:

$$\alpha_2^{\text{new}} = \alpha_2^{\text{old}} + \frac{y_2(E_1 - E_2)}{\eta} \tag{11.68}$$

分数阶序列最小优化算法:

$$\alpha_2^{\text{new}} = (2 - \mu)\left[\alpha_2^{\text{old}} - \frac{y_2(E_1 - E_2)}{\eta}\right] \tag{11.69}$$

通过对比发现,除了 α_2^{new} 的更新方式不同,其他各参数的计算方法都相同。但是,由于分数阶序列最小优化算法中 α_2^{new} 的取值范围更大,所以分数阶序列最小优化算法的精确度比整数阶序列最小优化算法高。图 11.6 为 1 阶分类效果图,图 11.7 为 1.4 阶分类效果图。

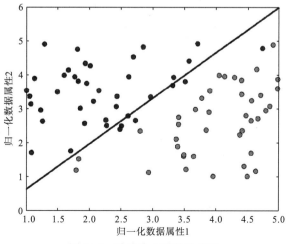

图 11.6 阶次为 1 时的分类图

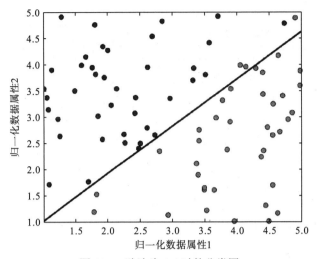

图 11.7 阶次为 1.4 时的分类图

说明：图中数据属性是归一化处理的，针对这种问题，目前都是如此处理，因为属性多于 3 个，不能是每个轴显示一个。

仔细观察表 11.1，发现在 0.1～0.9 阶次，分类结果的正确率没有超过整数阶，是不是只有大于 1 的分数阶次才会有好的结果呢？为了回答这个疑问，设置松弛变量因子 $C=0.5$。当 $C=0.5$ 时，结果如表 11.2 和图 11.8 所示。

表 11.2 松弛变量 $C=0.5$ 时分类情况表

导数阶次/阶	正确分类个数/个	错误分类个数/个	正确率/%
0.1	60	20	75.00
0.2	70	10	87.50
0.3	76	4	95.00
0.4	78	2	97.5
0.5	67	13	83.75
0.6	70	10	87.50
0.7	67	13	83.75
0.8	77	3	96.25
0.9	74	6	92.50
1.0	73	7	91.25

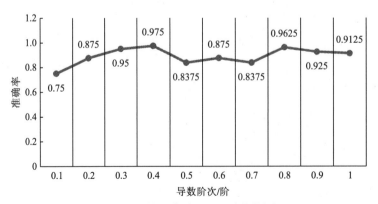

图 11.8 松弛变量 $C=0.5$ 时柱状图

通过表 11.2 可以看出在 0.3 阶、0.4 阶、0.8 阶、0.9 阶分类效果比 1.0 阶好。其中 1 阶时，正确分类个数为 73 个，错误分类个数为 7 个，正确分类率为 91.25%；0.4 阶时，正确分类个数为 78 个，错误分类个数为 2 个，正确分类率为 97.5%。0.4 阶的正确分类率比 1 阶的正确分类率高 6.25 个百分点，显然 0.4 阶的分类效果要比 1.0 阶好。由上述结果可以看出，在 0.1～0.9 阶时同样可以得到好的结果。结合上述分析可知，由于阶次不同，分类结果的正确率也会有差异，但是总会有分数阶次的分类效果比整数阶的分类效果好。

对线性的支持向量机的验证取得了比较好的结果，现在对非线性支持向量机进行验证。这里所用的数据来源是 Data_test1.mat。Data_test1.mat 含有 200 个测试样本，其中，100 个是标签为+1 的正例，100 个是标签为-1 的负例。为了验证分数阶的高精度性，先对整数阶求得比较好的分类效果，然后在此基础上进行测试。

令 C=0.5，b=0，tolKKT=0.01，maxIter=80，sigma=0.9，测试结果如表 11.3 和图 11.9 所示。

表 11.3　非线性松弛变量 C=0.5 的分类情况表

导数阶次/阶	正确分类个数/个	错误分类个数/个	正确率/%
0.1	100	100	50.0
0.2	100	100	50.0
0.3	100	100	50.0
0.4	100	100	50.0
0.5	100	100	50.0
0.6	100	100	50.0
0.7	100	100	50.0
0.8	100	100	50.0
0.9	100	100	50.0
1.0	192	8	96.0
1.1	151	49	75.5
1.2	150	50	75.0
1.3	150	50	75.0
1.4	166	34	83.0
1.5	149	51	74.5
1.6	166	34	83.0
1.7	101	99	50.5
1.8	100	100	50.0
1.9	100	100	50.0

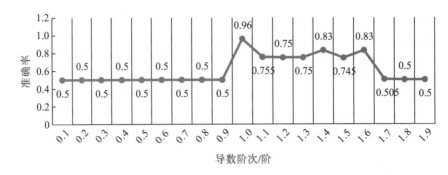

图 11.9　非线性松弛变量 C=0.5 的分类情况柱状图

通过图 11.9 和表 11.3 可知,实验并未达到理想的效果。在原来参数的基础上,对 0.95～1.05 阶进行实验,结果如表 11.4 所示。

表 11.4　C=0.5 情况下 0.95～1.05 阶分类情况表

导数阶次/阶	正确分类个数/个	错误分类个数/个	正确率/%
0.95	100	100	50.0
0.96	193	7	96.5
0.97	152	48	76.0
0.98	100	100	50.0
0.99	100	100	50.0
1.00	192	8	96.0
1.01	100	100	50.0
1.02	100	100	50.0
1.03	193	7	96.5
1.04	192	8	96.0
1.05	137	63	68.5

通过表 11.4 可知,在 0.96 阶和 1.03 阶的分类效果比整数阶更好。在 1.00 阶时,正确分类的个数是 192 个,错误分类的个数是 8 个,正确分类率是 96%;在 0.96 阶时正确分类的个数是 193 个,错误分类的个数是 7 个,正确分类率是 96.5%。由此可见分数阶在整数阶分类正确率比较高的情况下还是能够取得更好的效果。

支持向量机算法是一个分类器,主要解决二分类问题,但是在大多数情况下,实务中的问题都不是二分类问题,而是多分类问题,解决多分类问题,是更加重要的课题。对于多分类问题,常用的解决方法有以下几种:一类对余类(one versus rest,OVR)法、一对一(one versus one,OVO)分类法、二叉树法、有向无环图方法等。在这些算法中一对一分类法使用比较广泛,目前比较著名的 LIBSVM 工具箱就是使用一对一分类法进行多分类。

对于分数阶一对一多分类算法,主要的思路是使用一对一算法调用二分类中的分数阶序列最小优化算法。使用一对一算法调用分数阶序列最小优化算法,主要是使用 MATLAB 2017A 编程验证。一对一分类法也称成对分类法。

假设 k 类别的训练样本集为 T。

具体步骤如下。

第一步：将所有不同类别样本集进行两两组合，共得到 $k(k-1)/2$ 个不同类别的组合。

第二步：将不同类别组合中的样本点组成训练集 $T(i,j)$。

第三步：调用 SVM 进行二分类，分别求解 P 个判断函数，$f_i(x)=\mathrm{sgn}\big(g_i(x)\big)$ 若 $f_i(x)=+1$，判断 x 为 i 类，i 类获得一票，否则判为 j 类，j 类获得一票。

第四步：分别统计 k 个类别在 P 个判断函数结果中的得票数，得票数最多的类别就是最终的判断类别。

具体流程图如图 11.10 所示。

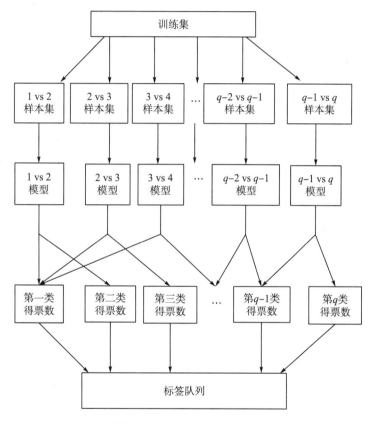

图 11.10　一对一算法流程图

在多分类之前首先对数据进行归一化。在统计学中，归一化的具体作用是归纳统一样本的统计分布性。归一化在 0～1 是统计的概率分布，归一化在-1～+1 是统计的坐标分布。

假如有两个变量，都是均匀分布，x_1 的范围是 100000～200000，x_2 的范围是 1～2，如果在同一个坐标系下，很显然 x_2 很难被显示，在做分类时，x_2 这些点将被忽略掉。为了使这些点不被忽略，需采取归一化的方法处理。归一化有很多处理方法，这里所采用的是 MATLAB 自带的函数 mapminmax。

若不使用归一化，在同等条件下，对 wine 数据进行葡萄酒分类，随机打乱顺序，以前 100 个作为训练数据，后面 78 个为测试数据，得到分类训练的精度为 100%，测试的精度为 51.28%，总的精度为 78.65%。在使用了归一化之后，同等条件下训练精度为 98%，测试精度为 97.44%，总的精度为 97.75%，结果如表 11.5 所示。

可见使用了归一化之后，分类的精度得到了很大的提升。使用随机函数打乱数据顺序后，数据的标签也相应被打乱，对于同一组数据，使用分数阶算法，采用一对一的方法调用 SMO 二分类算法，在原来的基础上进行调试。采用多项式核函数时，随机打乱顺序，会出现多次分类结果的准确度为 1 的情况，并且分数阶时与整数阶的变化差别不是很大，

表 11.5　iris 精度归一化对比表（%）

精度	未使用归一化	使用归一化
训练精度	100.00	98.00
测试精度	51.28	97.44
总的精度	78.65	97.75

为了验证分数阶在准确度上的提升，采用了高斯径向基核函数，对经典数据鸢尾花数据进行分类测试，实验数据来源于 UCI。首先对数据使用归一化，然后随机打乱顺序，相应的标签也打乱顺序。为了确保数据的准确性，每个阶次都运行了 5 次，然后取出现次数最多的值。具体结果如表 11.6 所示。

表 11.6　iris 0.1~1.0 阶分类情况表

导数阶次/阶	训练精度	测试精度	总精度
0.1	0.9500	0.9200	0.9400
0.2	0.9500	0.9200	0.9400
0.3	0.9500	0.9200	0.9400
0.4	0.9500	0.9200	0.9400
0.5	0.9500	0.9400	0.9467
0.6	0.9500	0.9200	0.9400
0.7	0.9500	0.9400	0.9467
0.8	0.9600	0.9400	0.9533
0.9	0.9600	0.9400	0.9533
1.0	0.9600	0.9200	0.9467

此处要注意的是阶次越低运行时间越长，最长的运行时间超过 10 个小时。这是一个初级的版本，仅适合学习，不能用来处理较大的数据集。对于规模较大的数据集，建议使用台湾学者林智仁的 LIBSVM，这个代码采用了 Shrinking 等策略，而且采用 C 代码实现，比较高效。

这里主要是对序列最小优化算法进行分数阶拓展。在证明分数阶序列最小优化算法之前，首先对整数阶序列最小优化算法进行了证明，然后参照整数阶序列最小优化算法的证

明方式, 使用分数阶相关知识对其证明。根据结论使用 MATLAB 2017 进行实验验证。在同等参数条件下整数阶序列最小优化算法与分数阶序列最小优化算法分别进行了二分类实验与多分类实验验证。通过实验结果我们可以发现无论是二分类还是多分类, 分数阶序列最小优化算法总能够得到精度更高的结果。由此我们可以断定, 分数阶序列最小优化算法在提高实务高精度方面比整数阶序列最小优化算法有更大的优势。

第12章 LIBSVM工具箱中分数阶 C-支持向量分类方法

　　LIBSVM 工具箱自发布以来就备受推崇，这不仅是因为它可以和很多常用的软件混编，而且它还是一种开源的工具包，在这个基础上能够改进创新。LIBSVM 包含很多分类算法，如：C-支持向量分类、V-支持向量分类、分布估计、ϵ-支持向量回归和 V-支持向量回归。C-支持向量分类算法是 LIBSVM 工具箱中比较基础的一个分类算法，其他算法都是在 C-支持向量分类算法的基础上改进的。LIBSVM 的 C-支持向量分类算法的训练结构图如图 12.1 所示。

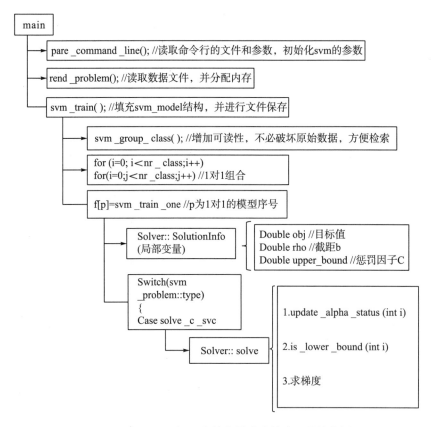

图 12.1　LIBSVM 中 C-支持向量分类算法训练结构图

　　对 LIBSVM 工具箱中整数阶 C-支持向量分类算法进行分数阶拓展，主要分为 5 个步骤：首先，将目标函数进行分数阶改进；其次，选取拉格朗日乘子 α 的下标 i、j 并更新 α；

再次，对辅助变量进行更新；然后，计算法向量 w 和偏移量 b；最后，根据判别式确定最终分类结果。

12.1　泰勒展开式推导

为了更容易推导本章公式，在对整数阶 C-支持向量分类算法进行分数阶拓展之前，需要先对泰勒展开式进行分数阶拓展。在 LIBSVM 工具箱中，相关原理的推导大多使用矩阵。使用矩阵对整数阶 C-支持向量分类算法推导相对简单，但使用分数阶矩阵对其拓展却有一定难度。这里参考多元泰勒展开式推导，提出分数阶多元泰勒展开式以及矩阵形式。

12.1.1　一元泰勒展开式

若函数 $F(x)$ 在包含 x_0 的某个闭区间 $[a,b]$ 上具有 n 阶导数，并且在开区间上具有 $(n+1)$ 阶导数，则对闭区间 $[a,b]$ 上任意一点 x，有

$$F(x) = \frac{F(x_0)}{0!} + \frac{F'(x_0)}{1!}(x-x_0) + \frac{F''(x_0)}{2!}(x-x_0)^2 + \cdots + \frac{F^{(n)}(x_0)}{n!}(x-x_0)^n + R_n(x) \quad (12.1)$$

其中，$F^{(n)}(x)$ 表示 $F(x)$ 的 n 阶导数，等号后的多项式称为函数 $F(x)$ 在 x_0 处的展开式，剩余的 $R_n(x)$ 是泰勒展开式的余项，是 $(x-x_0)^n$ 的高阶无穷小。

现在对 $F(x)$ 做一个变换，令 $x = x_0 + a$，则原式可化简为

$$F(x_0+a) = \frac{F(x_0)}{0!} + \frac{F'(x_0)}{1!}a + \frac{F''(x_0)}{2!}a^2 + \cdots + \frac{F^{(n)}(x_0)}{n!}a^n + R_n(x_0+a) \quad (12.2)$$

12.1.2　多元泰勒展开式

假设多元函数 $F(x)$ 中包含 P_1、P_2 两点，且 P_1 点和 P_2 点在函数 $F(x)$ 中表示为

$$P_1 : F(x_1, x_2, \cdots, x_n)$$
$$P_2 : F(x_1 + a_1, x_2 + a_2, \cdots, x_n + a_n) \quad (12.3)$$

将函数 $F(x)$ 在 P_2 点对 P_1 点处泰勒展开，最简单的方式是化多元为一元，用一元泰勒展开式对其进行推导。添加参数 t，设函数 $G(t) = F(x_1 + ta_1, x_2 + ta_2, \cdots, x_n + ta_n)$。

此时 $G(t)$ 在 $t=1$ 处对 $t \to 0$ 展开，则相当于 P_2 在 P_1 点处展开，即：

$$G(1) = \frac{G(0)}{0!} + \frac{G'(0)}{1!} + \frac{G''(0)}{2!} + \cdots + \frac{G^{(n)}(0)}{n!} + R_n(1) \quad (12.4)$$

其中，$G^{(n)}(0) = F^{(n)}(x_1 + ta_1, x_2 + ta_2, \cdots, x_n + ta_n)$，$t=0$。

求 $G'(t)$ 的值，就是函数 $F(x_1 + ta_1, x_2 + ta_2, \cdots, x_n + ta_n)$ 对 t 求导，形式如下：

$$G'(t) = \frac{\mathrm{d}F(x_1 + ta_1, x_2 + ta_2, \cdots, x_n + ta_n)}{\mathrm{d}t}$$

$$= \frac{\partial F}{\partial(x_1 + ta_1)} \cdot \frac{\partial(x_1 + ta_1)}{\partial t} + \frac{\partial F}{\partial(x_2 + ta_2)} \cdot \frac{\partial(x_2 + ta_2)}{\partial t} + \cdots + \frac{\partial F}{\partial(x_n + ta_n)} \cdot \frac{\partial(x_n + ta_n)}{\partial t} \quad (12.5)$$

$$= \frac{\partial F}{\partial(x_1 + ta_1)} \cdot a_1 + \frac{\partial F}{\partial(x_2 + ta_2)} \cdot a_2 + \cdots + \frac{\partial F}{\partial(x_n + ta_n)} \cdot a_n$$

令 $A = [a_1, a_2, \cdots, a_3]$，又有 $t = 0$，根据梯度的定义 $\nabla F = [F'(x_1), F'(x_2), \cdots, F'(x_n)]$，则上式可化简为

$$G'(t) = \nabla F^{\mathrm{T}} A \quad (12.6)$$

类似于 $G'(t)$，求取 $G''(t)$。当 $t = 0$ 时，$G''(t)$ 为

$$G''(t) = \frac{\mathrm{d}G'(t)}{\mathrm{d}t} = \frac{\partial G'(t)}{\partial(x_1 + ta_1)} \cdot \frac{\partial(x_1 + ta_1)}{\partial t} + \frac{\partial G'(t)}{\partial(x_2 + ta_2)} \cdot \frac{\partial(x_2 + ta_2)}{\partial t} + \cdots$$

$$+ \frac{\partial G'(t)}{\partial(x_n + ta_n)} \cdot \frac{\partial(x_n + ta_n)}{\partial t} \quad (12.7)$$

$$= \frac{\partial G'(t)}{\partial(x_1 + ta_1)} \cdot a_1 + \frac{\partial G'(t)}{\partial(x_2 + ta_2)} \cdot a_2 + \cdots + \frac{\partial G'(t)}{\partial(x_n + ta_2)} \cdot a_n$$

$$G''(0) = \frac{\partial G'(t)}{\partial x_1} \cdot a_1 + \frac{\partial G'(t)}{\partial x_2} \cdot a_2 + \cdots + \frac{\partial G'(t)}{\partial x_n} \cdot a_n \quad (12.8)$$

根据黑塞(Hessin)矩阵定义:

$$\begin{bmatrix} \dfrac{\partial^2 F}{\partial^2 x_1} & \cdots & \dfrac{\partial^2 F}{\partial x_1 \partial x_n} \\ \vdots & & \vdots \\ \dfrac{\partial^2 F}{\partial x_1 \partial x_n} & \cdots & \dfrac{\partial^2 F}{\partial^2 x_n} \end{bmatrix} = A^{\mathrm{T}} \nabla^2 F A \quad (12.9)$$

这就是多元泰勒展开式的推导形式。

12.1.3　分数阶泰勒展开式

参照多元泰勒展开式推导分数阶泰勒展开式。这里也假设多元函数 $F(x)$ 中包含两个点 P_3、P_4，且 P_3 点和 P_4 点在函数 $F(x)$ 中表示为：$P_3 : F(x_1, x_2, \cdots, x_n)$ 和 $P_4 : F(x_1 + a_1, x_2 + a_2, \cdots, x_n + a_n)$。同样令

$$G(t) = F(x_1 + ta_1, x_2 + ta_2, \cdots, x_n + ta_n) \quad (12.10)$$

当 $x \to a$ 时，函数 $f(x)$ 的分数阶泰勒展开式可表示为

$$f(x) = \sum_{n=0}^{m} \frac{f^{(n+v)}(a)}{(n+v)!}(x-a)^{n+v} + o\left[(x-a)^{(m+v)}\right] \quad (12.11)$$

其中，$0 \le v < 1$。

当 $0 \le v < 1$ 时，对 $G(1)$ 在 $t \to 0$ 时进行分数阶泰勒展开，则相当于在 P_4 点对 P_3 点处展开，即

$$G(1) = \frac{G^{(v)}(0)}{v!} + \frac{G^{(1+v)}(0)}{(1+v)!} + \cdots + \frac{G^{(n+v)}(0)}{(n+v)!} + R_n(1) \tag{12.12}$$

其中，$n = 0,1,2,\cdots$。

$$G^{(n+v)}(0) = F^{(n+v)}(x_1 + ta_1, x_2 + ta_2, \cdots, x_n + ta_n) \quad (t \to 0, n = 0,1,2,\cdots)$$

当 $n = 0$，$t \to 0$ 时，对 $G^{(n+v)}(t)$ 进行分数阶展开，则有

$$\begin{aligned}
G^{(v)}(t) &= F^{(v)}(x_1 + ta_1, x_2 + ta_2, \cdots, x_n + ta_n) \\
&= F^{(v)}(x_1 + ta_1) \cdot a_1 \cdot \frac{\Gamma(1+1)}{\Gamma(1-v+1)} t^{(1-v)} + F^{(v)}(x_2 + ta_2) \cdot a_2 \cdot \frac{\Gamma(1+1)}{\Gamma(1-v+1)} t^{(1-v)} + \cdots \\
&\quad + F^{(v)}(x_n + ta_n) \cdot a_n \cdot \frac{\Gamma(1+1)}{\Gamma(1-v+1)} t^{(1-v)}
\end{aligned} \tag{12.13}$$

令 $A = [a_1, a_2, \cdots, a_n]$，又有 $t \to 0$。当 $t = 0$ 时，分数阶导数无定义，所以，取 $t \to 0^+$，则上式可以表示为

$$\begin{aligned}
G^{(v)}(t) &= F^{(v)}(x_1 + ta_1, x_2 + ta_2, \cdots, x_n + ta_n) \\
&= F^{(v)}(x_1 + ta_1) \cdot a_1 \cdot \frac{\Gamma(1+1)}{\Gamma(1-v+1)} t^{(1-v)} + F^{(v)}(x_2 + ta_2) \cdot a_2 \cdot \frac{\Gamma(1+1)}{\Gamma(1-v+1)} t^{(1-v)} + \cdots \\
&\quad + F^{(v)}(x_n + ta_n) \cdot a_n \cdot \frac{\Gamma(1+1)}{\Gamma(1-v+1)} t^{(1-v)}
\end{aligned} \tag{12.14}$$

通过上面的公式，可以发现 $G(t)$ 在 P_4 点对 P_3 点分数阶泰勒展开式中，含有 t^{1-v} 项。将 t^{1-v} 项代入 C-支持向量分类算法中，不仅发现改进后的分数阶 C-支持向量分类算法中各参数表达式会变得比较复杂，而且分数阶改进后的 LIBSVM 工具箱在运算时消耗内存较大，运行时间较长。对 LIBSVM 源码改进时，将 t^{1-v} 项代入各参数，使用工具箱中自带测试程序对红酒数据进行分类，计算机运行几个小时才得出分类结果。对于计算机测试程序，如果运行时间超过一个小时，其存在意义不大。为了解决这个问题，这里决定采用数学上的放缩策略。

因为，当 $t \to 0^+$，$0 \leqslant v < 1$ 时，$0 < t^{1-v} \leqslant 1$，使用极限法：当 $v = 0$ 时，$t^{1-v} \to 0$；当 $v = 1$ 时，$t^{1-v} \to 1$。使用 Math Handbook 进行了验证，所得结果与使用极限法相一致。

$$\begin{aligned}
G^{(v)}(t) &= F^{(v)}(x_1 + ta_1, x_2 + ta_2, \cdots, x_n + ta_n) \\
&= F^{(v)}(x_1 + ta_1) \cdot a_1 \cdot \frac{\Gamma(1+1)}{\Gamma(1-v+1)} t^{(1-v)} + F^{(v)}(x_2 + ta_2) \cdot a_2 \cdot \frac{\Gamma(1+1)}{\Gamma(1-v+1)} t^{(1-v)} + \cdots \\
&\quad + F^{(v)}(x_n + ta_n) \cdot a_n \cdot \frac{\Gamma(1+1)}{\Gamma(1-v+1)} t^{(1-v)} \\
&\leqslant F^{(v)}(x_1 + ta_1) \cdot a_1 \cdot \frac{\Gamma(1+1)}{\Gamma(1-v+1)} + F^{(v)}(x_2 + ta_2) \cdot a_2 \\
&\quad \frac{\Gamma(1+1)}{\Gamma(1-v+1)} + \cdots + F^{(v)}(x_n + ta_n) \cdot a_n \cdot \frac{\Gamma(1+1)}{\Gamma(1-v+1)} \\
&= F^{(v)}(x_1 + ta_1) \cdot a_1 \cdot b_0 + F^{(v)}(x_2 + ta_2) \cdot a_2 \cdot b_0 + \cdots + F^{(v)}(x_n + ta_n) \cdot a_n \cdot b_0
\end{aligned} \tag{12.15}$$

令 $b_0 = \dfrac{\Gamma(1+1)}{\Gamma(1-v+1)}$ ，则

$$\nabla F^{(v)} = [F^{(v)}(x_1), F^{(v)}(x_2), \cdots, F^{(v)}(x_n)] = [F^{(v)}]^{\mathrm{T}} \boldsymbol{A} b_0$$

对 $F(x_1 + ta_1, x_2 + ta_2, \cdots, x_n + ta_n)$ 求 $(1+v)$ 阶导数，此时要注意，因为 v 阶导数的结果里面含有 t^{1-v}，它并不像整数阶可以直接消去。

$$
\begin{aligned}
&F^{(1+v)}(x_1 + ta_1, x_2 + ta_2, \cdots, x_n + ta_n) \\
&= F^{(1+v)}(x_1 + ta_1) \cdot a_1^2 \cdot \frac{\Gamma(1+1)}{\Gamma(1-v+1)} t^{(1-v)} + F^{(1+v)}(x_2 + ta_2) \cdot a_2^2 \cdot \frac{\Gamma(1+1)}{\Gamma(1-v+1)} t^{(1-v)} + \cdots \\
&\quad + F^{(1+v)}(x_n + ta_n) \cdot a_n^2 \cdot \frac{\Gamma(1+1)}{\Gamma(1-v+1))} t^{(1-v)} + (1-v) * F^{(v)}(x_1 + ta_1) \cdot a_1 \cdot \frac{\Gamma(1+1)}{\Gamma(1-v+1)} t^{(-v)} \quad (12.16)\\
&\quad + (1-v) * F^{(v)}(x_2 + ta_2) \cdot a_2 \cdot \frac{\Gamma(1+1)}{\Gamma(1-v+1)} t^{(-v)} + \cdots + (1-v) * F^{(v)}(x_n + ta_n) \cdot a_n \cdot \frac{\Gamma(1+1)}{\Gamma(1-v+1)} t^{(-v)} \\
&= \boldsymbol{A}^{\mathrm{T}} F^{(1+v)} \boldsymbol{A} b_0 t^{(1-v)} + (1-v)[F^{(v)}]^{\mathrm{T}} \boldsymbol{A} b_0 t^{(-v)}
\end{aligned}
$$

由于分数阶泰勒展开式具有泰勒展开式的所有特性，所以在后面的推导中上式将会发挥至关重要的作用。

12.2　目标函数的分数阶改进

SMO 算法是 LIBSVM 工具箱的核心算法。不管是 C-支持向量分类、V-支持向量分类、一类支持向量机还是 ϵ-支持向量回归、V-支持向量回归，都是通过 SMO 算法实现的。由前文可知，支持向量机问题最终可以化为凸优二次规划问题。目标函数的对偶形式和约束条件最终可以表示为

$$
\begin{aligned}
&\min_{\boldsymbol{\alpha}} \psi(\boldsymbol{\alpha}) = \min_{\boldsymbol{\alpha}} \frac{1}{2} \sum_{i,j=1}^{n} \alpha_i \alpha_j y_i y_j K(x_i, x_j) - \sum_{i=1}^{n} \alpha_i \\
&\text{s.t.} \ \sum_{i=1}^{n} \alpha_i y_i = 0 \qquad\qquad (12.17)\\
&\quad 0 \leqslant \alpha_i \leqslant C, i = 1, 2, \cdots, n
\end{aligned}
$$

将上面的目标函数表示成矩阵形式，则

$$
\begin{aligned}
&\min_{\boldsymbol{\alpha}} \psi(\boldsymbol{\alpha}) = \frac{1}{2} \boldsymbol{\alpha}^{\mathrm{T}} \boldsymbol{Q} \boldsymbol{\alpha} - \boldsymbol{e}^{\mathrm{T}} \boldsymbol{\alpha} \\
&\text{s.t.} \ \sum_{i=1}^{n} \alpha_i y_i = 0 \qquad\qquad (12.18)\\
&\quad 0 \leqslant \alpha_i \leqslant C, i = 1, 2, \cdots, n
\end{aligned}
$$

其中，n 是样本的数量；e 是单位向量；$\boldsymbol{Q}$ 是对称矩阵，$Q_{ij} = y_i y_j K(x_i, x_j)$。

将式 (12.17) 和式 (12.18) 表示成拉格朗日函数，则有

$$L(\boldsymbol{\alpha},\lambda,\mu)=\psi(\boldsymbol{\alpha})-\sum_{i=1}^{n}\lambda_i\alpha_i+\sum_{i=1}^{n}\mu_i(\alpha_i-C)+\sum_{i=1}^{n}\eta\boldsymbol{y}^{\mathrm{T}}\boldsymbol{\alpha} \qquad (12.19)$$

其中，$\lambda_i>0,\mu_i>0$。

若 $\boldsymbol{\alpha}$ 为极点值，则 $L(\boldsymbol{\alpha},\lambda,\mu)$ 的导数等于 0，将上述结果推广到分数阶，当 $\boldsymbol{\alpha}$ 为极点值时，令 $L^{(v)}(\boldsymbol{\alpha},\lambda,\mu)=0$，即

$$\psi^{(v)}(\boldsymbol{\alpha})-\sum_{i=1}^{n}\lambda_i\alpha_i^{(v)}+\sum_{i=1}^{n}\mu_i\alpha_i^{(v)}+\sum_{i=1}^{n}\eta\boldsymbol{y}^{\mathrm{T}}\alpha_i^{(v)}=0 \qquad (12.20)$$

变形后得到：

$$\psi^{(v)}(\boldsymbol{\alpha})+\sum_{i=1}^{L}\eta\boldsymbol{y}^{\mathrm{T}}\alpha_i^{(v)}=\sum_{i=1}^{L}\lambda_i\alpha_i^{(v)}-\sum_{i=1}^{L}\mu_i\alpha_i^{(v)} \qquad (12.21)$$

根据上面的公式可知，分数阶梯度向量可以表示为

$$\psi^{(v)}(\boldsymbol{\alpha})=\frac{1}{2}\left[b_0\boldsymbol{\alpha}^{(1-v)}\boldsymbol{Q}\boldsymbol{\alpha}+\boldsymbol{\alpha}\boldsymbol{Q}b_0\boldsymbol{\alpha}^{(1-v)}\right]-eb_0\boldsymbol{\alpha}^{(1-v)}=b_0\boldsymbol{\alpha}^{(1-v)}\boldsymbol{Q}\boldsymbol{\alpha}-eb_0\boldsymbol{\alpha}^{(1-v)} \qquad (12.22)$$

$$\psi^{(v)}(\boldsymbol{\alpha})=\sum_{i=1}^{n}\sum_{j=1}^{n}\alpha_jy_iy_jK_{ij}b_0\alpha_i^{(1-v)}-\sum_{i=1}^{n}b_0\alpha_i^{(1-v)} \qquad (12.23)$$

其中，$b_0=\dfrac{\Gamma(1+1)}{\Gamma(1-v+1)},0\leqslant v\leqslant1$。

将式 (12.19) 表示成分数阶泰勒展开式为

$$L^{(v)}(\boldsymbol{\alpha},\lambda,\mu)=\psi^{(v)}(\boldsymbol{\alpha})-b_0\sum_{i=1}^{n}\lambda_i\alpha_i^{(1-v)}+b_0\sum_{i=1}^{n}\mu_ib_0\alpha_i^{(1-v)}+b_0\sum_{i=1}^{n}\eta\boldsymbol{y}^{\mathrm{T}}\alpha_i^{(1-v)} \qquad (12.24)$$

12.3 拉格朗日乘子 α 的更新

对于 α 的更新，LIBSVM 工具箱中也是采取"违反对"的策略。但是，α 的下标 i、j 选取方式却和传统的 SMO 算法有所不同。LIBSVM 工具箱先使用梯度的方法确定 i 的工作集，然后再使用牛顿法确定 j 的工作集。确定了 α 的下标之后，再根据约束条件更新 α 的值。

12.3.1 选取拉格朗日乘子 α 的下标 i

SMO 算法以 KKT 条件为基础，总的来说包括约束条件（原始约束和拉格朗日乘子约束）、求偏导等于 0、对偶互补条件。根据 KKT 的对偶互补条件，可以得到：

$$\lambda_i\alpha_i=0 \qquad (12.25)$$

$$\mu_i(\alpha_i-C)=0 \qquad (12.26)$$

根据式 (12.21)，式 (12.25)、式 (12.26) 可以写为

$$\begin{cases}\psi^{(v)}(\alpha_i)+\sum_{i=1}^{n}\eta\boldsymbol{y}_i^{\mathrm{T}}b_0\alpha_i^{(1-v)}\geqslant0,& \alpha_i<C\\[2mm]\psi^{(v)}(\alpha_i)+\sum_{i=1}^{n}\eta\boldsymbol{y}_i^{\mathrm{T}}b_0\alpha_i^{(1-v)}\leqslant0,& \alpha_i>0\end{cases} \qquad (12.27)$$

对式 (12.27) 做如下解释：当 $\alpha_i < C$ 时，$C - \alpha > 0$，根据式 (12.26) 得到 $\mu_i = 0$，又因为 $\lambda_i \geqslant 0$（约束条件限制），所以 $\sum_{i=1}^{n} \lambda_i \alpha_i^{(v)} - \sum_{i=1}^{n} \mu_i \alpha_i^{(v)} \geqslant 0$，根据式 (12.21) 得到 $\psi^{(v)}(\alpha)_i + \sum_{i=1}^{n} \eta y_i^{\mathrm{T}} \alpha_i^{(v)} \geqslant 0$；当 $\alpha_i > 0$ 时，根据式 (12.25) 得到 $\lambda_i = 0$，又因为 $\mu_i \geqslant 0$（约束条件限制），所以 $\sum_{i=1}^{n} \lambda_i \alpha_i^{(v)} - \sum_{i=1}^{n} \mu_i \alpha_i^{(v)} \leqslant 0$，根据式 (12.21) 得到 $\psi^{(v)}(\alpha)_i + \sum_{i=1}^{n} \eta y_i^{\mathrm{T}} \alpha_i^{(v)} \leqslant 0$。

对偶问题的解 α 获得之后，因为决策函数的表达式中含有 b，需要计算 b，经过论证可知，η 就是截距 b。

当 $0 < \alpha_i < C$ 时，根据式 (12.27) 有

$$\psi^{(v)}(\alpha)_i + \sum_{i=1}^{n} \eta y_i^{\mathrm{T}} \alpha_i^{(v)} = 0 \quad (0 < \alpha_i < C) \tag{12.28}$$

变形后有

$$\sum_{i=1}^{n} \eta b_0 \alpha_i^{(1-v)} = -y_i \psi^{(v)}(\alpha_i) = -y_i \left[\sum_{i=1}^{n} \sum_{j=1}^{n} \alpha_j y_i y_j K(x_i, y_i) b_0 \alpha_i^{(1-v)} - e \sum_{i=1}^{n} b_0 \alpha_i^{(1-v)} \right] \tag{12.29}$$

等式两边同时除以 $\sum_{i=1}^{L} b_0 \alpha_i^{(1-v)}$，可以得到：

$$\eta = -y_i \left[\sum_{i=1}^{n} \alpha_j y_i y_j K(x_i, y_i) - 1 \right] = y_i - \sum_{i=1}^{n} \alpha_j y_j K(x_i, y_i) \tag{12.30}$$

由超平面函数 $y_i = \boldsymbol{w}^{\mathrm{T}} \boldsymbol{x} + b$ 可知，当 $0 < \alpha_i < C$ 时，

$$b = y_i - \boldsymbol{w}^{\mathrm{T}} \boldsymbol{x} = y_i - \sum_{i=1}^{n} \alpha_j y_j K(x_i, y_i) \tag{12.31}$$

比较式 (12.30) 和式 (12.31) 可知，当 $0 < \alpha_i < C$ 时，$\eta = b$。

同理可证，当 $\alpha_i = 0, \alpha_i = C$ 时，$\eta = b$，用 b 代替 η，现在定义两个集合，这两个集合是关于 α_t 下标 t 的集合：

$$\begin{aligned} I_{\mathrm{up}}(\alpha) &= \{t \mid \alpha_t \langle C, y_t = 1; \ \alpha_t \rangle 0, y_t = -1\} \\ I_{\mathrm{low}}(\alpha) &= \{t \mid \alpha_t \langle C, y_t = -1; \ \alpha_t \rangle 0, y_t = 1\} \end{aligned} \tag{12.32}$$

因为 $y_i = \pm 1$，参照式 (12.31) 对式 (12.27) 左右两边同时乘以 y_i：

$$-y_i \psi^{(v)}(\alpha)_i \leqslant \sum_{i=1}^{n} \eta b_0 \alpha_i^{1-v} \leqslant -y_j \psi^{(v)}(\alpha)_j \quad (i \in I_{\mathrm{up}}, j \in I_{\mathrm{low}}) \tag{12.33}$$

令

$$\begin{aligned} m(\alpha) &= \max_{i \in I_{\mathrm{up}}(\alpha)} -y_i \psi^{(v)}(\alpha)_i \\ M(\alpha) &= \max_{j \in I_{\mathrm{low}}(\alpha)} -y_j \psi^{(v)}(\alpha)_j \end{aligned} \tag{12.34}$$

根据数学中的上确界和下确界理论方法，驻点 α 需要满足：

$$m(\alpha) \leqslant M(\alpha) \tag{12.35}$$

　　介绍 α_i 和 α_j 的选择，是为了挑选出违反 $m(\alpha) \leqslant M(\alpha)$ 条件，定义违反 $m(\alpha) \leqslant M(\alpha)$ 条件的 α_i 和 α_j 为"违反对"。因为最优化的 α 需要满足 $m(\alpha) \leqslant M(\alpha)$，如果违反了这个条件它就不是最优化的，所以，需要每次找出这个"最大违反对"，然后更新其值。为了防止运算时间过长，这里设置了一个停止条件，即 $m(\alpha) - M(\alpha) \leqslant \varepsilon$，这里的 ε 是容忍值，如果在第 k 轮的时候 $m(\alpha^k)$ 没有比 $M(\alpha^k)$ 大太多的话就停止运算。

　　如果 $i \in I_{up}(\alpha), j \in I_{low}(\alpha), -y_i\psi^{(v)}(\alpha)_i \geqslant -y_j\psi^{(v)}(\alpha)_j$，那么 $\{i,j\}$ 就是一个违反对（α_i 和 α_j 的下标），从而得出 i 的取值范围：$i \in \arg\max_t\left\{-y_i\psi^{(v)}(\alpha^k)_t \mid t \in I_{up}(\alpha^k)\right\}$。

12.3.2　选取拉格朗日乘子 α 的下标 j

　　LIBSVM 工具箱相较于传统的支持向量机学习不仅在精确度方面没有太大的损失，而且在运算速度方面有大幅度的提升。LIBSVM 在提升运算速度方面采取了很多策略，其中对于 α 的下标 j 的选取就是其中一种。对于 α 的下标 j 的选取采取的是牛顿法，牛顿法在求解优化问题时具有收敛速度快的特点。牛顿法求解最优化问题的极小值的必要条件是目标函数的梯度为 0，且 Hessian 矩阵是正定矩阵。从前文中我们知道求解目标函数的极小值成立且具有唯一性（目标函数具有强凸性）。为了加快运行速度，LIBSVM 确定 i 的取值之后，再求取目标函数的极小值，进一步缩小 j 的取值范围。

　　假设 α^k 每次的偏移量都是 $\boldsymbol{d}$，其中 $\boldsymbol{d} = (d_1, d_2, \cdots, d_n)$，根据前文公式，可推导出：

$$\psi(\alpha^k + \boldsymbol{d}) = \frac{\left[\psi^{(v)}(\alpha^k)\right]^T \cdot \boldsymbol{d}}{v!} \cdot \frac{\Gamma(1+1)}{\Gamma(1-v+1)}t^{(1-v)} + \frac{\boldsymbol{d}^T\psi^{(v+1)}(\alpha^k)\boldsymbol{d}}{(1+v)!}$$
$$\cdot \frac{\Gamma(1+1)}{\Gamma(1-v+1)}t^{1-v} + \frac{\left[\psi^{(v)}(\alpha^k)\right]^T \cdot \boldsymbol{d}(1-v)}{(1+v)!}\frac{\Gamma(1+1)}{\Gamma(1-v+1)}t^{-v} + o\left[(t-0)^2\right] \tag{12.36}$$

其中，$B = \{i,j\}$，注意这里只有 α_i 和 α_j，所以对其他 $\alpha_t, t \neq i, t \neq j$ 的导数为 0，直接舍去，只取含有 B 的分量，$t \to 0^+$。

　　由等式变换得到：

$$\psi(\alpha^k + \boldsymbol{d}) = \left\{\frac{\left[\psi^{(v)}(\alpha^k)\right]^T \cdot \boldsymbol{d}}{v!} + \frac{\boldsymbol{d}^T\psi^{(v+1)}(\alpha^k)\boldsymbol{d} + \left[\psi^{(v)}(\alpha^k)\right]^T \cdot \boldsymbol{d}(1-v)/t}{(1+v)!}\right\}$$
$$\cdot \frac{\Gamma(1+1)}{\Gamma(1-v+1)}t^{(1-v)} + o\left[(t-0)^2\right] \tag{12.37}$$
$$= \left\{\frac{\left[\psi^{(v)}(\alpha^k)\right]^T \cdot \boldsymbol{d}}{v!} + \frac{\boldsymbol{d}^T\psi^{(v+1)}(\alpha^k)\boldsymbol{d} + \left[\psi^{(v)}(\alpha^k)\right]^T \cdot \boldsymbol{d}(1-v)/t}{(1+v)!}\right\} \cdot b_0 t^{(1-v)} + o\left[(t-0)^2\right]$$

又因为上述公式已证明 $t \to 0^+, 0 < t^{1-v} \leqslant 1, \dfrac{1}{t} \to +\infty$，所以

$$\psi\left(\alpha^k+\boldsymbol{d}\right)\leqslant\frac{\left[\psi^{(v)}\left(\alpha^k\right)\right]^{\mathrm{T}}\cdot\boldsymbol{d}}{v!}b_0 t^{(1-v)}+\left\{\frac{\boldsymbol{d}^{\mathrm{T}}\psi^{(v+1)}\left(\alpha^k\right)\boldsymbol{d}+\left[\psi^{(v)}\left(\alpha^k\right)\right]^{\mathrm{T}}\cdot\boldsymbol{d}(1-v)}{(1+v)!}\right\}\cdot b_0+o\left[(t-0)^2\right]$$

$$(12.38)$$

对上式变形，可以得到：

$$\psi\left(\alpha^k+\boldsymbol{d}\right)-\frac{\left[\psi^{(v)}\left(\alpha^k\right)\right]^{\mathrm{T}}\cdot\boldsymbol{d}\cdot b_0}{v!}t^{(1-v)}$$

$$\leqslant\frac{\boldsymbol{d}^{\mathrm{T}}\psi^{(v+1)}\left(\alpha^k\right)\boldsymbol{d}}{(1+v)!}\cdot b_0+\frac{\left[\psi^{(v)}\left(\alpha^k\right)\right]^{\mathrm{T}}\cdot\boldsymbol{d}\,b(1-v)}{(1+v)!}\cdot b_0+o\left[(t-0)^2\right]$$

$$(12.39)$$

此时式 (12.39) 中左半部分不是运算所需要的，或者说根据左半部分不能确定与 $\psi\left(\alpha^k+\boldsymbol{d}\right)-\psi\left(\alpha^k\right)$ 相比是大是小。这个时候先定义一个函数：$\mathrm{Sub}(B)=\psi\left(\alpha^k+\boldsymbol{d}\right)-\psi\left(\alpha^k\right)$，其中，$B=\{i,j\}$。这个问题只与 B 有关，即只与 α_i、α_j 有关。理想的目标函数越小越好，即

$$\psi\left(\alpha^k+\boldsymbol{d}\right)\ll\psi\left(\alpha^k\right)$$

$$(12.40)$$

因为不确定 $\psi\left(\alpha^k+\boldsymbol{d}\right)-\dfrac{\left[\psi^{(v)}\left(\alpha^k\right)\right]^{\mathrm{T}}\cdot\boldsymbol{d}\cdot b_0}{v!}t^{(1-v)}$ 与 $\psi\left(\alpha^k+\boldsymbol{d}\right)-\psi\left(\alpha^k\right)$ 的大小关系，会导致下面的运算无法进行，所以再次使用放缩方法。具体如下：

由泰勒展开式的性质可知：

$$\psi\left(\alpha^k+\boldsymbol{d}\right)\geqslant\psi\left(\alpha^k\right)$$

$$(12.41)$$

同样对于分数阶泰勒展开式有

$$\psi\left(\alpha^k+\boldsymbol{d}\right)\geqslant\frac{\left[\psi^{(v)}\left(\alpha^k\right)\right]^{\mathrm{T}}\cdot\boldsymbol{d}}{v!}\frac{\Gamma(1+1)}{\Gamma(1-v+1)}t^{(1-v)}$$

$$(12.42)$$

将式 (12.41) 和式 (12.42) 相加有

$$2\psi\left(\alpha^k+\boldsymbol{d}\right)\geqslant\psi\left(\alpha^k\right)+\frac{\left[\psi^{(v)}\left(\alpha^k\right)\right]^{\mathrm{T}}\cdot\boldsymbol{d}}{v!}\frac{\Gamma(1+1)}{\Gamma(1-v+1)}t^{(1-v)}$$

$$(12.43)$$

变形之后则有

$$\psi\left(\alpha^k+\boldsymbol{d}\right)-\psi\left(\alpha^k\right)\geqslant-\psi\left(\alpha^k+\boldsymbol{d}\right)+\frac{\left[\psi^{(v)}\left(\alpha^k\right)\right]^{\mathrm{T}}\cdot\boldsymbol{d}}{v!}\frac{\Gamma(1+1)}{\Gamma(1-v+1)}t^{(1-v)}$$

$$(12.44)$$

所以可以得到：

$$\mathrm{Sub}(B)\geqslant-\psi\left(\alpha^k+\boldsymbol{d}\right)+\frac{\left[\psi^{(v)}\left(\alpha^k\right)\right]^{\mathrm{T}}\cdot\boldsymbol{d}\cdot b_0}{v!}$$

$$\geqslant-\frac{\boldsymbol{d}^{\mathrm{T}}\psi^{(v+1)}\left(\alpha^k\right)\boldsymbol{d}}{(1+v)!}\cdot b_0-\frac{\left[\psi^{(v)}\left(\alpha^k\right)\right]^{\mathrm{T}}\cdot\boldsymbol{d}\cdot b(1-v)}{(1+v)!}\cdot b_0+o\left[(t-0)^2\right]$$

$$(12.45)$$

在这里只需要求式(12.45)的极大值即可：

$$-\frac{\boldsymbol{d}^{\mathrm{T}}\psi^{(\nu+1)}\left(\boldsymbol{\alpha}^{k}\right)\boldsymbol{d}}{(1+\nu)!}\cdot b_0 - \frac{\left[\psi^{(\nu)}\left(\boldsymbol{\alpha}^{k}\right)\right]^{\mathrm{T}}\cdot\boldsymbol{d}\cdot b(1-\nu)}{(1+\nu)!}\cdot b_0 \tag{12.46}$$

因为这个公式表示的是凸函数，极大值就是最大值。同时由于 $\mathrm{Sub}(B)$ 大于式(12.46)的最大值，理想的目标是 $\mathrm{Sub}(B)$ 越小越好。此时会发现 $\mathrm{Sub}(B)$ 的最小值恰好大于式(12.46)的最大值。所以只需要求解式(12.46)的极大值即可。

再次使用对偶函数，式(12.46)可以变为

$$\frac{\boldsymbol{d}^{\mathrm{T}}\psi^{(\nu+1)}\left(\boldsymbol{\alpha}^{k}\right)\boldsymbol{d}}{(1+\nu)!}\cdot b_0 + \frac{\left[\psi^{(\nu)}\left(\boldsymbol{\alpha}^{k}\right)\right]^{\mathrm{T}}\cdot\boldsymbol{d}\cdot b(1-\nu)}{(1+\nu)!}\cdot b_0 \tag{12.47}$$

求式(12.46)的极大值就是相当于求解式(12.47)的极小值(凸函数，极小值就是最小值)，从式(12.47)可知：

$$\psi\left(\alpha\right)=\frac{1}{2}\sum_{i=1}^{n}\sum_{j=1}^{n}\alpha_i\alpha_j y_i y_j K_{ij}-e\sum_{i=1}^{n}\alpha_i \tag{12.48}$$

所以梯度向量有

$$\psi\left(\alpha\right)_{ii}=\frac{1}{2}\sum_{i=1}^{n}\sum_{i=1}^{n}\alpha_i\alpha_i y_i y_i K_{ii}-e\sum_{i=1}^{n}\alpha_i \tag{12.49}$$

$$\psi'\left(\alpha\right)_{ii}=\sum_{i=1}^{n}\sum_{i=1}^{n}\alpha_i y_i y_i K_{ii}-1 \tag{12.50}$$

再求梯度向量的 $(1+\nu)$ 阶微积分，得到：

$$\psi^{(1+\nu)}\left(\alpha\right)_{ii}=\sum_{i=1}^{n}\sum_{i=1}^{n}y_i y_i K_{ii}b_0\alpha_i^{(1-\nu)}=Q_{ii}\sum_{i=1}^{n}b_0\alpha_i^{(1-\nu)} \tag{12.51}$$

其中，$Q_{ii}=\sum_{i=1}^{n}y_i y_i K_{ii}$。

同理可得

$$\psi^{(1+\nu)}\left(\alpha\right)_{jj}=Q_{jj}\sum_{j=1}^{n}b_0\alpha_j^{(1-\nu)} \tag{12.52}$$

其中，$Q_{jj}=\sum_{j=1}^{n}y_j y_j K_{jj}$。

又有 $\psi^{(\nu)}\left(\alpha\right)_i=\sum_{i=1}^{n}\sum_{i=1}^{n}\alpha_j y_i y_i K_{ii}b_0\alpha_i^{(1-\nu)}-\sum_{i=1}^{n}b_0\alpha_i^{(1-\nu)}$，则 $\psi^{(1+\nu)}\left(\alpha\right)_{ij}$ 为

$$\psi^{(1+\nu)}\left(\alpha\right)_{ij}=\sum_{i=1}^{n}\sum_{j=1}^{n}y_i y_j K_{ij}b_0\alpha_i^{(1-\nu)}=Q_{ij}\sum_{i=1}^{n}b_0\alpha_i^{(1-\nu)} \tag{12.53}$$

其中，$Q_{ij}=\sum_{i=i}^{L}\sum_{j=1}^{L}y_i y_j K_{ij}$。

同理可得

$$\psi^{(1+\nu)}\left(\alpha\right)_{ji}=\sum_{i=1}^{L}\sum_{j=1}^{L}y_i y_i K_{ij}b_0\alpha_j^{1-\nu}=Q_{ji}\sum_{i=1}^{L}b_0\alpha_j^{1-\nu} \tag{12.54}$$

其中，$Q_{ji} = \sum\limits_{i=i}^{L}\sum\limits_{j=1}^{L} y_i y_j K_{ji}$。

对目标函数进行变形：

$$\frac{\boldsymbol{d}^{\mathrm{T}}\psi^{(v+1)}\left(\boldsymbol{\alpha}^k\right)d}{(1+v)!}\cdot b_0 + \frac{\left[\psi^{(v)}\left(\boldsymbol{\alpha}^k\right)\right]^{\mathrm{T}}\cdot\boldsymbol{d}(1-v)}{(1+v)!}\cdot b_0 + o\left[(t-0)^2\right]$$

$$\approx \frac{\boldsymbol{d}^{\mathrm{T}}\psi^{(v+1)}\left(\boldsymbol{\alpha}^k\right)\boldsymbol{d}}{(1+v)!}\cdot b_0 + \frac{\left[\psi^{(v)}\left(\boldsymbol{\alpha}^k\right)\right]^{\mathrm{T}}\cdot\boldsymbol{d}\cdot b_0(1-v)}{(1+v)!}\cdot b_0$$

$$= \frac{b_0}{(1+v)!}\cdot\begin{bmatrix} d_i & d_j \end{bmatrix}\begin{bmatrix} Q_{ii}\sum\limits_{i=1}^{n}b_0\alpha_i^{(1-v)} & Q_{ij}\sum\limits_{i=1}^{n}b_0\alpha_i^{(1-v)} \\ Q_{ji}\sum\limits_{i=1}^{n}b_0\alpha_j^{(1-v)} & Q_{jj}\sum\limits_{j=1}^{n}b_0\alpha_j^{(1-v)} \end{bmatrix}\begin{bmatrix} d_i \\ d_j \end{bmatrix} + \frac{b_0(1-v)}{(1+v)!}\begin{bmatrix} \psi^{(v)}\left(\alpha^k\right)_i & \psi^{(v)}\left(\alpha^k\right)_j \end{bmatrix}\begin{bmatrix} d_i \\ d_j \end{bmatrix}$$

$$= \frac{b_0}{(1+v)!}\left[Q_{ii}\sum\limits_{i=1}^{n}b_0\alpha_i^{(1-v)}d_i^2 + Q_{ij}\sum\limits_{i=i}^{n}\sum\limits_{j=1}^{n}b_0\alpha_i^{(1-v)}d_id_j + Q_{ji}\sum\limits_{i=i}^{n}\sum\limits_{j=1}^{n}b_0\alpha_j^{(1-v)}d_id_j + Q_{jj}\sum\limits_{j=1}^{n}b_0\alpha_j^{(1-v)}d_j^2\right]$$

$$+ \frac{b_0(1-v)}{(1+v)!}\left[\psi^{(v)}\left(\alpha^k\right)_i d_i + \psi^{(v)}\left(\alpha^k\right)_j d_j\right]$$

$$(12.55)$$

理想的目标是让 $\mathrm{Sub}(B)$ 越小越好，并且，根据 KKT 约束条件可知成立。

$$\begin{cases} \boldsymbol{y}_B^{\mathrm{T}}\boldsymbol{d}_B = 0 \\ d_t \geqslant 0, \ \alpha_t^k = 0, \ t\in B \\ d_t < 0, \ \alpha_t^k = C, \ t\in B \end{cases} \quad (12.56)$$

令

$$\begin{cases} \hat{d}_i = y_i d_i \\ \hat{d}_j = y_j d_j \end{cases}$$

因为，$\boldsymbol{y}_B^{\mathrm{T}}\boldsymbol{d}_B = 0 \Rightarrow \hat{d}_i = -\hat{d}_j$，可知：

$$w = \sum\limits_{i=1}^{n}\alpha_i y_i x_i = \sum\limits_{j=1}^{n}\alpha_j y_j x_j \quad (12.57)$$

为了表示方便，定义原式的极大值为 $\mathrm{Sub}(B1)$，极小值为 $\mathrm{Sub}(B2)$，所以有下式成立：

$$\max_{\alpha^k}\mathrm{Sub}(B1) = -\frac{b_0}{(1+v)!}\left[\sum\limits_{i=1}^{n}y_iy_iK_{ii}b_0\alpha_i^{(1-v)}d_i^2 + \sum\limits_{i=i}^{n}\sum\limits_{j=1}^{n}y_iy_jK_{ij}b_0\alpha_i^{(1-v)}d_id_j\right.$$

$$\left. + \sum\limits_{i=i}^{n}\sum\limits_{j=1}^{n}y_jy_iK_{ji}b_0\alpha_j^{(1-v)}d_id_j + \sum\limits_{j=1}^{n}y_jy_jK_{jj}b_0\alpha_j^{(1-v)}d_j^2\right] \quad (12.58)$$

$$- \frac{b_0(1-v)}{(1+v)!}\left[\psi^{(v)}\left(\alpha^k\right)_i d_i + \psi^{(v)}\left(\alpha^k\right)_j d_j\right]$$

等价于：

$$\min_{\alpha^k} \mathrm{Sub}\left(B2\right) = \frac{b_0}{(1+v)!}\left[\sum_{i=1}^{n}K_{ii}b_0\alpha_i^{(1-v)}y_i^2d_i^2 + \sum_{i=i}^{n}\sum_{j=1}^{n}y_iy_jK_{ij}b_0\alpha_i^{(1-v)}d_id_j\right.$$

$$\left. + \sum_{i=i}^{n}\sum_{j=1}^{n}y_jy_iK_{ji}b_0\alpha_j^{(1-v)}d_id_j + \sum_{j=1}^{n}K_{jj}b_0\alpha_j^{(1-v)}y_i^2d_i^2\right]$$

$$+ \frac{b_0(1-v)}{(1+v)!}\left[y_i^2\psi^{(v)}\left(\alpha^k\right)_id_i + y_j^2\psi^{(v)}\left(\alpha^k\right)_jd_j\right] \tag{12.59}$$

$$= \frac{b_0^2\sum_{j=1}^{n}\alpha_j^{1-v}}{(1+v)!}\left(K_{ii}-2K_{ij}+K_{jj}\right)\hat{d}_j^2$$

$$+ \frac{b_0(1-v)}{(1+v)!}\left[-y_i\psi^{(v)}\left(\alpha^k\right)_i + y_j\psi^{(v)}\left(\alpha^k\right)_j\right]\hat{d}_j$$

假设 $K_{ii}-2K_{ij}+K_{jj}>0$ 且 B 是违反对 $-y_i\psi^{(v)}\left(\alpha\right)_i \geqslant -y_j\psi^{(v)}\left(\alpha\right)_j$。

令 $a_{ij}=K_{ii}-2K_{ij}+K_{jj}>0$ 和 $b_{ij}=-y_i\psi^{(v)}\left(\alpha\right)_i + y_j\psi^{(v)}\left(\alpha\right)_j>0$，将它们代入 $\mathrm{Sub}(B2)$，可以得到：

$$\frac{b_0^2\sum_{j=1}^{n}\alpha_j^{1-v}}{(1+v)!}\left(K_{ii}-2K_{ij}+K_{jj}\right)\hat{d}_j^2 + \frac{b_0(1-v)}{(1+v)!}\left[-y_i\psi^{(v)}\left(\alpha^k\right)_i + y_j\psi^{(v)}\left(\alpha^k\right)_j\right]\hat{d}_j$$

$$= \frac{b_0^2\sum_{j=1}^{L}\alpha_j^{1-v}}{(1+v)!}a_{ij}\hat{d}_j^2 + \frac{b_0(1-v)}{(1+v)!}b_{ij}\hat{d}_j \tag{12.60}$$

标准二次函数 $f(x)=ax^2+bx+c$，极值点在 $x=-\dfrac{b}{2a}$ 处取得极值为 $y=\dfrac{4ac-b^2}{4a}$，在该问题中，极值点在

$$\hat{d}_j = -\frac{\dfrac{b_0(1-v)}{(1+v)!}b_{ij}}{2\cdot\dfrac{b_0^2\sum_{j=1}^{n}\alpha_j^{1-v}}{(1+v)!}a_{ij}} = -\frac{(1-v)b_{ij}}{2b_0\sum_{j=1}^{n}\alpha_j^{1-v}a_{ij}} \tag{12.61}$$

极值点为

$$\frac{0-\left[\dfrac{b_0(1-v)}{(1+v)!}b_{ij}\right]^2}{4\cdot\dfrac{b_0^2\sum_{j=1}^{n}\alpha_j^{1-v}}{(1+v)!}a_{ij}} = \frac{-(1-v)^2b_{ij}^2}{4(1+v)!\sum_{j=1}^{n}\alpha_j^{1-v}a_{ij}} \tag{12.62}$$

整理后可得

$$d_j = y_j \hat{d}_j = -y_i \frac{(1-v)b_{ij}}{2b_0 \sum\limits_{j=1}^{n} \alpha_j^{1-v} a_{ij}} \tag{12.63}$$

$$d_i = y_i \hat{d}_i = -y_j \hat{d}_j = y_i \frac{(1-v)b_{ij}}{2b_0 \sum\limits_{j=1}^{n} \alpha_j^{1-v} a_{ij}} \tag{12.64}$$

因此 j 的选择是

$$j \in \underset{t}{\arg\min} \left\{ \frac{-(1-v)^2 b_{ij}^2}{4(1+v)! \sum\limits_{j=1}^{n} \alpha_j^{1-v} a_{ij}} \mid t \in I_{\text{low}}(\alpha^k), -y_t \psi^{(v)}(\alpha)_t < -y_i \psi^{(v)}(\alpha)_i \right\} \tag{12.65}$$

12.3.3　对拉格朗日乘子 α 的更新

上面介绍了如何选取 i、j，现在对 α_i、α_j 进行更新，使目标函数的对偶函数更小，由上述论述可知，最终要使目标函数 $\text{Sub}(B)$ 最小。根据对偶关系，可知 $\text{Sub}(B2) \leqslant \text{Sub}(B)$，所以现在需要求解 $\text{Sub}(B2)$ 的最小值。因为目标函数是凸函数，所以 $\text{Sub}(B2)$ 的极小值就是最小值。下面将 $\text{Sub}(B2)$ 的表达式重新整理后可以表示为

$$\begin{aligned}
\underset{d_i, d_j}{\min} \text{Sub}(B2) = &\frac{b_0}{(1+v)!} \left(\sum_{i=1}^{n} K_{ii} b_0 \alpha_i^{1-v} y_i^2 d_i^2 + \sum_{i=i}^{n} \sum_{j=1}^{n} y_i y_j K_{ij} b_0 \alpha_i^{1-v} d_i d_j \right. \\
&\left. + \sum_{i=i}^{n} \sum_{j=1}^{n} y_j y_i K_{ji} b_0 \alpha_j^{1-v} d_i d_j + \sum_{j=1}^{n} K_{jj} b_0 \alpha_j^{1-v} y_i^2 d_i^2 \right) \\
&+ \frac{b_0(1-v)}{(1+v)!} \left[y_i^2 \psi^{(v)}(\alpha^k)_i d_i + y_j^2 \psi^{(v)}(\alpha^k)_j d_j \right] \\
\text{s.t.} \quad & y_i d_i + y_j d_j = 0 \\
& -\alpha_i^k \leqslant d_i \leqslant c_i - \alpha_i^k \\
& -\alpha_j^k \leqslant d_j \leqslant c_j - \alpha_j^k
\end{aligned} \tag{12.66}$$

其中，k 表示迭代次数。

因为，y_i、$y_j = \pm 1$，所以要讨论 $y_i \neq y_j$ 和 $y_i = y_j$ 两种情况下 α_i^{k+1}、α_j^{k+1} 的更新情况。

根据定义可知，α_i^k 是在 α_i^k 上增加偏移量 d_i，所以有

$$\begin{cases} \alpha_i^{k+1} = \alpha_i^k + d_i \\ \alpha_j^{k+1} = \alpha_j^k + d_j \end{cases} \tag{12.67}$$

由 d_i 和 d_j 可知：

$$\begin{cases} d_j = y_j \hat{d}_j = -y_i \dfrac{(1-v)b_{ij}}{2b_0 \sum\limits_{j=1}^{n} \alpha_j^{1-v} a_{ij}} \\[2em] d_i = y_i \hat{d}_i = -y_j \hat{d}_j = y_i \dfrac{(1-v)b_{ij}}{2b_0 \sum\limits_{j=1}^{n} \alpha_j^{1-v} a_{ij}} \end{cases} \tag{12.68}$$

将式(12.68)代入式(12.67)可以得到：

$$\begin{cases} \alpha_i^{k+1} = \alpha_i^{k} + y_i \dfrac{(1-v)b_{ij}}{2b_0 \sum\limits_{j=1}^{n} \alpha_j^{1-v} a_{ij}} \\[2em] \alpha_j^{k+1} = \alpha_j^{k} - y_i \dfrac{(1-v)b_{ij}}{2b_0 \sum\limits_{j=1}^{n} \alpha_j^{1-v} a_{ij}} \end{cases} \tag{12.69}$$

可知，$b_{ij} = -y_i \psi^{(v)}(\alpha)_i + y_j \psi^{(v)}(\alpha)_j > 0$，下面讨论两种情况：

(1)当 $y_i \neq y_j$ 时，对于 α_i^k 的更新：

$$\begin{aligned} \alpha_i^{k+1} &= \alpha_i^{k} + y_i \dfrac{(1-v)b_{ij}}{2b_0 \sum\limits_{j=1}^{n} \alpha_j^{1-v} a_{ij}} = \alpha_i^{k} + y_i \dfrac{(1-v)\left[-y_i\psi^{(v)}(\alpha)_i + y_j\psi^{(v)}(\alpha)_j\right]}{2b_0 \sum\limits_{j=1}^{n} \alpha_j^{1-v} a_{ij}} \\[1em] &= \alpha_i^{k} + \dfrac{(1-v)\left[-\psi^{(v)}(\alpha)_i - \psi^{(v)}(\alpha)_j\right]}{2b_0 \sum\limits_{j=1}^{n} \alpha_j^{1-v} a_{ij}} \end{aligned} \tag{12.70}$$

对于 α_j^k 的更新：

$$\begin{aligned} \alpha_j^{k+1} &= \alpha_j^{k} - y_j \dfrac{(1-v)b_{ij}}{2b_0 \sum\limits_{j=1}^{n} \alpha_j^{1-v} a_{ij}} = \alpha_j^{k} - y_j \dfrac{(1-v)\left[-y_i\psi^{(v)}(\alpha)_i + y_j\psi^{(v)}(\alpha)_j\right]}{2b_0 \sum\limits_{j=1}^{n} \alpha_j^{1-v} a_{ij}} \\[1em] &= \alpha_j^{k} + \dfrac{(1-v)\left[-\psi^{(v)}(\alpha)_i - \psi^{(v)}(\alpha)_j\right]}{2b_0 \sum\limits_{j=1}^{n} \alpha_j^{1-v} a_{ij}} \end{aligned} \tag{12.71}$$

(2)当 $y_i = y_j$ 时，对于 α_i^k 的更新：

$$\begin{aligned} \alpha_i^{k+1} &= \alpha_i^{k} + y_i \dfrac{(1-v)b_{ij}}{2b_0 \sum\limits_{j=1}^{n} \alpha_j^{1-v} a_{ij}} = \alpha_i^{k} + y_i \dfrac{(1-v)\left[-y_i\psi^{(v)}(\alpha)_i + y_j\psi^{(v)}(\alpha)_j\right]}{2b_0 \sum\limits_{j=1}^{n} \alpha_j^{1-v} a_{ij}} \\[1em] &= \alpha_i^{k} - \dfrac{(1-v)\left[\psi^{(v)}(\alpha)_i - \psi^{(v)}(\alpha)_j\right]}{2b_0 \sum\limits_{j=1}^{n} \alpha_j^{1-v} a_{ij}} \end{aligned} \tag{12.72}$$

对于 α_j^k 的更新：

$$\alpha_j^{k+1} = \alpha_j^k - y_j \frac{(1-v)b_{ij}}{2b_0\sum_{j=1}^{n}\alpha_j^{(1-v)}a_{ij}} = \alpha_j^k - y_j \frac{(1-v)\left[-y_i\psi^{(v)}(\alpha)_i + y_j\psi^{(v)}(\alpha)_j\right]}{2b_0\sum_{j=1}^{n}\alpha_j^{(1-v)}a_{ij}}$$

$$= \alpha_j^k + \frac{(1-v)\left[\psi^{(v)}(\alpha)_i - \psi^{(v)}(\alpha)_j\right]}{2b_0\sum_{j=1}^{n}\alpha_j^{(1-v)}a_{ij}} \tag{12.73}$$

此时，若 $\sum_{j=1}^{n}\alpha_j^{1-v} = 0$ 等式不成立，可在此加一个限制 $\sum_{j=1}^{n}\alpha_j^{1-v} \neq 0$。

12.4　分数阶导数集合的更新

目标函数的分数阶导数的集合定义为 G-bar，G-bar 是 LIBSVM 为了加速运算而设计的。SMO 算法的一个核心就是对 α 的更新。在拉格朗日乘子训练的过程中，经过多次迭代之后 α_i 难免会落到边界上，这个时候 $\alpha_i = 0$ 或 $\alpha_i = C$。因为 α 的值落在边界上不会发生改变，所以把它的状态称为 inactive（不活跃的）。此时，对于那些处于 $0\sim C$ 的 α_i 的状态称为 active（活跃的）。使用启发式算法，在每一次迭代时都会计算 α_i 的大小，如果 $\alpha_i = 0$ 或 $\alpha_i = C$，则会把它们的状态标记为 inactive。机器在更新运算时，只会更新那些状态为 active 的 α_i 的梯度。对于那些状态标记为 inactive 的就用 G-bar 来存储。

根据前文的公式可知，$\psi^{(v)}(\alpha)_i = \sum_{i=1}^{n}\sum_{j=1}^{n}\alpha_j Q_{ij}b_0\alpha_i^{(1-v)} - \sum_{i=1}^{n}b_0\alpha_i^{(1-v)}$。其中，$Q_{ij} = y_iy_jK_{ij}$，$b_0 = \dfrac{\Gamma(1+1)}{\Gamma(1-v+1)}, 0 \leqslant v \leqslant 1$。

将状态为 inactive 的标记为 0 或 C，则可以得到：

$$\psi^{(v)}(\alpha)_i = \sum_{i=1}^{n}\sum_{j=1}^{n}\alpha_j Q_{ij}b_0\alpha_i^{(1-v)} - \sum_{i=1}^{n}b_0\alpha_i^{(1-v)}$$

$$= 0 * \sum_{i,j=1}^{n}\alpha_j Q_{ij}b_0\alpha_i^{(1-v)} + C * \sum_{i,j=1}^{n}\alpha_j Q_{ij}b_0\alpha_i^{(1-v)} + \sum_{i,j=1}^{n}\alpha_j Q_{ij}b_0\alpha_i^{(1-v)} - \sum_{i=1}^{n}b_0\alpha_i^{(1-v)} \tag{12.74}$$

$$= \sum_{i,j=1}^{n}\alpha_j Q_{ij}b_0\alpha_i^{(1-v)} - \sum_{i=1}^{n}b_0\alpha_i^{(1-v)}$$

令：

$$\bar{G} = C * \sum_{i,j=1}^{n}Q_{ij}b_0\alpha_i^{(1-v)}$$

机器运算 $\bar{G}$ 里面的数据，运算速度更快。

12.5　法向量 w 和偏移量 b 的计算

1. 法向量 w 的计算

根据前文知道 w 的最优值为

$$w^* = \sum_{i=1}^{n} \alpha_i^* y_i \varPhi(x_i) \tag{12.75}$$

2. 偏移量 b 的计算

C-支持向量分类和 ϵ-支持向量回归中的 b 和一类支持向量机的 $-\rho$ 是等价的。因为在 LIBSVM 中存储的其实是 ρ，而前文的推导中没有涉及 ρ，所以在这里求 b 的值。

可知，当 $0 < \alpha_i < C$ 时，

$$\sum_{i=1}^{n} \eta b_0 \alpha_i^{(1-v)} = -y_i \psi^{(v)}(\alpha_i) \tag{12.76}$$

变形后得到：

$$\eta = \frac{-y_i \psi^{(v)}(\alpha_i)}{\sum_{i=1}^{n} b_0 \alpha_i^{(1-v)}} \tag{12.77}$$

其中，$b_0 = \dfrac{\varGamma(1+1)}{\varGamma(1-v+1)}, 0 \le v \le 1$。

根据前面的证明可知，当 $0 < \alpha_i < C$ 时，$\eta = b$，所以：

$$b = \frac{-y_i \psi^{(v)}(\alpha_i)}{\sum_{i=1}^{n} b_0 \alpha_i^{(1-v)}} \tag{12.78}$$

其中，$b_0 = \dfrac{\varGamma(1+1)}{\varGamma(1-v+1)}, 0 \le v \le 1$。

在 LIBSVM 中是提取所有支持向量机，然后求取平均值，所以：

$$b^* = \frac{\sum_{i:0<\alpha_i<c} \left[\dfrac{-y_i \psi^{(v)}(\alpha_i)}{\sum_{i=1}^{n} b_0 \alpha_i^{(1-v)}} \right]}{\left| \{i \mid 0 < \alpha_i < C\} \right|}$$

其中，$b_0 = \dfrac{\varGamma(1+1)}{\varGamma(1-v+1)}, 0 \le v \le 1$。

12.6　确定分类结果

将前文求得的结果代入决策函数：$\mathrm{sign}\left[\boldsymbol{w}^{\mathrm{T}}\boldsymbol{\Phi}(x)+b\right]$，即可确定最终分类结果。

12.7　实 例 验 证

为了验证改进的效果，这里使用 LIBSVM3.22 做验证。在这里首先验证一个简单的事例是否有改变。采用的数据是 LIBSVM3.22 工具箱中的 Heart_scale.mat 数据集，Heart_scale.mat 数据集含有 270 个 13 维样本，其中有 150 个标签为-1 的负例，120 个标签为+1 的正例。

使用 MATLAB 2017 对 Heart_scale.mat 数据集进行分类实验。首先，使用 LIBSVM 工具箱中自带测试程序对 Heart_scale.mat 进行分类；其次，根据分数阶 C-支持向量机的理论推导结果，使用 Visual Studio 2017 对 svm.cpp 中相对应的源码进行修改；再次，使用 MATLAB 2017 编译修改之后的 LIBSVM 3.22 工具箱；然后，对 Heart_scale.mat 数据集进行 0.1～0.9 阶分类；最后，分析实现结果，得出结论。

现在对 Heart_scale.mat 数据集进行测试，0.1～1.0 阶导测试结果如表 12.1、图 12.2 所示。

表 12.1　Heart_scale 的分类情况表

导数阶次/阶	准确率/%	耗时/s
0.1	55.56	32.789
0.2	46.30	130.481
0.3	46.30	114.630
0.4	44.44	129.947
0.5	72.59	144.183
0.6	82.59	167.510
0.7	85.56	152.766
0.8	87.41	160.337
0.9	88.15	155.309
1.0	86.67	0.007

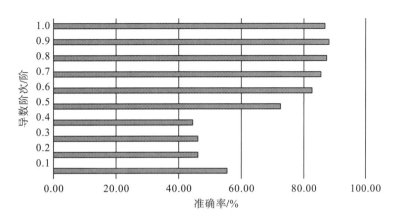

图 12.2　Heart_scale 的分类情况柱状图

通过表 12.1 可以发现，1.0 阶导时，正确分类率是 86.67%；0.8 阶导时，正确分类率是 87.41%；0.9 阶导时，正确分类率是 88.15%。显然在 0.8 阶导和 0.9 阶导的分类效果要比 1.0 阶导的分类效果好。但是应注意在 1.0 阶导时，MATLAB 2017A 用时 0.007s，0.8 阶导和 0.9 阶导用时分别是 160.337s 和 155.309s，显然分数阶导比整数阶导运行时间长。

下面将整数阶与分数阶 C-支持向量分类算法进行对比。

1. 目标函数

目标函数的一阶导为

$$\nabla \psi(\alpha) - \lambda + \mu + \eta y = 0 \tag{12.79}$$

目标函数的分数阶导数为

$$\psi^{(v)}(\alpha) - \sum_{i=1}^{n} \lambda_i \alpha_i^{(v)} + \sum_{i=1}^{n} \mu_i \alpha_i^{(v)} + \sum_{i=1}^{n} \eta y^{\mathrm{T}} \alpha_i^{(v)} = 0 \tag{12.80}$$

对比目标函数，可以发现分数阶目标函数的导数取值范围更大。

2. 更新拉格朗日乘子 α

(1) 整数阶 C-支持向量算法分类 α 的下标 i、j 的选取为

$$\begin{cases} i \in \underset{t}{\arg\max} \left\{ -y_t \nabla \psi(\alpha^k)_t \mid t \in I_{\mathrm{up}}(\alpha^k) \right\} \\ j \in \underset{t}{\arg\min} \left\{ \dfrac{-b_{it}^2}{a_{it}} \mid t \in I_{\mathrm{low}}(\alpha^k), -y_t \nabla \psi(\alpha^k)_t < -y_i \nabla \psi(\alpha^k)_i \right\} \end{cases} \tag{12.81}$$

整数阶 C-支持向量算法分类 α 的更新：

当 $y_i \neq y_j$ 时，

$$\begin{cases} \alpha_i^{k+1} = \alpha_i^k + \dfrac{-\nabla \psi(\alpha)_i - \nabla \psi(\alpha)_j}{a_{ij}} \\ \alpha_j^{k+1} = \alpha_j^k + \dfrac{-\nabla \psi(\alpha)_i - \nabla \psi(\alpha)_j}{a_{ij}} \end{cases} \tag{12.82}$$

当 $y_i = y_j$ 时，

$$\begin{cases} \alpha_i^{k+1} = \alpha_i^k - \dfrac{\nabla\psi(\alpha)_i - \nabla\psi(\alpha)_j}{a_{ij}} \\[4mm] \alpha_j^{k+1} = \alpha_j^k + \dfrac{\nabla\psi(\alpha)_i - \nabla\psi(\alpha)_j}{a_{ij}} \end{cases} \tag{12.83}$$

(2) 分数阶 C-支持向量机 α 的下标 i、j 的选取为

$$\begin{cases} i \in \underset{t}{\arg\max}\left\{-y_t\psi^{(v)}(\alpha^k)_t \mid t \in I_{\mathrm{up}}(\alpha^k)\right\} \\[4mm] j \in \underset{t}{\arg\min}\left\{\dfrac{-(1-v)^2 b_{ij}^2}{4(1+v)!\sum\limits_{j=1}^n \alpha_j^{(1-v)}a_{ij}} \mid t \in I_{\mathrm{up}}(\alpha^k), -y_t\psi^{(v)}(\alpha)_t < -y_i\psi^{(v)}(\alpha)_i\right\} \end{cases} \tag{12.84}$$

分数阶 C-支持向量机 α 的更新：

当 $y_i \neq y_j$ 时，

$$\begin{cases} \alpha_i^{k+1} = \alpha_i^k + \dfrac{(1-v)\left[-\psi^{(v)}(\alpha)_i - \psi^{(v)}(\alpha)_j\right]}{2b_0\sum\limits_{j=1}^n \alpha_j^{(1-v)}a_{ij}} \\[6mm] \alpha_j^{k+1} = \alpha_j^k + \dfrac{(1-v)\left[-\psi^{(v)}(\alpha)_i - \psi^{(v)}(\alpha)_j\right]}{2b_0\sum\limits_{j=1}^n \alpha_j^{(1-v)}a_{ij}} \end{cases} \tag{12.85}$$

当 $y_i = y_j$ 时，

$$\begin{cases} \alpha_i^{k+1} = \alpha_i^k - \dfrac{(1-v)\left[\psi^{(v)}(\alpha)_i - \psi^{(v)}(\alpha)_j\right]}{2b_0\sum\limits_{j=1}^n \alpha_j^{(1-v)}a_{ij}} \\[6mm] \alpha_j^{k+1} = \alpha_j^k + \dfrac{(1-v)\left[\psi^{(v)}(\alpha)_i - \psi^{(v)}(\alpha)_j\right]}{2b_0\sum\limits_{j=1}^n \alpha_j^{(1-v)}a_{ij}} \end{cases} \tag{12.86}$$

通过前文的对比可以发现，在选取拉格朗日乘子 α 的下标时，分数阶的范围比整数阶更大，在更新拉格朗日乘子时， α 的取值更加精确。

3. 导数集合更新

整数阶导数集合 $\overline{G} = C* \sum\limits_{j:\alpha_j=C}^n Q_{ij}$；

分数阶导数集合 $\overline{G} = C* \sum\limits_{i,j=1}^n Q_{ij}b_0\alpha_i^{1-v}$。

通过导数集合的更新可知，分数阶导数集合的取值范围更大。

4. 对法向量 w 和偏移量 b 更新

整数阶导数对参数 w、b 更新:

$$\begin{cases} w^* = \sum_{i=1}^{n} \alpha_i^* y_i \boldsymbol{\Phi}(x_i) \\ b^* = \dfrac{\sum_{i:0<\alpha_i<C} \left[-y_i \nabla \psi(\alpha_i) \right]}{\left| \{ i \mid 0 < \alpha_i < C \} \right|} \end{cases} \tag{12.87}$$

分数阶导数对参数 w、b 更新(α_i^* 与整数阶导数中的 α_i^* 形式相同, 但是最优值不同):

$$\begin{cases} w^* = \sum_{i=1}^{n} \alpha_i^* y_i \boldsymbol{\Phi}(x_i) \\ b^* = \dfrac{\sum_{i:0<\alpha_i<C} \left(\dfrac{-y_i \psi^{(v)}(\alpha_i)}{\sum_{i=1}^{n} b_0 \alpha_i^{(1-v)}} \right)}{\left| \{ i \mid 0 < \alpha_i < C \} \right|} \end{cases} \tag{12.88}$$

通过对比发现, w^*、b^* 的取值范围更大。

5. 判别函数

将更新之后的 w^*、b^* 代入判别函数 $\text{sign}\left[w^{\text{T}} \boldsymbol{\Phi}(x) + b \right]$ 中, 最终确定分类。

通过对比, 可以发现, 在各参数的选取上 C-支持向量分类算法的取值范围更大, 所以在精确度方面, 分数阶 C-支持向量分类算法要强于整数阶 C-支持向量分类算法。同时, 由于分数阶 C-支持向量分类算法各个参数计算相对复杂, 所以分数阶 C-支持向量分类算法运行时间较长, 但总的来说, 运行时间不超过 3 分钟, 对于大部分研究者来说还是能够接受的。

为了验证改进后的实际效果, 这里使用斯坦福大学公开课(Machine Learning, Andrew Ng)的第 8 个作业的数据 ex8b.txt, ex8b.txt 含有 211 个二维数据, 其中有 105 个标签是-1 的负例, 有 106 个标签为+1 的正例。这是一个非线性的二分类, 在实务中被普遍应用。为了与已有研究进行对比, 在这里参照 CSDN 上 Gy_Hui-HUST 所写的内容, 令 $\gamma = 100$ [在这里 γ 是径向基核函数(radial basis function, RBF)中的一个数值, 与上面的函数间隔、几何间隔不同, 为了与原网站保持一致性, 在这里同样称其为 γ], 具体结果如表 12.2 所示。

表 12.2　ex8b 0.1～1.0 阶分类情况表

导数阶次/阶	准确率/%	正确分类个数/个
0.1	50.237	106
0.2	50.24	106
0.3	93.8389	198
0.4	92.4171	195
0.5	94.7867	200

续表

导数阶次/阶	准确率/%	正确分类个数/个
0.6	95.26	201
0.7	95.2607	201
0.8	95.2607	201
0.9	95.2607	201
1.0	94.3128	199

　　通过表 12.2 可知，0.7～0.9 阶导的效果比整数阶好。在 1.0 阶导时，正确分类个数是 199，准确率是 94.3128%；在 0.7 阶导时，正确分类个数是 201，准确率是 95.2607%。此时可以看出，在已有研究较好结果的基础上，分数阶分类仍能够取得比整数阶分类更好的效果。下面将两个分类图进行对比。1.0 阶导如图 12.3 所示，0.8 阶导如图 12.4 所示。

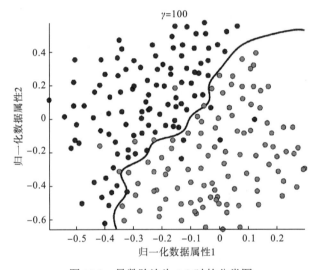

图 12.3　导数阶次为 1.0 时的分类图

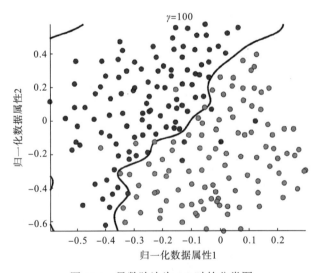

图 12.4　导数阶次为 0.8 时的分类图

　　对于 LIBSVM 的多分类，使用了比较著名的 iris 数据。首先对数据进行整理，使其符合 LIBSVM 的格式，然后再使用 MATLAB 2017 随机打乱顺序，最后使用默认参数进行三分类。由于使用 LIBSVM 对 iris 分类结果比较好（最好的达到 100%），此处使用分类结果准确率为 94%时进行测试。测试结果如表 12.3 所示。

　　从准确率的折线图 12.5 可以看到分数阶的最好结果与整数阶一样，在 0.8 阶的时候与整数阶相同。对 0.8~0.9 阶再次进行运算，运算结果如表 12.4 所示。

表 12.3　iris1 阶精度为 94%的 0.1~1.0 阶分类情况表

导数阶次/阶	正确分类个数/个	准确率/%
0.1	15	30
0.2	15	30
0.3	31	62
0.4	32	64
0.5	30	60
0.6	42	84
0.7	46	92
0.8	47	94
0.9	46	92
1.0	47	94

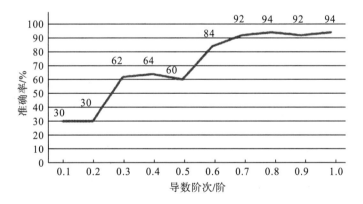

图 12.5　iris 1 阶精度为 94%的 0.1~1.0 阶分类情况折线图

表 12.4　iris 1 阶精度为 94%时 0.8~0.9 阶分类情况表

导数阶次/阶	正确分类个数/个	准确率/%
0.81	47	94
0.82	48	96
0.83	47	94
0.84	47	94

续表

导数阶次/阶	正确分类个数/个	准确率/%
0.85	47	94
0.86	47	94
0.87	46	92
0.88	47	94
0.89	46	92
0.90	47	94

由图 12.6 可知，在 0.82 阶的时候，测试结果较好。

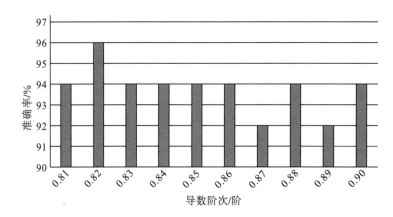

图 12.6　iris1 阶精度为 94%时 0.80～0.90 阶分类情况

期望得到更好的结果，在使用 LIBSVM 工具箱时，会涉及参数的应用。

此处亦对参数的改变进行测试。在参数的选取上，-s 的选取使用 svm 默认的分类函数 C-SVC，核函数也使用默认 RBF，-c 设置为 1.5，-g 设置为 0.2，-b 是-model.rho（一个标量数字），设置为 1。

同样先随机打乱 iris 数据的顺序，在里面选取一个分类正确率为 90%的数据。然后固定参数后，调整阶次进行训练。训练结果如表 12.5 所示。

表 12.5　iris 1 阶精度为 90%的各阶次分类情况表

导数阶次/阶	准确率/%	正确分类个数/个
0.1	38	19
0.2	86	43
0.3	90	45
0.4	90	45
0.5	94	47
0.6	92	46

续表

导数阶次/阶	准确率/%	正确分类个数/个
0.7	90	45
0.8	92	46
0.9	92	46
1.0	90	45

由于 0.1 阶与其他阶次差别比较大，所以从图 12.7 很难发现其他分数阶次与整数阶相比有大的变化，将 0.1 阶次剔除，则结果如图 12.8 所示。

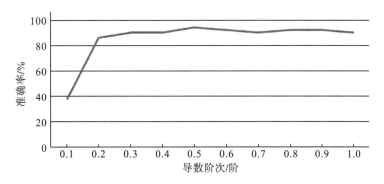

图 12.7　iris 1 阶精度为 90%的 0.1~1.0 阶各阶次分类情况图

从图 12.8 中可以清晰地观察到在 0.5 阶时，测试结果明显比 1.0 阶效果好。但是分数阶运行时间也明显比整数阶次时间长，本书测试时所耗用的时间在 6 分钟左右。因此，如何选取合适的参数，缩短分数阶方法的用时时长也是研究的方向之一。

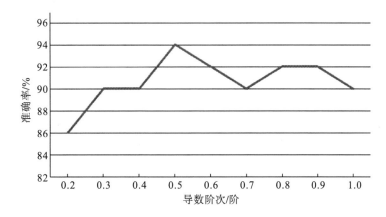

图 12.8　iris 1 阶精度为 90%的 0.2~1.0 阶各阶次分类情况图

本章主要是对 LIBSVM 工具箱中整数阶 C-支持向量分类算法进行分数阶拓展。首先，将目标函数进行分数阶改进；其次，选取 α 的下标 i、j 对 α 进行更新；再次，对辅助变量进行更新；然后，计算参数 w 和 b；最后，根据参数 w 和 b 的值确定最终分类结果。根据证明结果，对 LIBSVM 工具箱中整数阶 C-支持向量分类的代码进行修改，然后使用 MATLAB 2017 和 Visual Studio 2017 进行实验验证。通过二分类与多分类的实验结果，可以发现分数阶 C-支持向量分类比整数阶 C-支持向量分类能够得到精度更高的结果。

第13章 高阶逻辑定理证明器

形式化验证于 20 世纪 70 年代在国外兴起，最早由 Dijdstua 和 Hore 用来进行程序证明。从广义上讲，形式化验证是借助数学的方法来解决软件工程领域的问题，主要包括建立精确的数学模型以及对模型的分析活动。狭义地讲，形式化验证是运用形式化语言，进行形式化的规格描述、模型推理和验证的方法。形式化验证技术得到业界广泛的关注和支持，其迅速发展的主要动力来源于：①软硬件系统的设计更加复杂，在大规模集成电路的时代，模拟仿真技术早已不能满足实际的可靠性需求的验证；②新的研究理论和研究方法成果，使得形式化验证方法愈显突出。

形式化验证的应用日益凸显，促使很多国际 EDA 公司产生投资的兴趣，在国际上寻求形式化研究的合作伙伴。如 Cadence 和 Synopsys 等都在为研发能够保证硬件设计正确性的形式化验证工具而寻求合作机构。Intel、IBM、Motorola 等芯片设计与生产的国际巨头都已经在其数字芯片设计中引进和发展形式化验证技术，对芯片设计的正确性进行形式化验证。还有很多国际公司拥有与自己产品相应的形式化验证工具，如 Abstract Hardware Ltd. De Lambda、Cadence 的 Affirma、HP 的 SSM、Mentor 的 FormalPro、IMB 的 RuleBase、Synopsis 的 Formality、Verplex 的 Conformal 等。国内外巨头 IT 公司包括各大高校研究机构，更是在软件形式化验证研究领域取得了丰富的成果。

形式化验证用逻辑方法表达系统的规范以及系统的性质，然后根据逻辑推理理论，验证设计的系统模型是否满足设计前期望得到的性质和系统设计的规范，在所期望的性质无法被证明时，系统的设计就极有可能是错误的。这些特点使形式化验证克服了传统验证方法模拟和测试的一些不足，形式化技术通过形式规范的逻辑描述和严格的推理证明使设计者对系统拥有了更加深刻的理解，同时可以发现一些传统方法未能发现的设计错误。形式化方法的严谨性使其成为对计算机系统设计进行验证的一条有效方法，为系统的可靠性提供了保障。

近些年，形式化验证方法已成功地验证了一些硬件和软件，为这些软硬件的可靠性提供了保障。由于分数阶系统的复杂性和其在高安全性的关键领域中的广泛应用，其迫切需要使用形式化技术。形式化验证方法是传统验证方法的发展，弥补了传统方法的不足，对于高可靠系统能提供更加完备的设计验证。随着形式化验证技术的逐渐成熟，形式化验证方法应用于越来越多的研究领域，在辅助设计和验证设计中均取得了显著效果，包括软硬件系统设计、硬件可靠性研究、系统安全性分析、网络安全、系统建模和精确分析等。

13.1 形式化验证

形式化验证是基于已建立的形式化规格，对所规格系统的相关特性进行分析和验证，以评估系统是否满足期望的特性。形式化方法包括形式化规约(formal specification，也称形式规范或形式化描述)和形式化验证(formal verification)。形式化规约是对系统"做什么"的数学描述，是用具有精确语义的形式语言书写的系统功能描述，是设计系统的出发点，也是最后验证系统是否正确的依据。形式化规约通常要确定其一致性(自身无矛盾)和完备性(是否完全、无遗漏地刻画所要描述的对象)等。不同形式化规约方法要求不同的形式化规约语言(也称形式化描述语言)，如代数语言 OBJ、ASL 等，进程代数语言 CSP、π 演算等，时序逻辑语言 PLTL、UNITY 等。不同的规约语言基于不同的数学理论及规约方法，因而差别也很大。

形式化验证则是形式化方法的另一重要研究内容。形式化验证与形式化规约之间有非常紧密的联系，形式化验证就是验证已有的系统(程序)P，是否满足其规约(φ, ψ)的要求[即 $P(\varphi, \psi)$]，这也是形式化方法所要解决的核心问题。因为形式化规约是基于严格的数学理论构建的，其具有一致性及完备性等特点，所以使用形式化验证来确定系统的设计是否达到了形式化规约的要求。形式化验证通过对性质规范的描述，能够最大限度地理解和分析需要验证的系统特性和具体性质，并能在验证过程中尽可能多地发现系统中的不一致性以及不完备性等问题。传统的验证方法包括模拟(simulation)和测试(testing)，它们都是通过实验的方法对系统进行查错。模拟和测试分别在系统抽象和实际系统上进行，一般会给系统进行信号输入，观察输出结果是否跟预设输出结果一致。这种方法花费很大，而且由于实验所能涵盖的系统行为有限，也很难找出潜在的错误。基于此，早期的形式验证主要研究如何使用数学方法，严格证明一个系统的正确性。这也是形式化验证发展如此迅速的原因。形式化验证在计算机科学和软硬件工程领域中有着非常广阔和重要的应用价值。在关键性及高可靠性要求的领域越来越多地应用形式验证，如国家安全、航空航天、核电站控制系统、通信系统等，在软硬件系统中应用形式化验证，通过运用恰当而又严格的数学分析来实现系统设计的可靠性。

形式化验证使用逻辑的方法描述系统的模型和性质，然后根据相关推理规则证明所设计的系统模型是否能得到设计前期望的性质并且满足相关的系统规范。形式化方法是通过逻辑模型并利用逻辑推理的方法验证设计，其一般验证流程如图 13.1 所示。形式化验证的过程可以帮助研究者更加深刻地理解系统，进而发现传统方法难以发现的设计中的漏洞。

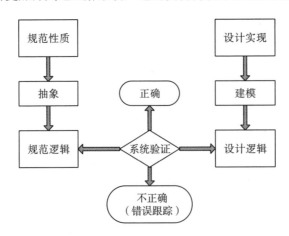

图 13.1　形式化验证一般过程

由于形式化验证方法的准确性和完备性，现在，越来越多的对安全要求高的关键领域开始使用形式化验证，如通信系统、核电站控制系统、机器人控制等。形式化验证方法技术主要包括等价性验证、模型检验和定理证明。

13.1.1　等价性验证

等价性验证的验证过程是选取一个标准系统模板，然后把标准设计经过一定变换，穷尽地检验设计变换前后是否拥有一致的系统功能。通过验证设计变换前后功能没有产生变化，来证明该系统的两个模型是等价的。

等价性验证的基本原理是通过比较所建立的两个模型之间的关系来验证系统功能是否正确。等价性验证的程序会自动根据数学定理和公理比较变换前后两个设计之间的功能是否等价，用户不用提供输入数据。等价性验证的优点是工具的使用比较简单，在系统设计的过程中容易加入这种验证。现在市场上已经有很多成熟的等价性验证工具，如 Cadence 公司的 Affirm 就是一个很好的自动等价性验证工具。采用等价性验证的方法虽然可以减少验证的工作量，但是这种方法需要选取一个标准模型作为验证的参考，并且该方法不能发现原始模型本身所存在的错误。

13.1.2　模型检验

为发现计算机系统的错误，美国科学家爱德蒙·克拉克（Edmund M. Clarke）、艾伦·爱默生（E. Allen Emerson）和法国科学家约瑟夫·斯发基斯（Joseph Sifakis）提出了模型检验方法。

模型检验是一种通过将系统表达为有限状态机进行自动验证的形式化验证方法。模型检验就是去检验一个有限状态图是否为一个时态逻辑规范的模型。时态逻辑所用的基本算子是 F（有时）、G（总是）、X（下一次）、U（直到）。现在叫线性时间逻辑（LTL）。另一种常用的逻辑是计算树逻辑（CTL），它的基本时态是 A（对所有以后的交易）、E（对某些以后的交易），跟随着 F、G、X、U 之一。复合公式是线性时间逻辑子公式的嵌套和组合，如 AFp（以后，p 终将成立，因此是必然的），EFp（以后，p 最后可能成立）。

模型检验是一个自动化的验证工具，可以很快地发现设计错误。它的基本思想就是用分支时态逻辑（computational tree logic，CTL）公式表达系统的期望性质，用优先状态机 FSM 表示系统的状态转移结构，通过遍历有限状态机来检验时态逻辑公式的正确性。如果不能验证公式的正确性，则系统将给出一个反例，使用户发现公式不成立的原因。

模型检验具有完全自动化，不需要人为干预，当出错时会给出反例等优点，但由于其采用遍历状态机的方法，需要把状态机中的所有可达状态都枚举出来，且随着系统规模的增大，状态的数量会呈指数地增长，进而出现组合爆炸。为了解决状态爆炸的问题，人们提出一些重要的技术方法，如符号模型检验（symbolic model checking，SMC）、抽象技术和组合验证等，其中符号模型检验的主要特点是，用有序二叉判定树 OBDDs（ordered binary decision diagrams）隐式地表示有限状态反映系统的状态集合和状态转换集合。该方法可有效缩短计算时间及减少空间的需求。一些模型检验工具如 SMV 和 Emerson 是基于

OBDDs 实现的，可以用于硬件和协议的验证。模型检验的自动化使得人工参与的过程减少，但其基于状态搜索的设计，在有限处理能力与状态数量呈指数上升的情况下，存在着难以克服的矛盾。

13.1.3 定理证明

定理证明是形式化方法的一种，它是一种用数学逻辑公式来表达系统及其属性的技术，通过对现实中的物理模型提取属性性质转换为数学模型，再由数学模型转换为逻辑模型，并在相关定理证明器中进行描述，从而得到一个形式化系统，找到某属性的一个证明过程。定理证明是用基于某种数学逻辑的形式化系统对要被验证的系统设计进行建模，以该形式化系统的公理和推理规则为基础，逐步推导表达被验证系统的相关性质的公式，从而证明该系统具有某种性质。在定理证明中，根据其本有的系统公理及推导规则，对需要被验证的设计进行系统描述和分析，来证明该设计是否能够达到预期的效果，引理和假设条件的定义一般都会在推导过程中反映出来。

定理证明的分析原理是为系统的需求规范和设计实现建立逻辑模型，然后通过形式化定理验证两者的关系，如果该定理通过证明是正确的则说明实现和需求之间是等价的或是蕴含的。定理证明克服了等价性验证需要建立标准模型和模型检测处理复杂系统会产生空间爆炸的约束。由于定理证明器可以表达所有可以逻辑化的东西，它已用于多个领域的可靠性分析，例如，用 Hoare 逻辑验证软件程序，用定理证明器 Coq 验证编译器，分析 PLC 抢答器程序等应用。定理证明虽然可以表达所有可逻辑化的系统，但是证明定理时需要人工引导，于是要求定理证明器的使用者熟悉逻辑推理并且拥有一定的推理经验，这是定理证明难以大众化的原因。目前，定理证明主要应用于一些系统关键性质的分析，在特殊领域里定理证明发挥了巨大优势。定理证明技术逐渐成为形式化验证技术的重点研究方向，在研究和应用上都拥有巨大的发展潜力。近年来，形式化方法的优越性越来越明显，并且成功应用于很多工业领域，如航空航天系统、医疗系统、核反应堆系统、保密系统、计算机核心硬件等。

定理证明本质是基于系统的公理及推导规则来为定理寻找证明。当演绎推理和数学定理的手工推导证明，变成符号演算的过程技术，并且可以在计算机上自动进行时，定理证明就成为当今软件工程领域中一种非常重要的形式验证技术，即定理证明系统。在运用定理证明的方法进行系统设计验证时，需要借助定理证明器。辅助手工推导的计算机程序被称为机械定理证明器，它和自动定理证明器组成了自动化程度不同的定理证明器，如证明检验器以及交互式定理证明器。现在，具有各种特点的定理证明系统已成为教育、学术及工业上的有力工具，这些定理证明系统拥有各种不同的特性，主要系统有 ACL2、Coq、Lego、Isabelle、HOL 和 PVS 等。

其中，应用通用传送的计算逻辑(a computational logic for applicative common lisp, ACL2)是由早期用于软件验证的定理证明器 Boyer-Moore 发展来的，它从设计上支持基于归纳逻辑理论的自动推理，可应用于软件或硬件系统的验证。ACL2 定理证明器的核心基于项重写(term rewriting)系统，此核心高度可扩展，用户已证得的定理可以在后续的猜想中被用作现成的数学证明。ACL2 是由其自身的程序语言、一套可扩展的一阶逻辑理论和一个机械化的定理证明工具所组成的软件系统。ACL2 从设计上支持基于归纳逻辑理论的自动推理，主要应用于软件或硬件系统的验证。ACL2 的输入语言与实现基于 Common Lisp。它在若干工业领域中得以应用，J Strother Moore、Matt Kaufmann 和 Tom Lynch 运用 ACL2 验证了 AMD K5 处理器的浮点数除法运算的正确性。另外，IBM、Intel 和 Oracle 都是 ACL2 的用户。

Coq 是一个基于高阶逻辑(higher-order logic)的定理证明辅助工具。它支持数学断言的表达式、机械化地对这些断言执行检查、辅助寻找正式证明，并从其形式化描述的构造性证明中提取出可验证的程序。Coq 是基于归纳构造演算(the calculus of inductive constructions)的一种衍生理论。Coq 并非一个定理机器证明语言，它提供了自动化定理证明的策略(tactics)和不同的决策过程。Coq 的应用包括对编程语言语义的形式化和数学运算的形式化等，如对四色定理的形式化描述、对法伊特-汤普森定理(Feit-Thompson theorem)的形式证明等。

Isabelle 由英国剑桥大学的 Lawrence C. Paulson 和德国慕尼黑技术大学的 Tobias Nipkow 于 1986 年共同开发完成。Isabelle 可以对数学公式进行形式化描述，其最大的特点是系统支持多种对象逻辑，还允许自定义新的逻辑。Isabelle 主要被应用于数学证明的形式化，特别是形式化验证，包括对计算机软件和硬件的正确性验证，以及对计算机语言和协议的属性验证。

HOL 是由剑桥大学研发出来的，它是一种基于高阶逻辑(higher-order logic)的交互式定理证明系统，它采用目标制导的方法，基于系统已有的公理、推导规则和定理库，不断生成子目标，直到证明出所有子目标，从而验证系统的设计能与预期的性质规范相一致。本书的工作是基于 HOL4 (HOL 的最新版本)完成的，因为 HOL 有丰富的定理库、强大的建模和推理能力以及更强的灵活性，而 PVS 灵活性差一些。HOL 系统的相关内容将会在后面进行详细说明。

定理证明是基于数学对系统的规范和性质进行严格地推理验证，无限状态空间的问题能够用定理证明来解决，这是与模型检验不同的。定理证明的验证方法有较高的代价，因为它不仅要求人机交互和较强的数学能力，而且还要经过一定的训练。但定理证明能在关键领域的安全特性验证中发挥优势作用，它已成为形式化验证技术中最具有研究价值的方法之一。

定理证明的基本原理是选定一个数学逻辑体系，并用其中的公式来描述系统和系统性质刻画，然后在一定的数学逻辑(如 HOL 逻辑)体系中依据此体系的公理、定理、推导规则和系统描述公式，看能否推导出系统的性质刻画公式，如果可以的话即验证成功。进行定理证明的过程就是在用户的引导下，不断地对公理、已证明的定理施加推理规则，产生新的定理，直到推导出所需要的定理，图 13.2 是定理证明器的示意图。

图 13.2　定理证明器示意图

不同于模型检测，定理证明的高度抽象以及强大的逻辑表达能力，使得它可以处理无限状态空间的问题。定理证明虽然可以表达所有可逻辑化的系统，但是证明定理时需要人工引导，于是要求定理证明器的使用者熟悉逻辑推理并且拥有一定的推理经验，这是定理证明难以大众化的原因。目前，定理证明主要应用于一些系统关键性质的分析，在特殊领域里定理证明发挥了巨大优势。定理证明技术逐渐成为形式化验证技术的重点研究方向，在研究和应用上都拥有巨大的发展潜力。近年来，形式化方法的优越性越来越明显，并且成功应用于很多工业领域，如航空航天系统、医疗系统、核反应堆系统、保密系统、计算机核心硬件等。

13.2　HOL 系统概述

HOL 是一种用高阶逻辑构建数学定理和系统模型的交互式定理证明的开发环境。HOL 以函数式编程语言 ML 语言为接口，利用丘奇(Church)的简单类型理论和辛德雷-米尔纳(Hindley-Milner)的多态性理论实现高阶逻辑。20 世纪 80 年代，迈克·戈登(Mike Gordon)在剑桥大学创建了 HOL 定理证明器的第一个版本 HOL88。在这之后相继开发出新版本 HOL90、HOL98 和 HOL4。目前，HOL4 是 HOL 家族的最新版本。虽然 HOL4 是前几个版本的升级，但内核仍是逻辑学公认的 5 个公理加 8 条基本推理规则，并且依据 ML 函数规则执行。HOL 是一个纯数学的形式化验证平台，经过多年的发展已经成功应用于很多系统的高可靠性分析。

13.2.1　HOL 系统的发展

HOL 是 Higher Order Logic 的简称，作为定理证明器的一种，HOL 在世界上有庞大的用户基础，每年都会举行 HOL 系统的年会，而且它已经被广泛地应用于通信协议以及各类硬件电路和算法的验证中。在计算机科学以及数学逻辑学中，定理证明器是一种用来形式化分析和验证的软件工具。其中主要包括基本的交互证明编译器或者以其他的语言为接口。目前大部分定理证明器的证明过程需要人工的引导。

定理证明的研究在自动演绎研究领域占有重要的席位，它通过计算机程序用逻辑建立数学的相关理论。数学理论系统的建立可以使用不同类型的逻辑，主要分为三种：命题逻辑、一阶逻辑和高阶逻辑。三种类型的逻辑由于拥有的修饰词不一样，它们所能表达的范围也不一样，表达能力不一样，但这三种逻辑各有优缺点。例如，高阶逻辑拥有附加量词是对一阶逻辑表达能力的加强，可以用于描述所有事物，但由于副词的修饰比较麻烦，在自动推理方面没有一阶逻辑便于开发。基于定理证明的形式化分析方法的主要思想是，首先为系统建立逻辑模型，然后通过逻辑验证需求中的性质。高阶逻辑定理证明对系统行为建模比较灵活，它能描述任何可以数学化的系统，并用严谨的逻辑进行形式化推理。定理证明器的核心是公理和基本推理规则。由于每个新定理都是由基本公理和推理规则推导证明得出，这样保证了基于定理证明验证的正确性。

定理证明器或证明辅助工具是对系统的数学模型进行形式化描述的工具。现在主要分为两类证明器：交互式定理证明和自动定理证明。自动定理证明器的研究尽管有了很大发展，特别在消解法的提出后，为一阶逻辑系统的自动定理证明奠定了基础。但是由于技术的限制,交互式定理证明系统更加适合系统的验证。目前业界流行的交互式定理证明器有:一阶逻辑定理证明器(Mizar、ACL2 等)、高阶逻辑定理证明器(Agda、HOL、Coq、LEGO、Isabelle 和 PVS 等)。

　　中国在机器证明领域的研究也取得了众多研究成果,其中吴文俊院士对几何定理自动证明的研究做出了很大贡献,在国际上产生了一定的影响。随着社会的发展,高安全领域的系统高可靠分析的需求的增加,形式化方法受到国家越来越多的重视,于是在审批的国家自然科学基金项目中出现了很多与定理证明形式化方法相关的研究。目前,形式化方法在很多领域得到了有效应用,如软件和网络协议的设计与验证、可信计算等。

　　HOL 系统最初是为了验证硬件寄存器的传输级别而开发的。它支持对具有输入和输出信号的设备的建模技术,并且通过存在量词隐藏内部信号。信号是以时间表示值的函数(wire states),这使得高阶关系及量化是必须的。这就产生了比较接近形式化的高阶逻辑〔在早期同样的想法也在 Veritas 硬件设计系统的设计中被基斯·汉纳(Keith Hanna)提出〕。HOL 系统的设计大量采用 LCF 可计算函数逻辑(logic of computable functions)实现的经典高阶逻辑的"现成"理论。

　　HOL 系统的前身是爱丁堡(Edinburgh)LCF,而爱丁堡 LCF 是由斯坦福(Stanford)LCF 发展而来的。LCF 是可计算函数的逻辑,最早由戴纳·斯科特(Dana Scott)于 1969 年提出,是一种研究可计算性的数学模型。Stanford LCF 是基于 LCF 的定理证明器,罗宾·米尔纳(Robin Milner)后来开发了一个以 ML 为元语言的定理证明系统,并在这个系统的基础上形成了爱丁堡 LCF,避免了 Stanford LCF 命令的烦琐。以爱丁堡 LCF 为基础,接着发展出了 Stanford ML 和剑桥(Cambridge)LCF 这两个重要的定理证明器。戈登(Gordon)在 Cambridge LCF 的基础上开发出了 LCF_LSM,这是一个主要应用于硬件验证的定理证明器。Cambridge LCF 发展出来的另一个分支就是 HOL 系统,1984 年至今,HOL 系统经过不断的改进,先后出现了 HOL88、HOL90、HOL98、HOL-Light 和 HOL4 等版本。其发展过程如图 13.3 所示。

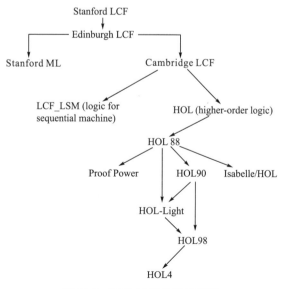

图 13.3　HOL 系统的发展简图

HOL 中的项(term)编码为 LCF 结构，旨在支持 LCF 代码的最大重用(编码并不表示任何连贯域理论)。HOL 对 LCF 的很多方面都未进行改变，如：类型检查和定理管理。为正确地使用高阶逻辑，HOL 则对 LCF 的原始公理和推理规则进行了修改，以及定理证明所需的一些基础(转换、策略、子目标包等)的修改。

HOL 是开源项目，现在在 SourceForge(开源版本)上托管，目前大约有 25 名开发人员。一般情况下，任何用户都可以为这个开源项目做一些贡献，如提交代码及审核。但是，系统核心的修改必须经过严格的审核才可以提交。本书选用 HOL 的最新版本：HOL4。主要是由于 HOL4 集成了之前版本的所有功能，有丰富的数学定理库，如布尔代数、集合、列表、正整数、实数、超越函数等。现在已拥有多家研究团体和庞大的用户群。在软硬件的验证及通信协议的验证等方面取得了成功应用，引领了交互式定理证明的研究趋势。

13.2.2　ML 语言

HOL4 作为 Edinburgh LCF 的发展之一，也是基于 ML 语言实现的。ML 是一种函数式编程语言，由爱丁堡大学的 Robin Milner、Lockwood Morris 等在 20 世纪 70 年代晚期开发而来。ML 是一种强类型函数程序设计语言，是比较经典的函数式语言，其所有对象的类型都必须在编译的时候静态分析中决定，它拥有自然的语法和较少的基本概念，其理论基础是 λ 演算，语言实现严谨、高效且易于理解，用户可以容易写出清晰可靠的程序，大多数著名的推理系统都是用 ML 语言编写的。ML 语言作为一种函数式编程语言，其类型系统减少了指针的使用，并提供了灵活的表达方式，有助于管理复杂的对象。ML 编译器循环地进行"输入-求值-输出"，用户标准的操作方式是一条一条地输入 ML 表达式或者声明，让 ML 编译器去处理。ML 编译器处理的过程包括类型检查、编译、执行。在 ML 系统中，用户在系统提示符"-"之后进行输入，并以分号结束输入。用户完成输入后，按回车键，系统将给以响应，系统的响应在提示符">"之后，响应包括表达式的值和值的类型两个部分。ML 提供的类型有单元(unit)、布尔型(bool)、整型(int)、字符串型(string)、实数(real)、元组(tuple)、记录(record)和列表(list)。ML 还支持模式匹配、意外处理、类型引用、多态性以及递归数据结构。ML 家族有好几种语言，主要的两种语言是 Caml 和标准 ML，标准 ML 语言被简称为 SML，或者直接称为 ML。ML 语言结合了函数式编程语言和命令式编程语言的特点，这是它得以广泛应用的重要原因。

13.2.3　HOL 类型

HOL 的项有四种类型：常数、变量、函数和 λ 项。变量是以字母开头的一组字母或数字序列。常数的语义与变量相似，但是常数是一个定量。常数和变量都有一个类型，并且每一个项都有类型。含有类型变量的类型称作多态性，这是高阶逻辑的一种特殊功能，从而 HOL 也支持此特性。

在 HOL 中每个项根据 λ 演算实现,无论是基本类型还是由其他类型构造的,每个 HOL 项只能拥有一个类型,且每个变量和常量必须指定类型,名称相同但类型不同的变量系统被认为是不同的变量。在 HOL 中定义一个项后,系统的类型检查算法会自动推断其类型。

如把(~x)输入到系统中，通过 HOL 类型检查器根据～的类型是 bool->bool 可得出变量 x 为布尔类型。如果系统无法自动推导出项的类型，就需要标明项的类型以便系统识别，如 (a：real)或(f：real-bool)。HOL4 可以通过"type_of`函数名`"检查某个项的类型。HOL4 也可以设置所有类型的显示与隐藏，它是通过"show_types"命令设置的，"show_types：=true；"显示所有项的类型，相反的命令则是"show_types：=false；"。

符号包括中缀、条件项、抽象集合、受限制的量化值、元组表示以及被认为是衍生形式(即"语法糖")的元组变量绑定。翻译复杂符号的工作在 HOL 中已经做得非常好了，这意味着，程序设计来处理所有项只需要考虑四种情况(变量、常量、应用和抽象)，并且可以做到缩短表达和语义透明。另外一切的编码都变为变量、常量、应用和抽象，使得构建自然成分的计算非常昂贵，这使得书写接口相当复杂。以减少复杂符号到一个非常简单的核心是非常危险的，这种简单的核心在终端打印出来对用户来说已经远远偏离了实际的推理机制，而在终端解析接口的错误如同推理过程中的错误一样危险。对于这种问题，业界一直存在着很多担心。一种最小化这样问题的方法是使用生成一个声明输入解析器和打印终端的可信赖工具。这样的工具有理查德·伯顿(Richard Boulton)的 CLaReT。

推理规则是证明过程的系统依据，用 ML 函数表示。HOL4 拥有八个基本推理规则以及基于基本规则推导出的众多其他规则。其他规则在执行时仍是以基本规则为基础。八个基本规则是引入假设、自反性、Beta 转换、替代、抽象、类型实例化、假设释放、分离规则。

13.2.4　定理库

定理是利用公理或者定理通过推理规则形式化证明的高阶逻辑表达形式。定理由拥有布尔项 Ω 的有限集合作为前置条件和布尔项 S 作为结论组成。如，(Ω，S)是一个定理，那么在 HOL 中可以表示为 $\Omega \vdash S$。

HOL 系统提供了一系列集合：布尔型、对数型、和型、选择型、数字型($\mathbb{N}, \mathbb{Z}, \mathbb{Q}, \mathbb{R}$，定点，浮点，$n$ 位字)、列表型、字符串型、部分有序型、单实例型、谓词集合、多元集合、有限映射、多项式、概率、抽象代数、椭圆曲线、lambda 演算、程序逻辑(霍尔逻辑，分离逻辑)、机器模型(ARM，PC 和 IA32)、时态逻辑(ω-自动机，CTL，μ-演算，PSL)等。所有的理论都建立在定义之上。

在 HOL 系统中也有一个非正式的库，它包含理论、API 和支持特定领域的证明程序。例如，对于 $\mathbb{N}$ 式提供理论形式化皮亚诺算术和扩展(数字，GCD 和简单的数论)、决策程序、集合的算数表达式的简化，以及一个语法程序操作算数项的扩展集合。加载特定库可以扩展逻辑上下文的类型、常量、定义以及由理论构成的定理；它还会自动扩展一般证明工具，如简化工具和评估工具。

理论和库都是持久的，它们是由单独编译的 ML 结构实现的。相关维护工具用于自动重建设计形式化，包括不同 HOL 定理和库的集合，以及 ML 或其他编辑语言的外部源代码。

HOL4 定理库由类型集合、类型操作符、常量、定义、公理和定理组成。它包含的定理列表是一些由定义和公理推理证明的逻辑表达式。HOL4 定理库可以使用和扩展已存在的定理库，而不需要重复性的证明。加载 HOL4 定理库后就可以使用定理库中的定理。HOL4 定理库具有分层思想，一个定理库可以拥有父定理库和子定理库，其中子定理库可以使用父定理库中的所有类型、常量、定义、公理和定理。例如，HOL4 的基本定理库 bool 是定理库 ind 等多个定理库的父定理库。在定理证明器 HOL4 中进行形式化证明时，如要使用定理库里相关的定义和定理，需要先用 load 和 open 语句加载并打开相应的定理库。HOL4 有非常丰富的定理库，并且由于其庞大的用户基础，定理库会越来越丰富。

算术库：算术库是 HOL4 的基本运算库，定义了基本的定义和运算规则，如四则运算法则、加法运算律、乘法运算律等。算术库对于 HOL4 系统的作用，与 math 库对于 C 语言的作用是相似的。在使用 HOL4 验证之前，首先加载并打开了算术库，算术库里的定义、定理就可以在证明过程被直接使用。算术库的存在减少了证明过程中一些基本、烦琐的运算问题，使我们能更好、更高效地完成分数阶微积分的验证工作。

复数库：在 HOL4 的复数库中，复数是由一个实数对(RE，IM)定义的，RE 表示复数的实部，IM 表示复数的虚部。因为是用实数对，所以在取复数的实部和虚部时，可使用实数对的函数 FST 和 SND，可分别取到实数的实部和虚部。同时在库中还定义了自然数及实数转换为复数的函数等。在复数库中还证明了一些常用的定理，如四则运算相关的定理、复数集合运算、复数模运算、复数幂运算、复数指数运算等。

积分库：分数阶微积分是整数阶微积分的拓展，对分数阶微积分的形式化也需要以整数阶积分定理库为基础。在 HOL 中可使用的积分库有两个，分别是勒贝格积分和 gauge 积分两个积分定理库。由于勒贝格积分主要用于概率中的积分计算，且其概念是定义在测度的概念之上，因此若用在函数积分上会比较复杂，而 gauge 积分相比于勒贝格积分具有一般性的同时，还比较简单，使用区间的概念适用于函数积分。Gauge 积分是黎曼积分和勒贝格积分在闭区间上的推广和拓展，并且能够非常清楚地表达微分与积分之间的关系。在 HOL 系统中 Gauge 积分相关性质定理非常丰富。Gauge 积分库中除了有常用的一些积分性质，还有分布积分、子区间积分、柯西积分准则及极限定理等。因此对后期的拉普拉斯变换的形式化证明的过程有很大帮助。

除了上述说明的重要定理库之外，在 HOL 中形式化时还有一些必不可少的基本的定理库。首先在运行 HOL 系统时就需要加载一些默认的定理库，如有 taut 库、reduce 库、bool 库和 arith 库等。taut 库是一个可以用来自动证明关于命题逻辑的定理的标准库；reduce 库的目的是在处理含有常数的算术运算的目标时，可以简化一些不必要的证明过程，同时为用户提供方便；bool 库是 HOL 系统建立时就有的，主要涉及基本的布尔运算；arith 库则是算数运算库，通过它可以减少一些烦琐的算术运算问题。

还需要加载一些定理库，如对数(pair)库，实数(real)库，超越函数(transc)库、自然数(num)库、极限(lim)库、链表(list)库等。其中，超越函数库中有包含指数函数、三角函数、对数函数、方根函数的相关定义性质定理，以及这些函数的相关微积分形式的性质定理；极限库中则有函数的连续及微积分相关的定义及性质定理，这为后续的极限扩展提供了帮助。

13.2.5　对策和策略

（1）在定理证明器 HOL4 中，把要证明的式子叫作目标。HOL4 是一个交互式的定理证明器，在 HOL4 中进行形式化验证时，用户需要对要证明的目标使用已有的对策（tactic），结合定理库中相关的定义和定理，逐步对目标进行证明，基本对策如下。

GEN_TAC：该策略用于消除目标最外边的全称量词，对于目标"! x.t[x]"，使用 GEN_TAC 后，将目标变换成 t[x]。若目标形式为"!x y z.t[x, y, z]"，使用一次 GEN_TAC，去掉最外边的全称量词，目标变成"! y z.t[x, y, z]"。GEN_TAC 常常与策略 REPEAT 一起使用，去掉目标中的所有全称量词。

DISCH_TAC：若目标是一个蕴含式"t1==>t2"，对策 DISCH_TAC 将目标中的前件 t1 移动到假设列表中，当前目标变成 t2。

CONJ_TAC：目标中含有合取符号时，即"t1∧t2"的目标形式，对策 CONJ_TAC 将目标变换成 t1 和 t2 两个子目标。

STRIP_TAC：对策 STRIP_TAC 相当于 GEN_TAC、DISCH_TAC 和 CONJ_TAC 的结合，可以消除目标中的全称量词、拆开合取和析取，并且可以把蕴含式的前件放入假设列表中。

REWRITE_TAC：本书用得最多的对策，它结合定理库中的定义、定理，对目标进行重写，将目标化简或者表达为另一种形式，方便后面的推理证明。

ONCE_REWRITE_TAC：由 REWRITE_TAC 衍生出来的策略，当用 REWRITE_TAC 变换目标后得到的目标形式与之前的一样时，REWRITE_TAC 就会反复地作用于目标，出现死循环。ONCE_REWRITE_TAC 避免了死循环，只对目标进行一次重写。

MATCH_MP_TAC：结合定理库中的定义或者定理，匹配当前目标，将其化简成更容易证明的目标。

SELECT_ELIM_TAC：消除目标中的"@"，@x.t[x]表示取满足 t[x] 的 x 的值。

RES_TAC：让假设列表中的条件进行互推，从而产生新的假设。

SELECT_RULE：将目标中的存在量词"？"转换成运算符"@"的表达形式。

另外还有一些基本对策：PROVE_TAC、METIS_TAC、ASSUME_TAC、RW_TAC、SRW_TAC、DECIDE、SELECT_RULE、REWRITE_RULE、ASM_REWRITE_TAC、ONCE_ASM_REWRITE_TAC、DISCH_THEN、CONV_TAC 等。

（2）为了使代码看起来相对简洁，HOL4 提供了策略（tactical）来将对策进行组合。策略可以将多个对策结合起来，组合成一个新的对策，并可以直接作用于证明目标。常用的策略如下。

THEN：HOL 系统中最为常用的策略，其类型为 tactic->tactic->tactic，表示其结合两个 tactic 并输出一个新的 tactic。若 t1 和 t2 分别表示两个 tactic，则表达式 t1 THEN t2 也是一个 tactic，它表示先对目标使用策略 t1，然后再使用策略 t2。

THENL：类型为 tactic->tactic list->tactic，表示结合一个 tactic 和一个 tactic 列表，形成一个新的 tactic。在 HOL4 中进行证明的过程中，往往会衍生多个需要证明的目标，此时，对于对策 ti(i=0,1,2,···,n)，使用策略 THENL 形成的新对策 t0 THENL [t1,t2,···,tn]，表示先对当前目标使用对策 t0，之后会产生 n 个目标，然后对这 n 个目标分别使用对策 t1、t2、···、tn。在证明的过程中使用策略 THENL 会使对策的作用对象一目了然。

REPEAT：类型为 tactic->tactic，对于对策 T，REPEAT T 表示反复对目标使用对策 T，直到失败。REPEAT 通常与对策 GEN_TAC、STRIP_TAC 一起使用。

SUBGOAL_THEN：用于建立子目标。

另外还有一些基本策略：FIRST_ASSUM、FIRST_X_ASSUM、ASSUME_LIST 等。

13.2.6　证明方法

HOL 系统中的证明是通过反复使用推理规则和定理库中的定义和定理来推导的，主要有两种推理证明的方法，即正向证明和反向证明。正向证明是从原始推理规则和已证明的定理入手去推导出要证明的目标。正向证明对一些复杂目标的证明比较困难，因为对于复杂的问题一般不容易知道它所需的定理以及如何应用推理规则。反向证明也称作目标导引法，是正向证明的反向推理。反向证明从所希望的定理或主目标入手，通过证明策略将目标分解成简单的子目标。在 HOL4 中有许多自动证明对策可用于帮助引导证明过程到结束。对策和推理规则之间存在对应关系，当目标的所有子目标得证后，该目标即被证明。HOL4 用户也可以根据推理规则开发适用于自己的对策。

13.2.7　HOL 的基本逻辑符号

表 13.1 呈现了一些基本逻辑符号在 HOL4 中的表示符号，以及它们的逻辑含义。

表 13.1　HOL4 的符号表示

HOL 符号	标准逻辑符号	逻辑含义
T	T	真
F	$\perp$	假
~t	$\neg t$	t 的否定
t1∨t2	$t1 \vee t2$	t1 和 t2 的析取
t1∧t2	$t1 \wedge t2$	t1 和 t2 的合取
t1==>t2	$t1 \Rightarrow t2$	t1 蕴含 t2
t1=t2	$t1 = t2$	t1 等价于 t2
! x.t	$\forall x.t$	对所有的 x：t
? x.t	$\exists x.t$	对某个 x：t
@x.t	$\varepsilon\, x.t$	一个 x，使得 t
(t=>t1|t2)	$(t \rightarrow t1,\ t2)$	如果 t 则 t1 否则 t2
num	$\{0,1,2,3,\cdots\}$	正整数类型
real	所有实数	实数类型
suc n	n+1	自然数加 1

HOL 符号	标准逻辑符号	逻辑含义
exp x	e^x	指数函数
Lim$(\backslash n.f(n))$	$\lim\limits_{n\to\infty} f(n)$	实数序列 f 的极限
Suminf$(\backslash n.f(n))$	$\lim\limits_{k\to\infty} \sum\limits_{n=0}^{k} f(n)$	实数序列 f 的无限求和

第 14 章　分数阶微积分的高阶逻辑形式化

对分数阶系统形式化分析技术的研究仍处于萌芽阶段。由于定理证明器 HOL4 的定理库可以支持分数阶微积分形式化理论的进一步发展，因此选择使用定理证明的方法形式化验证分数阶系统。将分数阶系统相关数学基础建立形式化模型，为分数阶系统的高阶逻辑形式化提供一个新的平台。分数阶系统的精确分析对系统，尤其对高安全的关键领域系统，如军事、医学和运输等，具有极其重要的作用。

14.1　实数二项式系数的形式化

实数二项式系数是二项式系数在实数域的推广，它是分数阶微积分 GL 定义中的重要组成部分。分数阶微积分以及分数阶系统的形式化分析都是基于实数二项式系数进行的。分数阶微积分的高阶逻辑模型的建立需要用到实数二项式系数的高阶逻辑表达式。于是本章在实数库的基础上，为阶乘幂和实数二项式系数建立了高阶逻辑模型并对其相关性质进行了验证。

14.1.1　阶乘幂的形式化

在普通代数学中，代数多项式就是普通幂的积和式，用变量 x 的 n 次普通幂表示 x 自乘 n 次后的积。普通幂适合于连续状态变化的微积分的研究。但是在现实世界中不仅拥有连续变化的现象，还存在一些离散形式的阶梯变化的现象，而这些离散现象就需要通过阶乘幂和阶乘幂多项式的方式描述。下面是研究中常用阶乘幂的定义，主要分为两种。

上升阶乘幂：

$$(x)^{[n]} = x(x+1)(x+2)\cdots(x+n-1) \tag{14.1}$$

下降阶乘幂：

$$(x)_n = x(x-1)(x-2)\cdots(x-n+1) \tag{14.2}$$

给出约定：

$$(x)^{[0]} = (x)_0 = 1 \tag{14.3}$$

通过推理可以得出上升阶乘幂的递推公式：

$$(x)^{[n+1]} = (x+n)*(x)^{[n]} \tag{14.4}$$

下降阶乘幂的递推公式：

$$(x)_{n+1} = (x-n)*(x)_n \tag{14.5}$$

这两个阶乘幂的递归终止条件都是阶次幂为零时结果是 1，即式(14.3)。HOL4 定理证明器中，通过合取符号限制终止条件和递归调用函数必须同时成立。阶乘幂的高阶逻辑形式如下所示。

定义 14.1　上升阶乘幂高阶逻辑表达式

|- （! x. x fact_pow_asc 0 = 1）∧ ! x n. x fact_pow_asc SUC n = (x + &n) * x fact_pow_asc n

定义 14.2　下降阶乘幂高阶逻辑表达式

|- （! x. x fact_pow_des 0 = 1）∧ ! x n. x fact_pow_des SUC n = (x - &n) * x fact_pow_des n

这里还验证了阶乘幂的一些重要性质，所证明的高阶逻辑定理与数学表达式的对应关系如表 14.1 所示。

表 14.1　阶乘幂的相关定理

定理名称	数学表达式
FACT_POW_DES_FACT	$(m)_n = \dfrac{m!}{(m-n)!}$ $(n \leqslant m)$
FACT_POW_ASC_FACT	$(m)^{[n]} = \dfrac{(m+n-1)!}{(n-1)!}$ $(n \leqslant m)$
FACT_POW_DES_NEG_ASC	$(-m)^{[n]} = (-1)^n (m)_n$
FACT_POW_DES_N_FACT	$(n)_n = n!$
FACT_POW_ASC_1_FACT	$(1)^{[n]} = n!$
FACT_POW_ASC_DES	$(x)^{[n]} = (x+n-1)_n$
FACT_POW_DES_ASC	$(x)_n = (x-n+1)^{[n]}$

其中，定理 FACT_POW_DES_FACT 和 FACT_POW_ASC_FACT 表明了下降阶乘幂和上升阶乘幂与阶乘的相互关系。这两条性质是阶乘幂的基本性质，阶乘幂其他性质以及实数二项式系数的许多性质需要通过这两条性质进行推理验证。验证难点是如何正确和有效地使用数学归纳法推导结果，与一般数学验证不同，机器证明过程必须符合 HOL4 定理证明器中已有的逻辑规则，而逻辑是相对完备的，这样就从逻辑上保证了证明过程的百分百正确。它们的高阶逻辑形式分别是：

FACT_POW_DES_FACT=|- ! n m. n <= m ==> （&m fact_pow_des n = &FACT m / &FACT（m - n））

FACT_POW_ASC _FACT=|- ! n m. n <= m ==> （&m fact_pow_asc n = &FACT (m+n-1) / &FACT（n - 1））

定理 FACT_POW_DES_NEG_ASC 表明当 x 取整数、上升阶乘幂的底数为负数时，它的结果等于-1 的 n 次方乘以底数的相反数的 n 次下降阶乘幂。它的高阶逻辑形式是：

FACT_POW_DES_NEG_ASC=|- !m n. -m fact_pow_asc n = -1 pow n * m fact_pow_des n

定理 FACT_POW_DES_N_FACT 和 FACT_POW_ASC_1_FACT 分别表明 n 的 n 次下降阶乘幂和 1 的 n 次上升阶乘幂都等于 n 的阶乘，这两种形式虽然简单，但这两条定理在后面很多性质的验证过程中被用到。它们的高阶逻辑形式分别是：

FACT_POW_DES_N_FACT=|- ! n. &n fact_pow_des n = &FACT n

FACT_POW_ASC_1_FACT=|- ! n. 1 fact_pow_asc n = &FACT n

定理 FACT_POW_ASC_DES 和 FACT_POW_DES_ASC 用于两种阶乘幂的转化，这两条的证明过程也需要用到数学归纳法。它们的转化是相互的，但是这里把它们的转化形式分为了两种不同的定理，这样方便了以后在实数二项式系数以及分数阶微积分的证明过程中调用这些定理。它们的高阶逻辑形式分别是：

FACT_POW_ASC_DES=|- ! x n. x fact_pow_asc n = (x+&n-1) fact_pow_des n

FACT_POW_DES_ASC=|- ! x n. x fact_pow_des n = (x-&n+1) fact_pow_asc n

14.1.2 实数二项式系数的形式化

在数学上，整数二项式系数的计算结果是一个正整数，且能通过两个非负整数作为参数确定，这两个参数通常用 n 和 k 表示，于是二项式系数写作 $\binom{n}{k}$。当 $k>n$ 时，整数二项式系数 $\binom{n}{k}=0$。实数二项式系数 $\binom{x}{k}$ $(x \in \mathbf{R}, k \in \mathbf{N})$ 作为整数二项式系数在数域上的扩展。当 $x<k$ 并且 x 等于自然数时，$x(x-1)\cdots[x-(k-1)]$ 中可以找到一项为 0，那么所有项的乘积也等于 0，如 $\binom{2}{5}=\dfrac{2\times1\times0\times(-1)\times(-2)}{5!}=0$；当 x 不等于某个自然数时，$x(x-1)\cdots[x-(k-1)]$ 所有项都不为 0，那么所有项的乘积也不为 0，如 $\binom{2.3}{4}=\dfrac{2.3\times1.3\times0.3\times(-0.3)}{4!}\neq0$。当 $x>k$ 并且 x 等于某个自然数时，实数二项式系数就退化为整数二项式系数，它们可以得到相同值。由此也可以说整数二项式系数是实数二项式系数的一部分。

实数二项式系数定义的主要部分是 fact_pow_des 和 FACT。在定理证明器中根据中间 n 项相乘的形式将实数二项式系数直接形式化为高阶逻辑定义相对比较难，这里采用阶乘幂的高阶逻辑形式定义实数二项式系数。实数二项式系数的高阶逻辑定义如下所示。

定义 14.3 实数二项式系数

|- ! x k. rbino_coe x k = x fact_pow_des k / &FACT k

利用高阶逻辑定义对实数二项式系数的性质进行形式化，所证明的高阶逻辑定理与数学表达式的对应关系如表 14.2 所示。

表 14.2 实数二项式系数的相关定理

性质名称	数学表达式
RBINO_COE_0	$\binom{n}{k}=0$ $(n<k)$

性质名称	数学表达式
RBINO_COE_1	$\binom{x}{0}=1$
RBINO_COE_1_N	$\binom{x}{k}=1\ (x=k)$
RBINO_COE_FACT	$\binom{n}{k}=\dfrac{n!}{k!(n-k)!}\ (k\leqslant n)$
RBINO_CEO_NEG	$\binom{-x}{k}=(-1)^k\binom{x+k-1}{k}$
RBINO_CEO_PASCAL	$\binom{x}{k}=\binom{x-1}{k-1}+\binom{x-1}{k}$

其中,定理 RBINO_COE_0 表明了在实数二项式系数中当两个参数都等于某个整数且 $k>n$ 时结果为 0。它的高阶逻辑形式是:

RBINO_COE_0=|- ! n k. n < k ==> (rbino_coe (&n) k = 0)

定理 RBINO_COE_1 和作为实数二项式系数的两种特殊情况需要经常用到,于是这里进行了形式化证明。定理 RBINO_COE_1 表明了当 k 等于 0 时,对于任意 x 的实数二项式系数结果等于 1。定理 RBINO_COE_1_N 表明了当 x 和 k 相等时,实数二项式系数的结果等于 1。这两条性质的证明过程是通过对实数二项式系数、下降阶乘幂和阶乘三个定义的重写,然后利用相关的数学推理推导得出。它们的高阶逻辑形式分别是:

RBINO_COE_1=|- ! x. rbino_coe x 0 = 1

RBINO_COE_1_N=|- ! k. rbino_coe (&k) k = 1

定理 RBINO_COE_FACT 表明了实数二项式系数在某些情况下可以用阶乘表示。这里使用自然数 n 而不是实数 x 是因为阶乘是定义在自然数类型 n 上的。定理 RBINO_COE_FACT 的成立必须有前提条件" $k\leqslant n$ ",否则无法保证 $n-k$ 的阶乘成立。它们的高阶逻辑形式分别是:

RBINO_COE_FACT=|- ! n k. k <= n ==> (rbino_coe (&n) k = &FACT n / (&FACT k * &FACT (n - k)))

定理 RBINO_CEO_NEG 表明了实数二项式系数的 x 取反时可以把负号提到系数外面,它的证明主要是用定义 14.3 对实数二项式系数进行重写,再用实数的相关定理进行推导。主要变换过程:

$$\binom{-x}{k}=\frac{(-x)(-x-1)(-x-2)\cdots[-x-(k-1)]}{k!}$$
$$=(-1)^k\frac{x(x+1)(x+2)\cdots(x+k-1)}{k!}$$
$$=(-1)^k\frac{(x+k-1)(x+k-2)(x+k-3)\cdots x}{k!}$$

$$= (-1)^k \binom{x+k-1}{k}$$

它们的高阶逻辑形式分别是：

RBINO_CEO_NEG=|- ！x k. rbino_coe (-x) k = (-1) pow k * rbino_coe (x+k-1) k

定理 RBINO_CEO_PASCAL 表明了实数二项式系数的重要法则——帕斯卡（Pascal）三角形法则。Pascal 法则作为递归等式，是二项式系数化简的重要工具性定理，许多性质的证明需要实数二项式系数向下的递归化简，最后化简到定理 RBINO_COE_1 所表达的形式时，再利用定理 RBINO_COE_1 重写即可得出结果。它们的高阶逻辑形式分别是：

RBINO_CEO_PASCAL=|- ！x k. 0 < k ==> (rbino_coe x k = rbino_coe (x-1) (k-1) + rbino_coe (x-1) (k))

14.2　基本函数的高阶逻辑形式化

分数阶微积分的基本函数包括 Gamma 函数、Beta 函数和 Mittag-Leffler 函数，每个函数都有各自的性质，这些函数之间还存在一定的联系。在前面已经介绍了这些基本函数，包括它们的定义和运算性质。这里对这些基本函数进行高阶逻辑形式化，这些基本函数的高阶逻辑形式化是分数阶微积分形式化的基础。

14.2.1　Gamma 函数

Gamma 函数是阶乘 $n!$ 在实数甚至复数域上的拓展，它主要有两种数学表达式，包括积分变换形式和极限形式。这里给出 Gamma 函数极限形式数学表达式在 HOL4 中的形式化模型。定义 14.4 为 Gamma 函数极限形式在定理证明器 HOL4 中的形式化描述。

定义 14.4　Gamma 函数的形式化

val Gamma_lim_def = ⊢Gamma_lim (z：real) = lim(λn：num. (&(FACT n)：real) * ((((&n) rpow z)：real) / ((z fact_pow_asc (SUC n)))：real)

Gamma_lim_def 是该定义在 HOL4 中的存储名称。lim 是 HOL4 中的极限函数，其定义为

$$⊢∀f. \lim f = @l. f \text{ --> } l$$

(@x.t[x])表示满足条件 t[x] 的 x 的取值。(FACT n)表示 n 的阶乘。((&n) rpow z)表示表达式 n^z，定理证明器 HOL4 中有两个数学符号能表示式子 x^y，分别是(x rpow y)和(x pow y)，这两个表达式的区别在于，前者的底数和指数都是实数，实数在 HOL4 中的类型表示为 real；而后者的底数是实数，指数要求却是自然数，自然数在 HOL4 中表示为 num。这里，Gamma 函数中的参数 z 只涉及 real 类型，所以在该定义中使用的是(x rpow y)。此外，由于 Gamma 函数中的 n 是 num 类型的，因此这里用操作符&将 n 的类型由 num 转换成 real，使其与 rpow 要求的类型一致，否则会出错。(z fact_pow_asc (SUC n))表示上阶乘 $z(z+1)\cdots(z+n)$，一共(SUC n)项也就是(n+1)项相乘。fact_pow_asc 的形式化已在前一节中给出。需要注意的是，在使用符号 fact_pow_asc 之前，要用下列的语句将其设置

为中缀，否则 HOL4 会提示错误：

set_fixity "fact_pow_asc" (Infixr 700)

Gamma 函数的一个重要性质是 $\Gamma(z)=1$，这里先在 HOL4 中对这个性质进行形式化描述并证明，如定理 14.1 所示。

定理 14.1　$\Gamma(z)=1$

val GAMMA_1 = ⊢∀(n. 0 < n: num) ==> (Gamma &1 = &1)

在 Gamma 函数的极限表达式中，$n^z = e^{\ln n^z} = e^{z\cdot(\ln n)}$，也就是说，$n^z$ 的另一种表达式是 $e^{z\cdot(\ln n)}$，其中自然对数 $\ln n$ 在 $n>0$ 时才有意义，因此，这里在这个定理的前件处规定了 $n>0$，从而保证定理的有效性。

在 HOL4 中验证定理时，首先用定义 14.4 和上阶乘定义 fact_pow_asc 结合重写策略 REWRITE_TAC 对目标进行重写，此时目标转换为

(∀n. 0 < n) ==>

(lim (λn. &FACT n * &n rpow 1 / ((1 + &n) * 1 fact_pow_asc n)) = 1)

接着使用数学归纳法证明目标(1 fact_pow_asc n = &FACT n)，再反复运用四则运算，将目标化简为

lim (λn. &FACT n * inv (1 + &n) * (inv (&FACT n) * &n)) = 1

接下来是验证极限的问题。首先用定义 lim 将上述目标重写为

(@l. (λn. &FACT n * inv (&(n + 1)) * (inv (&FACT n) * &n)) --> l) = 1

接着使用策略 SELECT_ELIM_TAC 和 CONJ_TAC 分别消除"@"和合取符号，此时目标分成两个子目标：

$$\exists x. (\lambda n.\ \&n * inv\ (\&(n + 1))) \longrightarrow x$$

和

$$\forall x. (\lambda n.\ \&n * inv\ (\&(n + 1))) \longrightarrow x ==> (x = 1)$$

第一个子目标要证明的是：存在一个 x，使其满足极限 $\lim\limits_{n\to\infty}\dfrac{n}{n+1}=x$。这里，$\dfrac{n}{n+1}$ 是收敛的，收敛必定存在极限。这正是收敛定理所表达的。收敛的高阶逻辑定义为

$$⊢\forall f.\ convergent\ f <=> \exists l.\ f \longrightarrow l$$

收敛的高阶逻辑定义表示函数 f 若是收敛的，则函数 f 必定存在极限 l。此处使用收敛的高阶逻辑定义化简目标，即可完成第一个子目标的证明。第二个子目标是证明的难点，不仅要证明 $\dfrac{n}{n+1}$ 存在极限 x，且极限 $x=1$，也就是要证明 $\lim\limits_{n\to\infty}\dfrac{n}{n+1}=1$。这里首先利用收敛的高阶逻辑定义证明 n 趋于无穷时，有 $\dfrac{n}{n+1}\to 1$，而第一个子目标已经证明了 n 趋于无穷时，存在一个 x，使得 $\dfrac{n}{n+1}\to x$，且该结果是第二个子目标证明的前件，证明第二个子目标时可以直接使用。所以接下来利用极限的唯一性性质 SEQ_UNIQ 匹配目标，得到：

$$\exists x'. x' \longrightarrow x \wedge x' \longrightarrow 1$$

此时，只要证明存在一个 x'，x' 同时趋向于 x 和 1。而满足条件的 x' 在前文已经得出，

就是 $\dfrac{n}{n+1}$。最后再使用策略 EXISTS_TAC 说明存在 $\dfrac{n}{n+1}$ 满足目标，即可完成定理的形式化证明。

14.2.2 Beta 函数

Beta 函数表达式前面章节中已经给出，为

$$B(z,\omega) = \int_0^1 t^{z-1}(1-t)^{\omega-1}\,\mathrm{d}t \quad (\mathrm{Re}(z) > 0, \mathrm{Re}(\omega) > 0)$$

该式在定理证明器 HOL4 中的形式化如定义 14.5 所示：

定义 14.5 Beta 函数的形式化

val BETA_DEF =⊢∀z w. BETA z w = integral（0，1）（λt.t rpow（z-1）*（1-t）rpow（w-1））

与 Gamma 函数类似，此处 t 和（1-t）的指数都是 real 类型，因此指数函数的形式化用 rpow 来实现。（integral（0，1）f）表示求函数 f 从 0 到 1 的定积分。（λt.y）表示将 y 转换成关于 t 的函数，定理证明器 HOL4 中函数类型表示为 type1->type2，type1 表示变量的类型，type2 表示返回值的类型。

定理 14.2 $B(1,1) = 1$

val BETA_1_1 = ⊢（∀t.0<t：real）==> BETA 1 1 = 1

定理 14.2 验证了 Beta 函数的两个参数都是 1 时，其结果是 1，这是 Beta 函数的一个基本性质。证明过程首先用定义 14.5 对目标进行重写，进而用定理 RPOW_0 证明任何数的零次幂均是 1，最后再用自动证明策略证明 1 乘以 1 的结果是 1 即可。

在一些情况下，用 Beta 函数来表示 Gamma 函数会更简单一些，使用拉普拉斯变换可以建立 Beta 函数和 Gamma 函数之间的关系，Beta 函数与 Gamma 函数之间关系的表达式在第 2 章中已经给出，即：

$$B(z,\omega) = \frac{\Gamma(z)\Gamma(\omega)}{\Gamma(z+\omega)}$$

这个关系在 HOL4 中的形式化如下。

定义 14.6 Beta 函数与 Gamma 函数关系的形式化模型

val BETA_GAMMA = ⊢z w. BETA z w =（Gamma z * Gamma w / Gamma（z + w））

定义 14.6 实现了 Beta 函数和 Gamma 函数在 HOL4 中的转换，从而使得用户能够灵活使用这两个函数。

14.2.3 Mittag-Leffler 函数

Mittag-Leffler 函数在解分数阶微积分方程时的作用与指数函数 e^z 在解整数阶微积分方程中起到的作用是一样的，且指数函数可以看作是 Mittag-Leffler 函数的特殊情况，而 Mittag-Leffler 函数是指数函数的拓展。近年来，Mittag-Leffler 函数得到了广泛的应用，如在分形动力学、分数阶反常扩散与分形随机场以及量子场论相干态的研究中都有涉及。

比较常用的是广义 Mittag-Leffler 函数，所谓的广义的 Mittag-Leffler 函数是指双参数的 Mittag-Leffler 函数。双参数 Mittag-Leffler 函数在第 2 章由式(2.11)给出，即：

$$E_{\alpha,\beta}(z)=\sum_{j=0}^{+\infty}\frac{z^j}{\Gamma(\alpha j+\beta)} \quad (\alpha>0,\beta>0)$$

不难发现，一个参数的 Mittag-Leffler 函数其实就是广义 Mittag-Leffler 函数在 $\beta=1$ 时的特殊情况，而广义 Mittag-Leffler 函数是 Mittag-Leffler 函数的一般形式。为了普遍性，这里只形式化广义 Mittag-Leffler 函数，其在 HOL4 中的形式化如下所示。

定义 14.7 广义 Mittag-Leffler 函数的形式化

val M_L_DEF_2 = ⊢∀alpha beta z j.Mittag_Leffler_2 alpha beta z = lim(λj.sum(0, j)(λj.z pow j / Gamma (&alpha * &j + &beta)))

定义中用 Mittag_Leffler_2 表示广义 Mittag-Leffler 函数，alpha 和 beta 是 Mittag-Leffler 函数的两个参数，z 是 Mittag-Leffler 函数的变量。下面将在定理证明器 HOL4 中形式化验证一个参数的 Mittag-Leffler 函数是广义 Mittag-Leffler 函数的特殊情况这一特性，如定理 14.3 所示。

定理 14.3 广义 Mittag-Leffler 函数与单参数 Mittag-Leffler 函数关系的形式化

val M_L_1 = ⊢∀alphaz.(beta = 1) ==> (Mittag_Leffler_2 alpha beta z = lim(λj.sum(0, j)(λj. z pow j / Gamma (&alpha * &j + &1))))

下面就直接研究广义的 Mittag-Leffler 函数的性质。正如前文所说的，指数函数 e^z 是 Mittag-Leffler 函数的特殊情况，当广义 Mittag-Leffler 函数中的两个参数均取整数 1 时，这种情况下表示的就是指数函数。Mittag-Leffler 函数和指数函数的关系可表示为

$$E_{1,1}(z)=\sum_{j=0}^{+\infty}\frac{z^j}{\Gamma(j+1)}=\sum_{j=0}^{+\infty}\frac{z^j}{j!}=e^z$$

下面是上述关系式在定理证明器 HOL4 中的高阶逻辑形式化验证。

定理 14.4 广义 Mittag-Leffler 函数与指数函数关系的形式化

val M_L_2 =⊢ ((alpha = 1) ∧ (beta = 1)) ==> (Mittag_Leffler_2 alpha beta z = e rpow z)

定理证明主要涉及了 Gamma 函数积分形式的一个性质，即 $\Gamma(n+1)=n!$，可以通过 Gamma 函数定义和性质证明。另外，这里首先需要定义出指数函数的麦克劳林展开式，其展开式的数学表达式为 $e^z=\sum_{j=0}^{+\infty}\frac{z^j}{j!}$，在 HOL4 中的高阶逻辑形式化定义为

val INDEX_ML = ⊢ (∀z e. e rpow z = lim (λk. sum (0, k) (λk. z pow k / &FACT k)))

对于定理 14.4 的证明，首先用前件中的(alpha=1)和(beta=1)替换掉广义 Mittag-Leffler 函数中的两个参数 α 和 β，然后运用定义 14.7 重写目标并化简，接着使用定理 add_ints 证明&(j+1)=(&j+1)，再用 gamma(n+1)=n！证明 Gamma (&j+1)= &FACT j，最后再使用前文中指数函数的麦克劳林展开式的高阶逻辑形式化定义对目标进行重写即可完成定理的证明。

一旦分别证明了广义的 Mittag-Leffler 函数与一个参数的 Mittag-Leffler 函数的关系，

以及与指数函数的关系，这里只需使一个参数的 Mittag-Leffler 函数中的参数为 1，表示的就是指数函数，广义的表达形式已经覆盖了这一特殊情况，此处就不再加以证明。

14.3 分数阶微积分的形式化

14.3.1 分数阶微积分定义的形式化建模

分数阶微积分的 GL 定义在第 2 章式 (2.25) 中已给出，即：

$$_aD_t^v f(t) = \lim_{h\to 0} h^{-v} \sum_{j=0}^{[(t-a)/h]} (-1)^j \binom{v}{j} f(t-jh)$$

分数阶微积分 GL 定义中 h 趋于零，并且有上限 t 大于下限 a，从而可得出求和函数的上限趋近于正无穷。HOL4 中，极限函数的变量 n 的类型是自然数类型，其表示 n 趋于零时函数 f 的极限。但该极限的高阶逻辑定义无法应用于分数阶微积分中的极限表示，因为分数阶微积分是对实数求极限。这里通过 n 趋于无穷时求极限的高阶逻辑定义为分数阶微积分形式化定义中的 0_+ 建模，表示为 $\lim_{n\to\infty} \frac{1}{2^n}$。当 n 趋于无穷大时，可得 $\frac{1}{2^n}$ 趋于 0，于是可用于表示分数阶微积分 GL 定义中 h 趋于 0。基于实数二项式系数的高阶逻辑定义对分数阶微积分 GL 定义的形式化如下。

定义 14.8 分数阶微积分 GL 定义

|- ! f v a b x.frac_cal f v a b x = lim(\n. 2 rpow (&n * v) * (sum(0, SUC (flr((b-a) * (2 pow n)))) (\(m : num). ((~1) pow m * (rbino_coe v m) * f(x-(&m / (2 pow n)))))))`;

其中，f 是一个类型为 real->real 的函数，v 是阶数。a、b 分别是下限和上限。积分上限为变量 t，这里对 GL 定义进行高阶逻辑形式化时使用常量 b 表示积分上限，在使用时把一个变量赋值给 b，就能获得变上限积分，此定义更好地适用了现实应用。式中，sum 是 HOL4 中的求和函数，其中 0 和 flr((b-a) * (2 pow n)) 为求和函数的下限和上限；lim 得到的结果是当 n 趋于无穷时表达式的极限值，rpow 为上标为实数类型的指数函数；flr 是对实数向下取整，它的结果是小于等于这个实数的最大整数，通过这个函数可以得到求和函数 sum 的上下界所需的整数。

分数阶微积分 Caputo 定义的数学表达式可以表示为

$$_a^CD_t^v f(t) = \frac{1}{\Gamma(m-v)} \int_a^t \frac{f^{(m)}(x)}{(t-x)^{v-m+1}}dx \quad (m=\lfloor v \rfloor +1)$$

在高阶逻辑定理证明器 HOL4 中对分数阶系统进行形式化建模和验证，需要基于分数阶微积分 Caputo 定义的形式化模型。这里首先在定理证明器 HOL4 中建立该定义的形式化模型。

定义 14.9 分数阶微积分 Caputo 定义的形式化

val FRAC_C_DEF = ⊢∀f v a t. frac_c f v a t =

    if (v=0) then f t

else

lim（λn. 1/Gamma（&（flr v）+ 1 - v）*（integral（a，t - 1/2 pow n）（λx.（（(t-x) rpow（&（flr v）+ 1 - v - 1））*（n_order_deriv（flr v + 1）f x）)))))

该定义的高阶逻辑形式化模型中，frac_c 表示基于 Caputo 定义的分数阶微积分；f 是要进行微积分的原函数，其在 HOL4 中的类型为 real->real；v 是微积分的阶次；t 和 a 分别表示微积分的上下限；Gamma 代表基本函数中的 Gamma 函数；n_order_deriv m f t 表示函数 f 对 t 的整数阶 m 阶导数；符号"&"表示将变量由 num 类型转换为 real 类型。定理证明器 HOL4 是一个严谨的逻辑验证工具，进行运算的项若类型不一致会出现错误。这里的取整函数 flr 得到的结果是 num 类型的，而与其进行相加减的 1 和阶次 v 都是 real 类型的，此时若直接进行运算，HOL4 会出现类型不匹配的错误提示。这里要用符号"&"将 flr v 由 num 类型转换为 real 类型，才能避免类型不匹配的错误，继而进行计算。

积分区间从常数 a 到变量 t，是变上限积分，这是定义中的难点。定理证明器 HOL4 中的积分函数 integral(a, b) 仅能表示从常量 a 到常量 b 的定积分，不能体现本定义中变上限积分的特点，变上限需要根据 HOL4 现有的定义、定理重新构造。这里使用极限和积分嵌套的形式来解决。首先构造积分的上限，考虑到 HOL4 中已有的一些定理库，这里构造出式子 $t - \dfrac{1}{2^n}$，通过用极限函数对该式取极限，即 $\lim\limits_{n\to\infty}\left(t - \dfrac{1}{2^n}\right)$，表示出变量 t，从而表示积分的变上限。因此，定义中的积分上限用 lim（λn. t - 1/2 pow n）来表示。lim（λn.f）为序列定理库中的定义，表示当 $n\to\infty$ 时，求函数 f 的极限。

在分数阶系统中，许多以时间 t 为自变量的函数，一般在 $t<0$ 时没有意义，所以在微积分 Caputo 的定义中，均认为此时表示时间的积分上下限为上限大于下限。分数阶微积分 Caputo 定义对原函数的要求比较严格，由于是先对原函数进行 m 阶求导，因此要求原函数 f 是 m 阶可导的。求导后再对原函数的 m 阶导数 $f^m(x)$ 求积分，这就要求 $f^m(x)$ 是可积的。分数阶微积分在 HOL4 中的形式化定义中，为了表示出是变上限积分，用到了极限函数，所以规定函数是有限的。这些前提条件在 HOL4 中的形式化如下。

定义 14.10　分数阶微积分 Caputo 定义存在条件的形式化

val frac_c_exists (f: real->real) (v: real) (a: real) t n l =

⊢（a <= t-1/2 pow n ∧ integrable（a，t - 1/2 pow n）（λx.（（(t-x) rpow（&（flr v）+ 1 - v - 1））*（n_order_deriv（flr v + 1）f x）））∧（∀m. m <= （flr v + 1）==>（λt. n_order_deriv m f t）differentiable t）∧（λn. 1/Gamma（&（flr v）+ 1 - v）*（integral（a，t - 1/2 pow n）（λx.（（(t-x) rpow（&（flr v）+ 1 - v - 1））*（n_order_deriv（flr v + 1）f x）)))))-->l)

根据上面分数阶微积分 Caputo 定义的存在性条件的定义，当使用算子 $_a^C D_t^v$ 时，总假设这些条件是成立的，可以将其存在条件作为后续性质证明的前件。

14.3.2　零阶性的形式化

根据分数阶微积分 GL 定义的高阶逻辑模型的零阶性的验证可得定理 14.5.

定理 14.5　分数阶微积分零阶性

|- frac_cal f 0 a b x = f x

根据 HOL4 的推理规则利用分数阶微积分 GL 定义的高阶逻辑形式重写定理，对定理的转化过程需要用到求和函数 sum 的两个引理。两个引理如下所示。

引理 14.1   SUM_SUC = |- sum (0，SUC n) f = sum (0，1) f + sum (1，n) f

引理 14.2   SUM_EQ_0 =|- ! f. (! i. m <= i ∧ i <= m + n ==> (f i = 0)) ==> (sum (m，n) f = 0)

引理 14.1 表明任何一个 $n+1$ 项求和函数都可以通过 $f(0)$ 和以后 n 项的和相加得到。引理 14.2 表明序列函数 $f(i)$ 在区间 $[m, m+n]$ 上都为零时，那么它的 n 项和的结果也是零。

对定理 14.5 的处理需要从整体分析才可得 sum 中的 n 是在 lim 中的 n 的范围内，它们表示同一区域，否则定理证明器将对 sum 中的 n 进行自动转义，使证明过程很难完成。于是首先重写 lim 定义，再化简 sum，此过程可以得到 sum 中 n 的范围，方便了 sum 的化简。可得如下形式：

(@l. (\n.f x + sum (1，flr ((b - a) * 2 pow n)) (\m. -1 pow m * rbino_coe 0 m * f (x - &m / 2 pow n))) --> l) = f x

对上式使用 SELECT_ELIM_TAC 策略可以将目标转化为两个子目标，再分别证明子目标，最后即可证明出定理 14.5。定理 14.5 的证明结果如图 14.1 所示。这条定理表明函数经过零阶分数阶微积分的运算仍得到原函数。

图 14.1 中的 Goal proved 表明重写的子目标可以经过推理得到并且结果正确。定理证明器在逻辑推理规则的引导下推导得出 Initial goal proved，HOL4 中使用栈的数据结构存储证明过程，于是出栈过程就是开始证明过程的反向推导。图中 val frac_cal_0 表示得证的等式存储为定理 frac_cal_0。

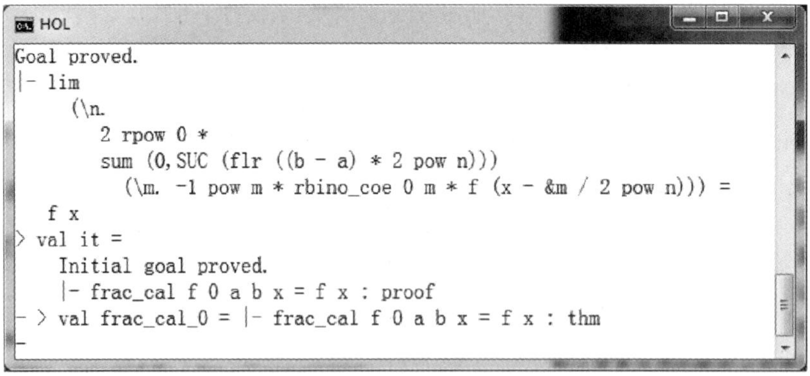

```
HOL

Goal proved.
|- lim
     (\n.
         2 rpow 0 *
         sum (0, SUC (flr ((b - a) * 2 pow n)))
             (\m. -1 pow m * rbino_coe 0 m * f (x - &m / 2 pow n))) =
     f x
> val it =
     Initial goal proved.
     |- frac_cal f 0 a b x = f x : proof
- > val frac_cal_0 = |- frac_cal f 0 a b x = f x : thm
```

图 14.1   零阶性的验证结果

利用分数阶微积分 Caputo 定义的高阶逻辑模型，这个零阶性是通过如下方式被表示的。

定理 14.6   零阶性质的形式化

val FRAC_C_IDENTITY = ⊢∀ f v a t n. frac_c_exists f v a t n 1 ==> (frac_c f 0 a t = f t)

在 HOL4 中定义分数阶微积分的 Caputo 定义时，已经考虑了阶次为 0 这种特殊情况，所以本定理在 HOL4 中的验证相对简单。这里首先用策略 REPEAT 和对策 GEN_TAC 的组合策略去掉所有的全称量词，再用分数阶微积分 Caputo 定义的高阶逻辑模型对目标进行重写，即可完成定理的证明。

14.3.3　齐次性质

分数阶微积分算子齐次性质在 HOL4 中的验证如下。

定理 14.7　齐次性质的形式化

val FRAC_C_MULTI = ⊢(∀ f v a t n l. frac_c_exists f v a t n l) ==> (frac_c（λ t. k * f t）v a t = k *（frac_c f v a t））

该性质证明目标是由蕴含式构成的，蕴含式的左边是分数阶微积分 Caputo 定义的存在性条件，右边是所表示的齐次性质。在证明的过程中，为了降低证明的复杂程度，同时也方便其他证明的使用，这里首先提取出来一些基本属性，单独形成引理，这些引理加载到 HOL4 后，便可以直接使用。

引理 14.3　一阶导数的齐次性质

val DERIV_MULTI = ⊢(f differentiable x) ==> (deriv（λ x. a * f x）x = a * deriv（λ x. f x）x)

引理 14.4　n 阶导数的齐次性质

val N_ORDER_DERIV_MULTI = ⊢∀m f x.（∀m x. m <= n ==>（λ x. n_order_deriv m f x）differentiable x）==>（n_order_deriv n（λ x. a * f x）x = a * n_order_deriv n f x）

引理 14.3 表示：若函数 $f(x)$ 是一阶可导的，则有 $\dfrac{\mathrm{d}[af(x)]}{\mathrm{d}x}=a\dfrac{\mathrm{d}f(x)}{\mathrm{d}x}$。HOL4 中用 f differentiable x 表示函数 f 对变量 x 可导。引理 14.4 表示：若 $f(x)$ 是 n 阶可导的，则有 $\dfrac{\mathrm{d}^{n}[af(x)]}{\mathrm{d}^{n}x}=a\dfrac{\mathrm{d}^{n}f(x)}{\mathrm{d}x}$。使用数学归纳法对 n 进行归纳，产生两个子目标，如图 14.2 所示。

```
- e(Induct_on`n`);
OK..
2 subgoals:
> val it =

    !m f x.
      (!m x. m <= SUC n ==> (\x. n_order_deriv m f x) differentiable x) ==>
      (n_order_deriv (SUC n) (\x. a * f x) x =
       a * n_order_deriv (SUC n) f x)
    ------------------------------------
      !m f x.
        (!m x. m <= n ==> (\x. n_order_deriv m f x) differentiable x) ==>
        (n_order_deriv n (\x. a * f x) x = a * n_order_deriv n f x)

    !m f x.
      (!m x. m <= 0 ==> (\x. n_order_deriv m f x) differentiable x) ==>
      (n_order_deriv 0 (\x. a * f x) x = a * n_order_deriv 0 f x)
```

图 14.2　两个子目标

在 HOL4 中进行证明时，若存在多个子目标，则最下面的目标是当前要证明的目标，越往上优先级越低。因此，图 14.2 中位于下边的子目标是第一个子目标，对应数学归纳法中的第一步，即 n 取 0 的情况。上面的子目标对应数学归纳法中的第二步，虚线下方是假设列表，假设列表中是 n=k 时命题成立的假设。

形式化证明定理 14.7，从数学的角度分析，将式子左边的常数项提出，变成与右边的表达式形式相同，从而证明两边相等的方法更加方便、有效。证明的关键在于只对等式的左边做变换，右边保持不变，HOL4 中用单边重写对策 GEN_REWRITE_TAC 实现这一操作。先用单边重写策略结合分数阶微积分 Caputo 定义高阶逻辑模型对目标进行重写，然后用策略 COND_CASES_TAC 将目标分成两个子目标：

$(\lambda\,t.\,k\,*\,f\,t)\,t = k\,*\,frac\_c\,f\,v\,a\,t$

和

$\lim\,(\lambda\,n.1\,/\,Gamma\,(\&flr\,v + 1 - v)\,*\,integral\,(a,\,t - 1\,/\,2\,pow\,n)\,(\lambda\,x.\,(t - x)\,rpow\,(\&flr\,v + 1 - v - 1)\,*\,n\_order\_deriv\,(flr\,v + 1)\,(\lambda\,t.\,k\,*\,f\,t)\,x)) = k\,*\,frac\_c\,f\,v\,a\,t$

对于第一个子目标，用假设、定理 14.6 以及极限库的定理 ETA_THM 进行化简就可完成证明。对于子目标 2，先用引理 14.4 将 $n\_order\_deriv\,(flr\,v + 1)\,(\lambda\,x.\,k\,*\,f\,x)\,x$ 变换为 $k\,*\,n\_order\_deriv\,(flr\,v + 1)\,f\,x$。运用策略 REAL_ARITH 可以直接定义一些简单的运算，这里用 REAL_ARITH 直接定义出 x*(y*z)=y*x*z 和 x*y*z=x*(y*z)，然后运用到证明中，此时目标转换成：

$\lim(\lambda\,n.1\,/\,Gamma\,(\&flr\,v + 1 - v)\,*\,integral\,(a，\,t - 1\,/\,2\,pow\,n)$
$(\lambda\,x.k\,*\,((t - x)\,rpow\,(\&flr\,v + 1 - v - 1)\,*\,n\_order\_deriv\,(flr\,v + 1)\,f\,x))) = k\,*\,frac\_c$
$f\,v\,a\,t$

接着使用积分库中的定理将积分中的常数 k 提取到积分计算之外，再用策略 REAL_ARITH 定义 x*(y*z)=y*(x*z)，并结合单次重写策略 ONCE_REWRITE_TAC 将目标化简为

$\lim(\lambda\,n.k\,*\,(1\,/\,Gamma\,(\&flr\,v + 1 - v)\,*\,integral\,(a，\,t - 1\,/\,2\,pow\,n)\,(\lambda\,x.(t - x)\,rpow$
$(\&flr\,v + 1 - v - 1)\,*\,n\_order\_deriv\,(flr\,v + 1)\,f\,x))) = k\,*\,frac\_c\,f\,v\,a\,t$

下一步，利用极限库中的定理继续将常数 k 提取到极限运算之外，并用分数阶微积分 Caputo 定义高阶逻辑模型重写定理的右边，此时定理被变换成：

$k\,*\,\lim(\lambda\,n.1\,/\,Gamma\,(\&flr\,v + 1 - v)\,*\,integral\,(a，\,t - 1\,/\,2\,pow\,n)\,(\lambda\,x.(t - x)\,rpow$
$(\&flr\,v + 1 - v - 1)\,*\,n\_order\_deriv\,(flr\,v + 1)\,f\,x)) = k\,*\,if\,v = 0\,then\,f\,t\,else\,\lim(\lambda\,n.1\,/$
$Gamma\,(\&flr\,v + 1 - v)\,*\,integral\,(a，\,t - 1\,/\,2\,pow\,n)\,(\lambda\,x.(t - x)\,rpow\,(\&flr\,v + 1 - v - 1)\,*$
$n\_order\_deriv\,(flr\,v + 1)\,f\,x))$

式子的右边是 if...then...else...的形式，然后用策略 COND_CASES_TAC 将其分成两个子目标，并对两个子目标分别进行计算即可完成证明。

14.3.4 线性性质的形式化

根据分数阶微积分 GL 定义的高阶逻辑模型的线性性质的验证如下。

定理 14.8　分数阶微积分线性性质

|- ! f g v a x b c d.frac_cal_exists f v a b x ∧ frac_cal_exists g v a b x ==> (frac_cal (\t. c * f t + d * g t) v a b x =c * frac_cal f v a b x + d * frac_cal g v a b x)

这个性质满足了分数阶系统对多个输入的处理，并且可以对分数阶系统的输入进行放大与缩小。在 HOL 中形式化线性性质的前提条件 frac_cal_exists f v a b x 和 frac_cal_exists g v a b x 分别确保了函数 f 和函数 g 的分数阶微积分的存在。frac_cal_exists 的定义如下所示：

|- ! f v a b x.frac_cal_exists f v a b x <=>convergent (\n.2 rpow (&n * v) * sum (0, SUC (flr ((b - a) * 2 pow n))) (\m. -1 pow m * rbino_coe v m * f (x - &m / 2 pow n)))

分数阶微积分的存在性就是要保证 GL 定义的函数体的收敛，convergent 即表示收敛。只有函数体收敛以后极限才存在，然后才能得出分数阶微积分 GL 定义的存在。在此定理证明的过程中，如果没有极限的存在就无法利用极限的四则运算。有了存在前提就可以展开证明定理，首先用分数阶微积分的定义将目标展开可得：

lim (\n. 2 rpow (&n * v) * sum (0，SUC (flr ((b - a) * 2 pow n))) (\m. -1 pow m * rbino_coe v m * (c * f (x - &m / 2 pow n) + d * g (x - &m / 2 pow n)))) =c *lim (\n. 2 rpow (&n * v) * sum (0，SUC (flr ((b - a) * 2 pow n))) (\m. -1 pow m * rbino_coe v m * f (x - &m / 2 pow n))) +d * lim (\n. 2 rpow (&n * v) * sum (0，SUC (flr ((b - a) * 2 pow n))) (\m. -1 pow m * rbino_coe v m * g (x - &m / 2 pow n)))

这里目标主要转化为求和函数 sum 和求极限函数 lim 的四则运算相关定理的推理。求和与求极限的四则运算是证明这条定理的重点和难点。在 HOL4 的库中没有 lim 的四则运算，但在定理的证明过程中需要用到，于是先证明了 lim 的加、减、乘以及数乘的运算性质。lim 的四则运算的形式化定理如下所示。

引理 14.5　极限 lim 的加法运算

|- ! f g l m.f --> l ∧ g --> m ==> (lim (\x. f x + g x) = lim f + lim g)

引理 14.6　极限 lim 的减法运算

|- ! f g l m.f --> l ∧ g --> m ==> (lim (\x. f x - g x) = lim f - lim g)

引理 14.7　极限 lim 的乘法运算

|- ! f g l m. f --> l ∧ g --> m ==> (lim (\x. f x * g x) = l * m)

引理 14.8　极限 lim 的数乘运算

|- ! f l a. f --> l ==> (lim (\x. a * f x) = a * lim f)

利用分数阶微积分 Caputo 定义的高阶逻辑模型，这个性质是通过如下方式被表示的。

定理 14.9　线性性质的形式化

val FRAC_C_LINEARITY = ⊢∀f g v a t n p q l.(frac_c_exists f v a t n l) ∧ (frac_c_exists g v a t n l) ∧ (frac_c_exists (λ t. p * f t) v a t n l) ∧ (frac_c_exists (λ t. q * g t) v a t n l)) ==> (frac_c (λ t.p * f t + q * g t) v a t = p * (frac_c f v a t) + q * (frac_c g v a t))

引理 14.9　一阶导数的可加性

val DERIV_ADD = ⊢(f differentiable x) ∧ (g differentiable x)　==>

　　(deriv (λ x. f x + g x) x = deriv (λ x. f x) x + deriv (λ x. g x) x)

引理 14.10 n 阶导数的可加性

val N_ORDER_DERIV_ADD = ⊢∀m f g x. (∀m x. m <= n ==> (λx.n_order_deriv m f x) differentiable x)∧ (∀m   x. m <= n ==> (λx.n_order_deriv m g x)   differentiable x) ==> (n_order_deriv n (λx. p * f x + q * g x) t = n_order_deriv n (λx. p * f x) t + n_order_deriv n (λx. q * g x) t)

引理 14.9 表示：若函数 $f(x)$ 和 $g(x)$ 均一阶可导，则 $\dfrac{\mathrm{d}[f(x)+g(x)]}{\mathrm{d}x}=\dfrac{\mathrm{d}f(x)}{\mathrm{d}x}+\dfrac{\mathrm{d}g(x)}{\mathrm{d}x}$。引理 14.10 是引理 14.9 的拓展，引理 14.10 表示：若函数 $f(x)$ 和 $g(x)$ 均 n 阶可导，则 $[p*f(x)+q*g(x)]^{(n)}=[p*f(x)]^{(n)}+[q*g(x)]^{(n)}$。

定理 14.9 以定理 14.7 为基础，先验证算子的可加性，再根据定理 14.7 提取出常数项。首先用单边重写对策结合分数阶微积分 Caputo 定义的高阶逻辑模型对目标进行重写，然后用策略 COND_CASES_TAC 将目标分成两个子目标：

(λt. p * f t + q * g t) t = p * frac_c f v a t + q * frac_c g v a t

和

lim (λn. 1 / Gamma (&flr v + 1 - v) * integral (a, t - 1 / 2 pow n)

(λx.(t - x) rpow (&flr v + 1 - v - 1) * n_order_deriv (flr v + 1) (λt. p * f t + q * g t) x)) = p * frac_c f v a t + q * frac_c g v a t

用假设和分数阶微积分 Caputo 定义的高阶逻辑模型对子目标 1 进行重写，再计算，完成子目标 1 的证明。子目标 2 的证明比较复杂，先用引理 14.10 将目标中的两个函数的和的 n 阶导数化简为两个函数 n 阶导数的和，然后用乘法分配律以及整数阶积分的叠加性质，将目标中两个函数和的积分转换成两个函数积分的和，并用乘法分配律将积分和以外的项分配到积分中的各项中，此时目标为

lim (λn.1 / Gamma (&flr v + 1 - v) * integral (a, t - 1 / 2 pow n)

(λx.(t - x) rpow (&flr v + 1 - v - 1) * n_order_deriv (flr v + 1) (λt. p * f t) x) + 1 / Gamma (&flr v + 1 - v) * integral (a, t - 1 / 2 pow n) (λx.(t - x) rpow (&flr v + 1 - v - 1) * n_order_deriv (flr v + 1) (λt. q * g t) x)) = p * frac_c f v a t + q * frac_c g v a t

接着运用极限的叠加性质将目标中两个函数和的极限变换成两个函数极限的和，再用分数阶微积分 Caputo 定义的高阶逻辑模型证明目标左边的两项分别等于 frac_c (λt. p * f t) v a t 和 frac_c (λt. q * g t) v a t，此时目标变成：

frac_c (λt. p * f t) v a t + frac_c (λt. q * g t) v a t =

p * frac_c f v a t + q * frac_c g v a t

最后，再利用前文的定理 14.7 对目标进行计算，完成定理 14.9 的证明。该定理证明的难点在于 λ 函数的使用，(λt.k) 表示将 k 变成一个关于 t 的函数，由于证明过程中用到的积分、极限相关定理要在函数的条件下才能使用，而目标中涉及的幂运算、整数阶导数等的结果均是实数，所以证明过程中要反复用 λ 函数将其变成函数类型。

14.3.5　常函数的分数阶微积分

对一个常函数求 Caputo 定义下的分数阶微积分，当微积分阶次为 0 时，结果返回常数本身；当阶次大于 0 时，结果是 0。这也是分数阶微积分 Caputo 定义与 RL 定义的一个差异。下面在定理证明器 HOL4 中对 Caputo 定义这个性质进行形式化证明。

定理 14.10　常函数分数阶微积分的形式化

val FRAC_C_CONST = ⊢∀f: real->real c: real v: real a t. (∀a t n l. frac_c_exists f v a t n l)∧0<=v) ==> (frac_c (λ t. c) v a t = if v = 0 then c else 0)

引理 14.11　常数 c 的 m 阶导数

val N_ORDER_DERIV_CONST = ⊢∀m c.0 < m ==> (n_order_deriv m (λ x.c) t = 0)

引理 14.11 在 HOL4 中验证了常数 c 的 m 阶导数为 0，这个结果与数学上的计算结果是一致的。这里的变量 m 是正整数且有无限种可能性，对于这样的目标，HOL4 一般采用数学归纳法来进行验证。这里首先对 m 进行归纳，分成前提条件为 0<0 和 0<m+1 两种情况。对于第一种情况，0<0 是不成立的，根据 HOL4 的推导规则，此处用策略 FULL_SIMP_TAC 完成第一种情况的证明。对于第二种情况，这里先证明 $\frac{\mathrm{d}^{m+1} c}{\mathrm{d}t^{m+1}} = \frac{\mathrm{d}^m (c')}{\mathrm{d}t^m}$，然后证明 $c' = 0$，最后再对 m 做一次数学归纳即可。

定理 14.10 分为微积分阶次为 0 和大于 0 两种情况，HOL4 中用 if···then···else···语句来实现。当微积分阶次为 0 时，结果是被微积分常数本身，只要用假设和零阶性定理重写即可。对于微积分阶次大于 0 的情况，先用分数阶微积分 Caputo 定义的高阶逻辑模型将目标做进一步的变换，并用对策 COND_CASES_TAC 将目标分为

C = 0

和

lim (λ n.1 / Gamma (&flr v + 1 - v) * integral (a，t - 1 / 2 pow n) (λ x.(t - x) rpow (&flr v + 1 - v - 1) * n_order_deriv (flr v + 1) (λ t. C) x)) = 0

对于子目标 C=0，C 是任意常数，无法说明 C 一定是 0，但是假设中出现了 "$v\neq0$" 和 "$v=0$" 相互矛盾的情况，根据 HOL4 的推理规则，这里用对策 FULL_SIMP_TAC 可直接推导出目标。在第二个子目标的证明中，首先用对策 SUBGOAL_THEN 建立子目标：

∀n c x. n_order_deriv (flr v + 1) (λt.c) x = 0

该子目标是引理 14.11 中的结论部分，只要证明上述子目标中的 (flr v + 1) 是大于 0 的，就可以直接使用引理 14.11 证明该子目标，而此处证明 0<flr v + 1 是一个难点。这里先根据已有的条件推导出 $v>0$，进而利用定理 NUM_FLOOR_LE2 证明 flr v=>0，最后再用定理 GSYM ADD1、LESS_EQ_IMP_LESS_SUC 分别结合策略 REWRITE_TAC、FULL_SIMP_TAC 证明 flr v+1>0，这样就能使用引理 14.11 推导出上述子目标。上述子目标证明完后就可以用来化简原始目标。至此，第二个子目标被化简成：

lim (λn.1 / Gamma (&flr v + 1 - v) * integral (a，t - 1 / 2 pow n)

(λx. (t - x) rpow (&flr v + 1 - v - 1) * 0)) = 0

接着使用定理 REAL_MUL_RZERO 将上述目标中的 integral（a，t - 1 / 2 pow n）（λ x. (t - x) rpow（&flr v + 1 - v - 1）* 0）化简成 integral（a，t - 1 / 2 pow n）（λ x. 0），并且证明 integral（a，t - 1 / 2 pow n）（λ x. 0）= 0。再接着用定理 REAL_MUL_RZERO 将目标化简成：

$$\lim (\lambda n. 0) = 0$$

最后再用极限的定义 lim、常数的积分性质、常数的极限性质等对目标做变换，完成证明。

14.3.6　分数阶微积分与整数阶微积分的关系

当分数阶微积分的阶次是正整数 m 且初始条件等于 0 时，分数阶微积分 $_a^C D_t^m$ 与整数阶的 m 阶导数是一致的。这里基于分数阶微积分 GL 定义的高阶逻辑模型验证分数阶微积分与整数阶微积分的关系。

定理 14.11　整数阶导数是分数阶微积分的特例

val FRAC_N_ORDER_DERIV = ⊢∀f m n t. (0<=m ∧ (∀t n.frac_c_exists f (&m) a t n l) ∧ (((n_order_deriv m f a) = 0) <=> T)) ==> (frac_c f (&m) a t = n_order_deriv m f t)

引理 14.12　函数 $f(x)$ 的 n 阶导数的导数是 $n+1$ 阶导数

val N_ORDER_DERIV_DERIV = ⊢∀m f x. (∀m. m <= n+1 ==> (λ x. n_order_deriv m f x) differentiable x) ==> ((λ x. n_order_deriv n f x) diffl (n_order_deriv (n+1) f x)) (x)

引理 14.13　牛顿莱布尼兹公式

val INTEGRAL_DIFF = ⊢∀ (f: real -> real) (f′: real -> real) a: real b: real. a <= b ∧ (∀x. a <= x ∧ x <= b ==> (f diffl f′ x) x) ==> (integral (a，b) f′ = f b - f a)

引理 14.12 和引理 14.13 是验证定理 14.11 所需的引理，这里同样将它们独立证明，方便其他证明的使用。引理 14.12 表示：若函数 $f(x)$ 是 $n+1$ 阶可导的，则 $\dfrac{\mathrm{d}f^n(x)}{\mathrm{d}x} = f^{n+1}(x)$。

引理 14.13 表示：$f(t)$ 是 $f'(t)$ 的原函数，则有 $\int_a^b f'(x)\mathrm{d}x = f(b) - f(a)$。这两个引理的形式化验证均是难点，验证的关键在于验证过程中对目标进行灵活变形。在引理 14.12 的证明过程中，我们不能对目标再做进一步的变换了，而目标中含有已知条件：已知对于 $m \leqslant n+2$，函数 f 对变量 t 是 m 阶可导的，结合目标中整数阶 n 阶导数在 HOL4 中的定义，这里把这个已知条件转换为：对于 $m \leqslant n+1$，导函数 f' 对 t 是 m 阶可导的。这一转换使得证明中能再次使用整数阶 m 阶导数的定义，从而克服困境，实现证明。类似地，在证明引理 14.13 的过程中需要证明（n_order_deriv 1 f t = deriv f t），在现有定理下，已经不能对目标再做进一步的变换，此时若将目标中的 1 用 SUC 0 即（0+1）来替代，就能用整数阶导数的定义 n_order_deriv_def 重写当前目标，从而完成证明。

定理 14.11 中，前件 $m \geqslant 0$ 是为了限制此处表示的是分数阶微积分，（n_order_deriv m f a = 0）表示初始条件为零。引入操作符"&"是为了将变量类型由 num 转换为相应的 real，否则定理证明器 HOL4 会出现类型不一致的错误。这里的 m 是 num 类型而定义 frac_c 的阶次要求是 real 类型的，此处用"&"将 m 转换成 real 类型，才能避免类型不一致的错误。定理 14.11 在 HOL4 系统中的证明比较复杂。首先用分数阶微积分 GL 定义的高阶逻辑模

型结合策略 RW_TAC std_ss 将其化简为

ft = n_order_deriv m f t

和

lim (λn.1 / Gamma (&flr (&m) + 1 - &m) * integral (a，t - 1 / 2 pow n) (λx.(t - x) rpow (&flr (&m) + 1 - &m - 1) * n_order_deriv (flr (&m) + 1) f x)) = n_order_deriv m f t

对于第一个子目标，先用定理 GSYM REAL_INJ 结合已知条件证明 $m=0$，然后用 n 阶导数的定义重写即可完成证明。在第二个目标的证明中，我们首先用语句 (ASSUM_LIST (fn thl => ASSUME_TAC (REWRITE_RULE [REAL_LT_NZ] (el 3 (rev thl))))))) 从已知条件 &m <> 0 推出另一个条件 0 <&m。这里，语句中的 ASSUM_LIST (fn thl) 表示对假设列表进行操作，(el 3 (rev thl)) 是定位语句。下一步，我们建立并利用定理 REAL_INJ 和 NUM_FLOOR_EQNS 证明子目标：

∀n x. (&(flr ((&(m：num))：real)：num)：real) = &m

接着，我们使用定理 REAL_INJ 将目标中的 (flr (&m)) 化简成 m，再利用定理 REAL_ADD_SUB 和 REAL_SUB_REFL 证明 (&m+1-&m-1) 等于 0，并证明 (t - x) rpow 0 等于 1，此时，当前要证明的目标为

lim (λn.1 / Gamma 1 * integral (a，t - 1 / 2 pow n) (λx. n_order_deriv (m + 1) f x)) = n_order_deriv m f t

接着，使用伽马函数的性质证明 (Gamma 1) 等于 1，并利用引理 14.12 和引理 14.13 证明 (integral (a，t - 1 / 2 pow n) (λx. n_order_deriv (m + 1) f x) = (λx. n_order_deriv m f x) (t - 1 / 2 pow n) - (λx.n_order_deriv m f x) a)，最后再运用已知条件以及极限的定义和性质，就可以实现定理的形式化证明。

在证明过程中多次用到了建立子目标的方法。由于分数阶微积分 GL 定义的高阶逻辑模型中 λn 蕴含着"任意 n"的含义，建立子目标时若不加入全称量词，即使子目标中变量的类型与目标完全一致，将证明后的子目标用于重写目标时仍会失败，这里需要在建立子目标时加上全称量词。

当微积分阶次为-1 时，有

$$_a^C D_t^{-1} f(x) = \int_a^t f(x)\mathrm{d}x \tag{14.6}$$

下面是该关系在定理证明器中的形式化证明：

定理 14.12　分数阶一阶积分与整数阶一阶积分的关系

val FRAC_INT_1 = ⊢∀f a t. FLR_NEG_1 ∧ FLR_NEG_0 ==> (frac_c f (-&(1：num)) a t = lim (λn. integral (a，t - 1/2 pow n) f))

其中 FLR_NEG_1 和 FLR_NEG_0 的定义分别为

val FLR_NEG_1 = ⊢FLR_NEG_1 = (&flr (-&(1：num)) = -1)

val FLR_NEG_0 = ⊢FLR_NEG_0 = (flr (-&(1：num)) + 1：num = 0：num)

该定理的验证过程首先用分数阶微积分 GL 定义的高阶逻辑模型进行重写，再用策略 COND_CASES_TAC 将目标中的 if…else…语句分成两个子目标：

ft = lim (λn. integral (a，t - 1 / 2 pow n) f)

和

$lim(\lambda n.1 / Gamma (\&flr (-1) + 1 - -1) * integral (a，t - 1 / 2 \, pow \, n)(\lambda x.(t - x) \, rpow$
$(\&flr (-1) + 1 - -1 - 1) * n\_order\_deriv (flr (-1) + 1) \, f \, x)) = lim (\lambda n. integral (a，t - 1 / 2$
$pow \, n) \, f)$

第一个子目标的证明可以根据 HOL4 的推导规则，由相互矛盾的假设直接推导出来。对于第二个子目标，先用定理 REAL_SUB_RNEG 将 1- -1 化简成 1+1，再用定义 FLR_NEG_1 证明 $\lfloor-1\rfloor = -1$ 并用运算定律化简目标，接着用定义 FLR_NEG_0 证明 $\lfloor-1\rfloor + 1 = 0$，最后用整数阶 m 阶导数的定义和定理 ETA_THM 重写即可证明定理。

当分数阶微积分的阶数为整数时，与整数阶微积分的等式等价。这个性质的高阶逻辑形式化如下。

定理 14.13　分数阶微积分与整数阶微积分关系验证

|- ! f a b x.frac_cal_exists f (&n) a b x $\wedge$ n_order_deriv_exists n f x $\wedge$ a < b $\wedge$ 0 < n ==> (frac_cal f (&n) a b x = n_order_deriv n f x)

在证明分数阶微积分与导数的一致性时，由于分数阶微积分 GL 定义中求和的上限为 $\lfloor (b-a)*2^n \rfloor$，证明过程中需要证明 $\lfloor (b-a)*2^n \rfloor > n$，$\lfloor (b-a)*2^n \rfloor$ 在式中趋于无穷大，在我们看来上面不等式显然成立，但在证明过程中机器无法意识到它趋于无穷大，因此我们只有在机器中进行剖析、化简。化简 2^n 时，需要用到以 2 为底的对数，但 HOL4 库中没有，于是我们定义了 $\log_2 x$，并证明了 $\log_2 x$ 与 2^x 的关系。

$\log_2 x$ 的定义如下。

定义 14.11　以 2 为底的对数

|- ! x. log2 x = ln x / ln 2

本定义是基于对数 ln 进行定义的。选用以 ln 为基础的原因是 HOL 的 transc 库中已有 ln 的形式化，其中 ln 的形式化性质方便 $\log_2 x$ 的相关性质的形式化验证。其中，需要用到如下定理。

引理 14.14　RPOW_LOG2

|- ! x. 0 < x ==> (2 rpow log2 x = x)

这条引理证明了对数和指数是一对逆运算，引理对 x 取 2 的指数再取以 2 为底的对数可以得到 x 本身。

定理 14.14　分数阶积分与整数阶积分关系验证

|- ! f a b x. a < b ==> (frac_cal f (-1) a b x = integral (a, b) f x)

上式中的 a、b 分别是分数阶积分的下限和上限。此定理证明了分数阶微积分的阶数取 -1 时就退化为传统的一重积分，其中 integral 是传统积分的形式化定义。此定理的证明难点主要是以下两个辅助定理的证明。它们的介绍以及形式化如下所示。

(1)在证明分数阶微积分与整数阶微积分关系时，实数二项式系数在 $m>n$ 时为 0，即 $m > n \Rightarrow \begin{pmatrix} n \\ m \end{pmatrix} = 0$，但是分数阶微积分中的阶数 $a<0$ 不满足上面的性质，但可以通过与前面的 $(-1)^m$ 连起来一起化简，可得

$$(-1)^m \binom{-1}{m} = 1 \tag{14.7}$$

HOL 中的形式化如下。

引理 14.15　FRAC_CAL_INTEGRAL_GENERAL_LEMMA

|- ! m. -1 pow m * rbino_coe (-1) m = 1

(2) 一个指数函数等于指数取反的指数函数的倒数:

$$a^{-b} = \frac{1}{a^b}$$

HOL 中的形式化如下。

引理 14.16　RPOW_NEG

|- ! a b. 0 < a ==> (a rpow -b = 1 / a rpow b)

引理 14.15 和引理 14.16 的证明降低了定理 14.14 的证明难度,同时也加快了定理的证明速度。其中引理 14.15 使用数学归纳法、阶乘的性质以及实数的相关推理。引理 14.16 是 HOL 中实数指数库的扩展。

对于多重积分,有如下定理。

定理 14.15　分数阶积分与 n 重积分关系验证

|- ! f a b x n. a < b ∧ FRAC_CAL_N_INTEGRAL_LEMMA ∧ frac_cal_indexadd ==> (frac_cal f (-&n) a b x = integral_n (a, b) n f x)

上式中的 a、b 是分数阶积分的上、下限,&是整数到实数的类型转化符号。在证明上式时使用了数学归纳法。当 $\alpha = -1$ 时,分数阶微积分与传统积分的一致性的证明如上述定理。再证明 $n+1$ 重积分与 n 阶积分之间的迭代关系表达式。其推理的最重要部分如下:

$$
{}_aD_b^{-n-1}f(x) = \frac{1}{(n-1)!}\int_a^b (b-x)^{n-1}\left[\int_a^x f(y)\mathrm{d}y\right]\mathrm{d}x
$$

$$
= -\frac{(b-x)^n \int_a^x f(y)\mathrm{d}y}{n!}\bigg|_{x=a}^{x=b} + \frac{1}{n!}\int_a^b (b-x)^n f(x)\mathrm{d}x
$$

$$
= \frac{1}{n!}\int_a^b (b-x)^n f(x)\mathrm{d}x
$$

上面的推理主要用到了积分的分部积分法以及其他相关数学推理。

14.3.7　叠加性的形式化

分数阶微积分的叠加性是指:

$$
{}_0D_t^\alpha\left[{}_0D_t^\beta f(t)\right] = {}_0D_t^\beta\left[{}_0D_t^\alpha f(t)\right] = {}_0D_t^{\alpha+\beta}f(t)
$$

根据分数阶微积分的算子分析得 $\alpha>0$ 时是微分,$\alpha=0$ 时是函数本身,$\alpha<0$ 时是积分,即在不同的取值范围它代表的意思不一样,在分析叠加性时使用的公式和方法不同。于是采用分情况证明。当阶数 c 和 d 出现 0 时,容易得证。证明难点是阶数 c 和 d 都不为 0 时

的情况。这里根据分数阶微积分 GL 定义的高阶逻辑模型，证明过程把阶数 c 和 d 分为四种情况。

（1）$c<0$，$d<0$ 时，利用分数阶微积分的 RL 定义高阶逻辑模型，在证明过程中使用双重积分交换积分次序，使用 Beta 函数的定义以及 Gamma 函数的性质。当 $v<0$ 且 $u<0$ 时，分数阶微积分的 GL 定义在阶数 v 小于零时经过推导可得如下形式：

$$_aD_t^v f(t) = \lim_{h\to 0} h^{-v} \sum_{j=0}^n (-1)^j \binom{v}{j} f(t-jh) = \frac{1}{\Gamma(-v)} \int_a^t (t-\tau)^{-v-1} f(\tau) \mathrm{d}\tau$$

利用上式分析第一种情况，主要推导过程如下所示：

$$\begin{aligned}
_aD_t^u(_aD_t^v f(t)) &= \frac{1}{\Gamma(-u)} \int_a^t (t-\tau)^{-u-1} \left[_aD_\tau^v f(\tau) \right] \mathrm{d}\tau \\
&= \frac{1}{\Gamma(-u)\Gamma(-v)} \int_a^t (t-\tau)^{-u-1} \mathrm{d}\tau \int_a^\tau (\tau-\xi)^{-v-1} f(\xi) \mathrm{d}\xi \\
&= \frac{1}{\Gamma(-u)\Gamma(-v)} \int_a^t f(\xi) \mathrm{d}\xi \int_\xi^t (t-\tau)^{-u-1} (\tau-\xi)^{-v-1} \mathrm{d}\tau \\
&= \frac{1}{\Gamma(-v-u)} \int_a^t (t-\xi)^{-v-u-1} f(\xi) \mathrm{d}\xi \\
&= _aD_t^{v+u} f(t)
\end{aligned}$$

（2）$c>0$，$d<0$ 时，先对外面的分数阶微积分进行 $n+1$ 阶求导（$0<n<c<n+1$），可以将等式的左边变为 $\frac{\mathrm{d}^{n+1}}{\mathrm{d}t^{n+1}} \left\{ _aD_b^{c-(n+1)}[_aD_b^d f(x)] \right\}$，可得 $c-(n+1)<0$ 和 $d<0$，从而大括号内的式子符合第一种情况，利用情况 1 即可得证。主要推导过程如下所示：

$$\begin{aligned}
_aD_t^u(_aD_t^v f(t)) &= \frac{\mathrm{d}^{n+1}}{\mathrm{d}t^{n+1}} \left\{ _aD_t^{u-n-1} \left[_aD_t^v f(t) \right] \right\} \\
&= \frac{\mathrm{d}^{n+1}}{\mathrm{d}t^{n+1}} \left\{ _aD_t^{v+u-n-1} f(t) \right\} \\
&= _aD_t^{v+u} f(t)
\end{aligned}$$

（3）$c<0$，$d>0$ 时，如果利用情况（2）的方法对大于 0 部分先求 $n+1$ 阶导，就会得到 $_aD_b^{c-(n+1)} \left\{ \frac{\mathrm{d}^{n+1}}{\mathrm{d}t^{n+1}} [_aD_b^d f(x)] \right\}$，由于求导在里面，当前无法将 $n+1$ 求导移至外面，无法利用前面的情况去证明上式，转而用

$$_aD_b^d f(x) = \frac{f^{(m)}(a)(t-a)^{-d+m}}{\Gamma(-d+m+1)} + _aD_b^{d-m-1} f^{(m+1)}(x)$$

利用分数阶微积分的线性性质、情况 1 的证明结果以及 Beta 函数的定义即可证明第 3 种情况。主要推导过程如下所示：

$$_aD_t^u[_aD_t^v f(t)] = _aD_t^u \left\{ \frac{f^{(m)}(a)(t-a)^{-v+m}}{\Gamma(-v+m+1)} + _aD_b^{v-m-1} f^{(m+1)}(t) \right\}$$

$$= {}_aD_t^u\left\{\frac{f^{(m)}(a)(t-a)^{-v+m}}{\Gamma(-v+m+1)}\right\} + {}_aD_t^u\left\{{}_aD_b^{v-m-1}f^{(m+1)}(t)\right\}$$

$$= \frac{f^{(m)}(a)}{\Gamma(-v+m+1)}\,{}_aD_t^u(t-a)^{-v+m} + {}_aD_b^{v+u-m-1}f^{(m+1)}(t)$$

$$= \frac{f^{(m)}(a)}{\Gamma(-v+m+1)} * \frac{1}{\Gamma(-u)}\int_a^t (t-\tau)^{-u-1}(\tau-a)^{-v+m}\,\mathrm{d}\tau + {}_aD_b^{v+u-m-1}f^{(m+1)}(t)$$

$$= \frac{f^{(m)}(a)}{\Gamma(-v+m+1)} * \frac{1}{\Gamma(-u)} * (t-a)^{(-u-v+m)}\int_0^1 (1-z)^{(-u-1)}z^{(-v+m)}\,\mathrm{d}z + {}_aD_b^{v+u-m-1}f^{(m+1)}(t)$$

$$= \frac{f^{(m)}(a)}{\Gamma(-v+m+1)} * \frac{(t-a)^{(-u-v+m)}}{\Gamma(-u)} * \frac{\Gamma(-u)\Gamma(-v+m+1)}{\Gamma(-v+m+1-u)} + {}_aD_b^{v+u-m-1}f^{(m+1)}(t)$$

$$= \frac{(t-a)^{(-u-v+m)}f^{(m)}(a)}{\Gamma(-v+m+1-u)} + {}_aD_b^{v+u-m-1}f^{(m+1)}(t)$$

$$= {}_aD_t^{v+u}f(t)$$

(4) $c>0$，$d>0$ 时，利用情况 (2) 的方法，先对外面分数阶微积分求导，然后利用情况 (3) 即可证明情况 (4)。主要推导过程和情况 (3) 的推导过程相似。

其中证明过程要用到 Gamma 函数、分数阶微积分 RL 定义和分数阶微积分的线性性质以及 Gamma 函数的性质、Beta 函数的性质、交换重积分次序、积分换元。这里对 Gamma 函数、Beta 函数以及重积分的性质这些数学上的经典理论采用定义的方法给出它们的高阶逻辑形式。它们的定义以及数学模型如表 14.3 所示。

表 14.3 叠加性的辅助定理

名称	HOL4 中的形式化	数学模型
GAMMA_1	! x. GAMMA x <> 0	$\Gamma(x) \neq 0$
BETA_FUNCTION_ PROPERTY	! u v.integral (0, 1) (\z. (1 - z) rpow (-u - 1) * z rpow (-v - 1)) = GAMMA (-u) * GAMMA (-v) / GAMMA (-v - u)	$\int_0^1 (1-z)^{(-u-1)}z^{(-v-1)}\,\mathrm{d}z = \dfrac{\Gamma(-u)\Gamma(-v)}{\Gamma(-v-u)}$
REVERSE_INTEGR ATION_ORDER	! f u v a b e.integral (a, b - e) (\y. (b - y) rpow (-u - 1) * integral (a, y - e) (\x. (y - x) rpow (-v - 1) * f x)) = integral (a, b - e) (\x. f x * integral (x, b - e) (\y. (b - y) rpow (-u - 1) * (y - x) rpow (-v - 1)))	$\int_a^b (b-y)^{(-u-1)}\,\mathrm{d}y\int_a^y (y-x)^{-v-1}f(x)\,\mathrm{d}x = \int_a^b f(x)\,\mathrm{d}x\int_x^b (b-y)^{(-u-1)}(y-x)^{(-v-1)}\,\mathrm{d}y$
EXCHANGE_ELEM ENT	! u v a b e.integral (a, b - e) (\y. (b - y) rpow (-u - 1) * (y - a) rpow v) = (b - a) rpow (-u + v) * integral (0, 1) (\z. (1 - z) rpow (-u - 1) * z rpow v)	$\int_a^b (b-y)^{(-u-1)}(y-a)^{(-v-1)}\,\mathrm{d}y = (b-a)^{(-u+v)}\int_0^1 (1-z)^{(-u-1)} * z^v\,\mathrm{d}z$

表 14.3 中的第一条是 Gamma 函数的基本性质，任何实数取 Gamma 函数都不为零。第二条呈现了 Beta 函数与 Gamma 函数的关系。第三条表明了重积分的经典性质——交换积分次序，从而把容易积分的变量放到里面首先进行积分运算。第四条是积分的换元，在叠加性的证明过程中，通过换元法可以把一些积分转化为 Gamma 函数或 Beta 函数，从而利用 Gamma 函数和 Beta 函数的性质进行推理证明。

在以上的证明过程中同时要保证 $f(x)$ 可积并且保证 $f(x)$ 可以进行 $n+1$ 阶求导。然后利用 HOL4 的推理规则根据以上的分析可证：

(frac_cal_rl (\y. frac_cal_rl f v a y e) u a b e = frac_cal_rl f (v + u) a b e)

上式表明了分数阶微积分的叠加性，对函数 $f(x)$ 进行 v 阶积分后再进行 u 阶积分等于对函数 $f(x)$ 进行 $v+u$ 阶积分。

14.3.8 分数阶微积分 Caputo 与 GL、RL 定义关系的形式化验证

在定理证明器 HOL4 中验证分数阶微积分的三种常用定义之间存在的关系，实现三种定义在 HOL4 中的转换。前面已经对分数阶微积分的 Caputo 定义和 GL 定义进行了形式化建模，而 RL 定义由 Umair 实现[1]，为了区分且使读者一目了然，同时遵循 HOL4 的命名规则，这里分别将 Caputo 定义，RL 定义和 GL 定义的形式化模型记作 frac_c ，frac_rl 和 frac_gl。

这三种分数阶微积分定义是可以相互转换的，如图 14.3 所示。这里将分别验证 Caputo 定义与 GL 定义和 RL 定义的关系，而 GL 定义和 RL 定义的关系可以以 Caputo 定义为桥梁实现转换。

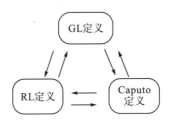

图 14.3 三定义间的转换关系

分数阶微积分 Caputo 定义是由 GL 定义改进而来的，改进的目的是使其拉普拉斯变换更加简洁，从而有利于分数阶微积分方程的求解。GL 定义的分数阶导数与 Caputo 定义的分数阶导数存在着一定的联系，两种定义的导数之间存在一个差值，如下式所示。

$$_a^C D_t^\alpha f(t) = {}_a^{GL} D_t^\alpha f(t) - \frac{f(a)t^{-\alpha}}{\Gamma(1-\alpha)} \tag{14.8}$$

其中，$\Gamma(1-\alpha)$ 是变量为 $1-\alpha$ 的广义阶乘。上述关系在 HOL4 中的形式化描述如下。

定义 14.12 Caputo 导数与 GL 导数关系的形式化

val FRAC_C_GL = ⊢∀ f v a t b. (frac_c f v a t) b = frac_gl f v a b t - f a * t rpow (-v) / Gamma (1-v)

另外，从式(14.8)可以推导出，在函数的初值 $f(a)=0$ 的情况下，Caputo 定义下的分数阶导数与 GL 定义下的分数阶导数是等价的。该属性在 HOL4 中的验证如下定理。

定理 14.16 Caputo 导数与 GL 型导数的一致性验证

val FRAC_C_GL_EQ = ⊢∀ f v a t b. (f a = 0) ==> ((frac_c f v a t) b = frac_cal f v a b t)

该定理将两者等价的前提条件(f a = 0)放入证明的前件中，HOL4 系统用 f a 表示函数 f 在 a 处的函数值，在这个前提下，可以逐步验证 GL 导数和 Caputo 导数的等价关系。验证过程：先用策略 STRIP_TAC 将目标中的前件放入假设列表中；然后用分数阶微积分定义重写目标并用策略 ASM_REWRITE_TAC 化简目标；最后分别用定理 REAL_MUL_LZERO、REAL_DIV_LZERO 和 REAL_SUB_RZERO 重写并化简目标，完成证明。

RL 定义与 Caputo 定义均是对 GL 定义的改进，两者既有区别，又有联系，RL 定义是先对函数积分再求导，而 Caputo 定义是先求导再积分，并且很容易证明 ${}_{a}^{C}D_{t}^{v}f(t) \neq {}_{a}^{RL}D_{t}^{v}f(t)$，两者的关系可以表示为

$$
{}_{a}^{C}D_{t}^{\alpha}f(t) = {}_{a}^{RL}D_{t}^{\alpha}f(t) - \sum_{k=0}^{n-1}\frac{(t-a)^{k-\alpha}}{\Gamma(k-\alpha+1)}f^{k}(a) \tag{14.9}
$$

$\Gamma(k-\alpha+1)$ 是变量为 $k-\alpha+1$ 的 Gamma 函数。下面给出该关系在 HOL4 中的描述。

定义 14.13　Caputo 定义与 RL 定义关系的形式化

val FRAC_C_RL = ⊢∀f v a t. frac_c f v a t = frac_rl f v a t - sum (0, flr v) (λ(k: num). 1 / Gamma(&k - v + 1) * (t-a) rpow (&k - v) * n_order_deriv k f a)

同样地，从式(14.9)可以推导出，如果微积分函数 $f(t)$ 具有 $m+1$ 阶导数，这里 m 至少取 $\lfloor \alpha \rfloor = n-1$，$f^{k}(a) = 0 (k = 0,1,2,\cdots,n-1)$，在这些条件下，分数阶微积分的 Caputo 定义和 RL 定义是等价的。该属性在定理证明器中的形式化证明如下述定理所示。

定理 14.17　Caputo 定义与 RL 定义的一致性验证

val FRAC_C_RL_QE = ⊢∀f v a t. ((∀k. k <= flr v + 1 ==> (λx.n_order_deriv k f x) differentiable x)∧(∀k.n_order_deriv k f a = 0)) ==> (frac_c f v a t = frac_rl f v a t)

前提条件 "$f(t)$ 具有 $m+1$ 阶导数" 是构造形式化模型的难点。两者等价的前提条件中提到，微积分的原函数必须是 $m+1$ 阶可导的，由于微积分阶次的不同，m 就会有不同的取值，且若函数是 $m+1$ 阶可导，则其必然也是 m 阶可导的，也就是说，对任何小于或等于 $m+1$ 的整数 k，函数必须是 k 阶可导的。这里，我们用(∀k. k <= flr v + 1 ==> (λx.n_order_derivk f x) differentiable x)在 HOL4 中形式化这一前提条件。其中，v 是微积分的阶次，可以是任意实数，而 m 与 v 的关系是 $m = \lfloor v \rfloor$，v 的任意性间接表明了 m 的任意性。在 HOL4 中，f differentiable x 表示 f 对 x 可导，本定理在前件处用(∀k. k <= flr v + 1)来表示 f 对 x 是 k 阶可导的，这里 k 是任意的、小于或等于 $m+1$ 的整数。

该定理的形式化证明过程先用分数阶微积分定义对目标进行重写，并用假设将目标化简为

frac_rl f v a t - sum (0, flr v) (λk. 0) = frac_rl f v a t

显然地，下一步应该证明 sum (0, flr v) (λk. 0)=0，即证明函数 0 从 0 到 flr v 的求和结果为 0。由于求和上限 flr v 涉及取整运算，证明起来并不容易，这里我们首先证明函数 0 从 0 到 n 的求和结果为 0，证明完成后保存为引理 SUM_0。在使用引理 SUM_0 时，先用策略 ASSUME_TAC 将引理 SUM_0 加入当前目标的假设列表中，作为已知条件之一。然后用 HOL4 中的特殊化语句 FIRST_X_ASSUM(MP_TAC o SPEC``flr v``)将引理 SUM_0

中的求和上限 n 特殊化成 flr v，并用自动证明策略 PROVE_TAC 证明 sum $(0，\text{flr v}) (\k. 0)=0$。最后再使用实数库中的定理 REAL_SUB_RZERO 化简目标，完成证明。

14.3.9 傅里叶变换

连续绝对可积函数 $f(t)$ 的傅里叶变换定义表达式为

$$F(f(t);\omega) = \int_{-\infty}^{+\infty} \mathrm{e}^{-\mathrm{i}\omega t} f(t)\mathrm{d}t \tag{14.10}$$

根据傅里叶变换的性质，函数 $f(t)$ 的 n 阶导数即 $f^n(t)$ 的傅里叶变换表达式为

$$F(f^n(t);\omega) = (\mathrm{i}\omega)^n F(\omega) \tag{14.11}$$

根据上述傅里叶变换的时域微积分性质，将导数的阶次由整数 n 推广为实数 v，可以推导得到函数 $f(t)$ 的 v 阶微积分的傅里叶变换为

$$F(D^v f(t);\omega) = (\mathrm{i}\omega)^v F(\omega) \tag{14.12}$$

分数阶积分的傅里叶变换为

$$F(D^{-v} f(t);\omega) = (\mathrm{i}\omega)^{-v} F(\omega) \tag{14.13}$$

下面是分数阶微积分的傅里叶变换在定理证明器 HOL4 中的形式化描述。

定义 14.14　分数阶微积分傅里叶变换的形式化

val frac_diff_fourier_trans_def = ⊢ frac_diff_fourier_trans f t w v =
(complex_scalar_rmul i w) complex_rpow v * fourier_trans f t w

这里将分数阶微积分傅里叶变换的数学表达式统一形式化成该定义，当阶次 $v>0$ 时表示分数阶微积分的傅里叶变换；当 $v<0$ 时，表示分数阶积分的傅里叶变换。在该定义中，f 是傅里叶变换的原函数，v 是微积分的阶次，为了避免符号的重载，用 (complex_scalar_rmul i w)表示将复数 i 与实数 w 进行相乘，(fourier_trans f t w)表示函数 $f(t)$ 的傅里叶变换 $F(\omega)$，这里采用的是文献[2]给出的整数阶傅里叶变换的形式化模型。(z complex_rpow v)即 z^v，这里 z 是复数而 v 是实数，其在 HOL4 中的定义如下。

定义 14.15　底数为复数，指数为实数的幂运算

val complex_rpow = ⊢(z: complex) complex_rpow (x: real) = exp (complex_scalar_lmul x (complex_ln z))

(complex_scalar_lmul x (complex_ln z))表示将实数 x 与复数(complex_ln z)进行相乘，complex_ln 是复数的自然对数，在高等数学里，任何复数皆有对数。对于复数 z，可以将其写成极坐标形式的表达式：

$$z = r\mathrm{e}^{\mathrm{i}\theta} \tag{14.14}$$

其中，r 是复数 z 的模，即 $r=|z|$，θ 是幅角。根据自然对数的性质，可以对复数 z 的自然对数进行下面的推导：

$$\ln z = \ln(r\mathrm{e}^{\mathrm{i}\theta}) = \ln r + \ln \mathrm{e}^{\mathrm{i}\theta} = \ln r + \mathrm{i}\theta \tag{14.15}$$

因此，复数 z 的自然对数可以在 HOL4 中定义如下。

定义 14.16　复数的自然对数

val complex_ln ＝ ⊢complex_ln （z：complex） ＝ （ln （modu z），0） ＋ （complex_scalar_rmul （0：real，1：real） （arg z））

　　操作符 modu z 表示对 z 取模，arg z 表示取 z 的幅角。这里，虚部的单位 i 表示成实部为 0 而虚部为 1 的复数形式。

参 考 文 献

［1］Siddique U，Hasan O. Formal analysis of fractional order systems in HOL［C］. Formal Methods in Computer-Aided Design （FMCAD），IEEE，2011：163-170.

［2］吕兴利，施智平，李晓娟，等. 连续傅里叶变换基础理论的高阶逻辑形式化［J］. 计算机科学，2015，42（4）：31-36.

第15章 函数极限的高阶逻辑形式化建模与验证

高阶逻辑定理证明器 HOL4 拥有丰富的定理库,如在数列极限以及实函数在固定点的极限等方面都有相关形式化定理。为了验证分数阶微积分系统,需要拉普拉斯变换的高阶逻辑形式化,本章的内容是拉普拉斯变换的高阶逻辑形式化验证的基础。

15.1 函数无穷远处极限定义的建模与验证

函数无穷远处极限定义如下。

设函数 $f:(\mathbf{D} \subset \mathbf{R}) \to \mathbf{R}$ 是一个定义在实数上的函数,并在某个开区间 $\{x > A\}$ 上有定义。L 是一个给定的实数。如果对任意的正实数 ϵ,都存在一个正实数 X,使得对任意的实数 x,只要 $x \geqslant X$,就有 $|f(x) - L| \leqslant \epsilon$,那么就称 L 是函数 f 在 x 趋于正无穷大时的极限,或简称 L 为 f 在正无穷处的极限,记为 $\lim\limits_{x \to +\infty} f(x) = L$ 或 $f(x) \to A(x \to +\infty)$。反之则称 L 不是 f 在 x 趋于正无穷大时的极限。

在 HOL 中,首先对实数域趋于正无穷的符号"→"进行形式化描述。

定义 15.1 函数无穷远处极限定义高阶逻辑形式化

val tends_real_real = ⊢ ∀f f0. f → f0 ⟺ (f tends f0) (mtop mr1,$>=)

上面定义中(f: real -> real)为实数域中要取正无穷极限的函数;(f0: real)则为该函数在正无穷远处的极限值;而符号"→"则用来表示中缀操作,它的前项为要取无穷极限的实数域函数,而它的后项则为该函数在无穷远处所取得的极限值。因为 HOL 中其他极限(包括序列极限以及函数在某点上极限)的定义都使用等价于拓扑极限的方式,所以这里也采用这种定义方式。在拓扑学中,网是序列的广义化,用来统一极限不同的概念和将其推广至任意的拓扑空间。根据拓扑中网极限的定义,定义函数在实数域的极限。式中 tends 是网的定义,后面则表示满足该网的一种条件;mtop 为将度量转换为拓扑的函数;mr1 为实数直线上的度量定义;"$>="则表示中缀操作,是一个 real->real->bool 的集合运算符,而这个集合中的所有元素都满足偏序关系,这里主要用于确定取极限时的方向,取负无穷时则会用"$≤"。

还有另一种函数无穷远处的极限的描述形式。

定义 15.2 函数在无穷远处极限定义

val f_lim = ⊢ ∀f. f_lim f = @l. f → l

该函数使用希尔伯特选择运算符@,接收函数 $f: \mathbf{R} \to \mathbf{R}$,并且返回该函数在正无穷处的收敛值 $l: \mathbf{R}$,将会使用该函数来形式化广义积分。

根据上述对实数域函数在正无穷处取极限的形式化描述定义，下面针对上述的定义进行形式化证明。

定理 15.1　函数无穷远处极限

val FUNC_POS =

⊢ ∀f f0.

f → f0 ⟺ ∀e. 0 < e ⇒ ? X. ∀x. x ≥ &X ⇒ abs (f x - f0) < e

上面定理等价符号"⟺"的左边部分为之前在 HOL 中对实数域函数无穷极限的形式化定义，右边部分则为数学描述中的实数域函数在正无穷处极限的文字定义。在这里，利用 HOL 的高阶逻辑对其进行形式化等价性证明。

证明：首先将符号"→"进行重写，用其之前的定义进行替换，得到 (f tends f0) (mtop mr1，$>=)，然后通过度量拓扑中极限的特征定理 MTOP_TENDS 对目标进行重写。可将 (f tends f0) (mtop d，$>=) 替换成一个类似等价符号右边的形式，因为该定理就是将度量拓扑的定义展开，并证明了集合满足某种关系，这里则为偏序关系。后面只需要用实数域中的特殊函数类型及极限值类型将度量拓扑中的任意类型进行替换即可。

接着，还需要证明一个引理，那就是之前使用的符号"$>="在集合域中满足有向集的关系。高阶逻辑形式化证明如下。

定理 15.2　集合有序关系

val DORDER_RNGE = ⊢ dorder $>=

证明：dorder 为 HOL 系统中有向集合的定义，在数学中，有向集合（也叫有向预序或过滤集合）是一个具有序关系（自反及传递之二元关系 ≤）的非空集合 A，而且每一对元素都会有个上界，亦即对于 A 中任意两个元素 a 和 b，存在着 A 中的一个元素 c（不必然不同于 a、b），使得 $a≤c$ 和 $b≤c$（有向性）。有向集合是非空全序集合的一般化。在拓扑中它们用来定义一般化序列的网，并联合在数学分析中用到的各种极限的概念。将 dorder 定义重写，并且利用实数在关系$>=上具有自反性的性质来证明。会得到目标式子"? z. ∀w. z ≤ w ⇒ x ≤ w ∧ y ≤ w"，若要证明 w 既大于 x 又大于 y，则需要证明 w 大于 x、y 中较大的一个即可。因此再增加一个前件用来讨论当 $x≥y$ 时，或 $y≥x$ 时两种情况。因此可以证明当 $x≥y$ 时，取 z 为 x 值；当 $y≥x$ 时，取 z 为 y 值。

前面给出的都是实数域中函数在正无穷处存在极限的定义。下面将给出实函数无穷极限取值的定义。

定义 15.3　实函数无穷极限值定义

val f_lim = ⊢ ∀f. f_lim f = @l. f → l : thm

从上面定义的形式可以看出，该定义的返回值并不是一个定义形式，而是函数在正无穷远处的极限值，这个定义将在后续形式化建模其他性质以及形式化拉普拉斯变换中使用到。

下面给出实函数在正无穷处取极限时的相关性质，这些性质会在后面拉普拉斯变换的形式化中使用。

15.2 函数极限相关性质的建模与验证

15.2.1 函数极限基本性质的建模与验证

1. 唯一性

若极限 $\lim\limits_{x \to +\infty} f(x)$ 存在，则此极限是唯一的。则形式化定理如下。

定理 15.3 极限唯一性

val FUNC_UNIQ = ⊢ ∀x x1 x2. x → x1 ∧ x → x2 ⇒ (x1 = x2)

证明：首先根据目标将之前定义的函数无穷极限的定义进行重写；其次，根据 HOL 中度量拓扑中网的极限唯一性定理 MTOP_TENDS_UNIQ 进行 MATCH 证明。这时，则需要证明关系集合：$>=是一个有向集。这刚好使用了之前已经证明的引理，将之前证明的引理 DORDER_RNGE 进行 MATCH 接收写入策略。

2. 保不等式性

如果两个函数 f、g 在正无穷远处有极限，即：

$$\lim_{x \to +\infty} f(x) = L$$

$$\lim_{x \to +\infty} g(x) = M$$

并且给定任意实数 ε，当 $x > \varepsilon$ 时，$f(x) \geqslant g(x)$，则有 $L \geqslant M$。则形式化定理如下：

定理 15.4 极限保不等式性

val FUNC_LE =

　　⊢ ∀f g l m.

　　f → l ∧ g → m ∧ (? X. ∀x. x ≥ X ⇒ f x ≤ g x) ⇒ l ≤ m

证明：首先使用 GEN_TAC 将目标中的全称量词去掉；其次需要使用 MP_TAC 引入一个新的假设条件，这个假设条件是度量拓扑中网的极限的比较定理 NET_LE。因为这个定理的形式是对任意类型的二元关系集合，所以还需要使用 geq($>= ：real->real->bool) 对该定理进行实例化关系类型，则最后使用的策略为：MP_TAC(ISPEC geq NET_LE)。因为引入的前件是一个已经证明过的定理的实例化，所以在此不需要进行证明，可直接引入。最后先使用 tends_real_real 对目标中的函数在正无穷极限的定义进行重写；然后使用 geq 是有向集的定理 DORDER_RNGE 对目标进行重写，再使用实数的自反性 REAL_LE_REFL 对目标进行证明，可得到跟前件的形式相似的目标；最后使用匹配接收策略 MATCH_ACCEPT_TAC 可完成证明。

3. 极限为零

如果函数 f 在无穷远处存在极限，并且极限为零，即：

$$\lim_{x \to +\infty} f(x) = 0$$

则绝对值函数在无穷远处的极限也为零,即:

$$\left| \lim_{x \to +\infty} f(x) \right| = 0$$

反之也成立。则形式化定理如下所述。

定理 15.5 极限为零

val FUNC_ABS = ⊢ ∀f. (λx. abs (f x)) → 0 ⇔ f → 0

证明:首先使用 GEN_TAC 将目标中的全称量词去掉;其次使用函数正无穷极限的定理 FUNC_POS 重写目标,将会得到函数正无穷极限定义的形式目标;最后使用 BETA_TAC 将目标中的 λ 函数去掉,然后使用任意实数与零之间的差值关系定理 REAL_SUB_RZERO 及任意实数的绝对值与其绝对值相等的定理 ABS_ABS 对目标进行重写即可证明完成。

4. 极限等价性推理

若函数 f 在正无穷远处存在极限,则该函数在正无穷远处的极限值为其在正无穷远处的取值。

定理 15.6 极限等价性

val LIM_FUNC_EQ = ⊢ ∀g l. f → l ⇒ (f_lim f = l)

证明:该引理是证明之前定义的 f_lim 的正确性,即当函数 f 在正无穷远处存在极限,则可推出 f_lim f 的值即是该函数的极限值。首先将目标中的全称量词去掉并将 f_lim 的定义进行重写,因为 f_lim 定义中使用了选操作符@,所以在证明的时候需要使用消除选择操作符的策略 SELECT_ELIM_TAC,将选择操作符@变为存在(?)和任意(∀)两个形式的目标。此时可使用策略 CONJ_TAC 将合取形式的目标分成两个子目标的形式。两个子目标的前件都是函数 f 的正无穷处极限为 l。第一个子目标为证明存在一个实数 x 使得函数 f 的正无穷处的极限为该实数;而第二个子目标则为对任意实数 x,若函数 f 的极限为 x,则 x 与 l 相等。第一个子目标很好证明,只需要用 l 代替 x,然后使用前件重写目标即可。第二个子目标中,函数 f 有两个正无穷极限值(x 和 l),然后需要证明 x 和 l 相等,这与之前证明的函数在正无穷处的极限唯一性定理一致,因此可以直接用自动证明策略 PROVE_TAC[FUNC_UNIQ](并将极限唯一性定理带入)完成证明。

5. 常函数极限

若函数 f 为常函数,则其在正无穷远处的极限值为函数本身。

定理 15.7 常函数极限

val FUNC_CONST = ⊢ ∀k. (λx. k) → k

证明:首先将目标中的全称量词去除,然后将函数无穷极限的定理 FUNC_POS 对目标进行重写,再分别使用定理 REAL_SUB_REFL 和 ABS_0 将目标中的 "abs (k-k)" 变为 "0"。此时的目标为:"∀e. 0 < e ⇒ ? X. ∀x. x ≥ &X ⇒ 0 < e"。可发现目标中的前件和结论都为 "0<e",那么就需要去除全称量词,并使用策略 DISCH_TAC 将目标中的前件放在条件队列中,最后用自动重写策略 ASM_REWRITE_TAC[]即可完成证明。

15.2.2　函数极限四则运算的建模与验证

极限语言只能证明极限，不能求极限。对于简单函数的极限问题，可以使用比较容易的证明方法证明其极限存在或不存在，但对于一些形式比较复杂的函数，就不太容易证明。因此，函数正无穷极限的运算法则的形式化十分必要，它对于证明复杂函数无穷极限的问题至关重要。

下面则对函数在正无穷远处的极限的运算法则进行形式化描述和证明。由于后面拉普拉斯变换中使用的极限运算法则的形式要求，因此这里的形式化包括两层形式化：一种是在推出结果的形式中不带"="而是使用"→"的形式化，这是最基本的形式化证明；另外一种则基于上一种证明，是在推导结果中使用"="和 f_lim 的形式，而这种形式正是在后续拉普拉斯变换形式化建模中所需要的。若跳过第一层形式的证明，直接到第二层，则会有很多证明代码的冗余。因此，为了能够更加有效地组织这些证明逻辑、过程以及代码形式，最终抽出第一层形成单独的定理形式，这样在后续的证明过程中可减少不必要的重复证明。

1. 函数极限加法

若函数 f 和 g 在正无穷远处都存在极限，即：

$$\lim_{x \to +\infty} f(x) = L$$

$$\lim_{x \to +\infty} g(x) = M$$

则有函数 f 和 g 的和在正无穷处存在极限，并且：

$$\lim_{x \to +\infty} f(x) + g(x) = L + M$$

下面为形式化描述。

定理 15.8　函数极限加法

val FUNC_ADD =
　　⊢ ∀ f g l m. f → l ∧ g → m ⇒ (λ t. f t + g t) → (l + m)

证明：首先将全称量词去掉，然后将 tends_real_real 的定义进行重写，去掉符号"→"，根据目标的形式使用 MATCH 策略匹配定理 NET_ADD，目标会变成"dorder \$>="，此时需要使用前面证明过的定理 DORDER_RNGE 来说明"\$>="满足有向集关系，用 MATCH 接收策略将该定理带入即可。

val LIM_FUNC_ADD =
　　⊢ ∀f g l m. f → l ∧ g → m ⇒ (f_lim (λx. f x + g x) = l + m)

证明：由于极限的运算是用 f_lim 定义写的，所以首先去除全称量词及重写 f_lim 的定义，由于 f_lim 定义中使用了选择操作运算符@，因此证明需要使用策略 SELECT_ELIM_TAC，这样就可以将目标转换为两个目标的合取形式，一个是证明存在性，一个证明等价性。使用 CONJ_TAC 将目标中的合取形式变为两个子目标。第一个子目标，是证明两个函数的和在无穷远处存在极限，根据前件中的条件函数 f 和 g 在无穷远处的极

限分别为 l 和 m，因此只需要证明两个函数的和在正无穷远处的极限值为 m-l 即可。那么就需要 MATCH_MP_TAC 对上面已经证明完的定理 FUNC_ADD 进行匹配，然后重写目标即可。第二个子目标，去掉全称量词后发现它的目标形式与之前证明函数极限的唯一性定理 FUNC_UNIQ 很相似。此时需要使用 MATCH 策略匹配该定理，则目标变成了"? x'. $x' \to x \ \land \ x' \to (1+m)$"的形式，先证明目标合取式的第一部分，证明存在性，显然存在的 x' 应该为 $(\lambda x. f\,x + g\,x)$，所以根据前件的条件可以消去目标合取式的第一部分；而目标的第二部分与上面第一层证明极限和的形式一样，所以使用 MATCH 策略匹配定理 FUNC_ADD 即可。

2. 函数极限减法

若函数 f 和 g 在正无穷远处都存在极限，即：

$$\lim_{x \to +\infty} f(x) = L$$

$$\lim_{x \to +\infty} g(x) = M$$

则有函数 f 和 g 的差在正无穷处存在极限，并且：

$$\lim_{x \to +\infty} f(x) - g(x) = L - M$$

下面为形式化描述。

定理 15.9　极限减法

val FUNC_SUB =

　　⊢ ∀ f g l m. f → l ∧ g → m ⇒ (λ t. f t - g t) → (l - m)

证明：首先将全称量词去掉，然后将 tends_real_real 的定义进行重写，去掉符号"→"，根据目标的形式使用 MATCH 策略匹配定理 NET_SUB，目标会变成"dorder $>="，此时需要使用前面证明过的定理 DORDER_RNGE 来说明"$>="满足有向集关系，用 MATCH 接收策略将该定理带入即可。

val LIM_FUNC_SUB =

　　⊢ ∀f g l m. f → l ∧ g → m ⇒ (f_lim (λx. f x - g x) = l - m)

证明：由于极限的运算是用 f_lim 定义写的，所以首先去除全称量词及重写 f_lim 的定义，由于 f_lim 定义中使用了选择操作运算符 @，因此证明需要使用策略 SELECT_ELIM_TAC，这样就可以将目标转换为两个目标的合取形式，一个是证明存在性，一个证明等价性。使用 CONJ_TAC 将目标中的合取形式变为两个子目标。第一个子目标，是证明两个函数的和在无穷远处存在极限，根据前件中的条件函数 f 和 g 在无穷远处的极限分别为 l 和 m，因此只需要证明两个函数的和在正无穷远处的极限值为 l-m 即可。那么就需要 MATCH_MP_TAC 对上面已经证明完的定理 FUNC_SUB 进行匹配，然后重写目标即可。第二个子目标，去掉全称量词后发现它的目标形式与之前证明函数极限的唯一性定理 FUNC_UNIQ 很相似。此时需要使用 MATCH 策略匹配该定理，则目标变成了"? x'. $x' \to x \ \land \ x' \to (1-m)$"的形式，先证明目标合取式的第一部分，证明存在性，显然存在的 x' 应该为 $(\lambda x. f\,x - g\,x)$，所以根据前件的条件可以消去目标合取式的第一部分；而目标的第二部分与上面第一层证明极限和的形式一样，所以使用 MATCH 策略匹配定理 FUNC_SUB 即可。

    3. 函数极限乘法

    若函数 f 和 g 在正无穷远处都存在极限，即：

$$\lim_{x \to +\infty} f(x) = L$$

$$\lim_{x \to +\infty} g(x) = M$$

则有函数 f 和 g 的积在正无穷处存在极限，并且：

$$\lim_{x \to +\infty} f(x) * g(x) = L * M$$

下面为形式化描述。

定理 15.10　极限乘法

val FUNC_MUL =

    ⊢ ∀ f g l m. f → l ∧ g → m ⇒ (λ t. f t * g t) → (l * m)

证明：首先将全称量词去掉，然后将 tends_real_real 的定义进行重写，去掉符号"→"，根据目标的形式使用 MATCH 策略匹配定理 NET_MUL，目标会变成"dorder \$>="，此时需要使用前面证明过的定理 DORDER_RNGE 来说明"\$>="满足有向集关系，即用 MATCH 接收策略将该定理带入。

    val LIM_FUNC_MUL =

    ⊢ ∀f g l m. f → l ∧ g → m ⇒ (f_lim (λx. f x * g x) = l * m)

证明：由于极限的运算是用 f_lim 定义写的，所以首先去除全称量词及重写 f_lim 的定义，由于 f_lim 定义中使用了选择操作运算符 @，因此证明需要使用策略 SELECT_ELIM_TAC，这样就可以将目标转换为两个目标的合取形式，一个是证明存在性，一个证明等价性。使用 CONJ_TAC 将目标中的合取形式变为两个子目标。第一个子目标，是证明两个函数的乘积在无穷远处存在极限，根据前件中的条件函数 f 和 g 在无穷远处的极限分别为 l 和 m，因此只需要证明两个函数的和在正无穷远处的极限值为 $m*l$ 即可。那么就需要 MATCH_MP_TAC 对上面已经证明完的定理 FUNC_MUL 进行匹配，然后重写目标即可。第二个子目标，去掉全称量词后发现它的目标形式与之前证明函数极限的唯一性定理 FUNC_UNIQ 很相似。此时需要使用 MATCH 策略匹配该定理，则目标变成了"？x'. x' → x ∧ x' → (l * m)"的形式，先证明目标合取式的第一部分，证明存在性，显然存在的 x' 应该为(λx. f x * g x)，所以根据前件的条件可以消去目标合取式的第一部分；而目标的第二部分与上面第一层证明极限和的形式一样，所以使用 MATCH 策略匹配定理 FUNC_MUL 即可。

    4. 函数极限与常数乘法

    若函数 f 在正无穷远处都存在极限，即：

$$\lim_{x \to +\infty} f(x) = L$$

则有任意常数 a 使得 a 与 f 的乘积在正无穷处存在极限，并且：

$$\lim_{x \to +\infty} a * f(x) = a * L$$

下面为形式化描述：

定理 15.11　极限与常数乘法

val LIM_FUNC_CMUL =

$\vdash \forall f\, l\, a.\, f \to l \Rightarrow (f\_lim\ (\lambda x.\, a * f\, x) = a * l)$: thm

证明：由于该目标的形式与定理 15.10 很相似，因此可以借助定理 LIM_FUNC_MUL 来进行证明。那么就需要将目标的形式变成与定理一样的形式，定理 LIM_FUNC_MUL 是两个函数乘积的形式，而在证明目标当中则是一个常数与一个函数的乘积形式，因此需要使用定位策略及添加 lambda 函数的方法将常数改写成常函数的形式：CONV_TAC((LAND_CONV o EXACT_CONV)[X_BETA_CONV (--`x: real`--) (--`a: real`--)])。上面的右侧表示，对目标中的常数 a 添加一个自变量为 x 的 lambda 函数。此时的目标形式为：f_lim $(\lambda x.\, (\lambda x.\, a)\, x * g\, x) = a * l$。此时便可以使用 MATCH 策略匹配定理 LIM_FUNC_MUL，然后使用常函数极限定理 FUNC_CONST 进行重写即可完成证明。

5. 函数极限除法

若函数 f 和 g 在正无穷远处都存在极限，即：

$$\lim_{x \to +\infty} f(x) = L$$

$$\lim_{x \to +\infty} g(x) = M$$

并且 $M \neq 0$，则有函数 f 和 g 的商在正无穷处存在极限，并且：

$$\lim_{x \to +\infty} f(x) / g(x) = L / M$$

下面为形式化描述。

定理 15.12　极限除法

val FUNC_DIV =

$\vdash \forall f\, g\, l\, m.\, f \to l\ \wedge\ g \to m\ \wedge\ m \neq \&0 \Rightarrow (\lambda t.\, f\, t / g\, t) \to (l / m)$

证明：首先将全称量词去掉，然后将 tends_real_real 的定义进行重写，去掉符号"→"，根据目标的形式使用 MATCH 策略匹配定理 NET_DIV，目标会变成"dorder \$>="，此时需要使用前面证明过的定理 DORDER_RNGE 来说明"\$>="满足有向集关系，即用 MATCH 接收策略将该定理带入。由于在后续中没有使用到函数极限的除法运算，因此本章只形式化证明了它的第一层，没有对其他的形式进行形式化证明。

6. 其他

若函数 f 在正无穷远处都存在极限，即：

$$\lim_{x \to +\infty} f(x) = L$$

则有任意常数 a 使得下式成立：

$$\lim_{x\to+\infty} f(a+x) = L$$

下面为形式化描述。

定理 15.13　极限上限可加

val LIM_FUNC_LAM_ADD =

⊢ ∀ f l a. (λt. f t) → l ⇔ (λt. f (a + t)) → l

若函数 f 在正无穷远处都存在极限，即：

$$\lim_{x\to+\infty} f(x) = L$$

则有任意常数 $a > 0$ 使得下式成立：

$$\lim_{x\to+\infty} f(a*x) = L$$

下面为形式化描述。

定理 15.14　极限上限可乘

val LIM_FUNC_LAM_MUL =

⊢ ∀ f l a. a > 0 ∧ (λt. f t) → l ⇔ (λt. f (a * t)) → l

定义 15.4　实函数导函数定义

val deriv_def = ⊢ ∀ f x. deriv f x = @k. (f diffl k) x

函数 deriv 求给定实函数 f 的导函数，其接收一个可导函数 $f : \mathbf{R} \to \mathbf{R}$，及函数 f 可导时自变量的值 x。根据接收的参数，该函数会返回一个表示函数 f 在自变量为 x 时的导函数。

15.3　函数积分极限的高阶逻辑形式化建模与验证

15.3.1　正无穷函数积分上限取绝对值的建模与验证

若函数 f 以任意常数 a 为积分下限存在正无穷积分 L，即：

$$\lim_{x\to+\infty} \int_a^x f(x)\mathrm{d}x = L$$

则该函数在以 a 为积分下限，取正无穷变量的绝对值为积分上限的极限为 L，即：

$$\lim_{x\to+\infty} \int_a^{|x|} f(x)\mathrm{d}x = L$$

该定理表示，函数积分上限取极限时，与其上限的绝对值取极限的结果一样。则形式化证明如下。

定理 15.15　函数积分极限上限绝对值定理

val LIM_FUNC_BOUND_ABS =

⊢ ∀ f a p. (λt. integral (a, t) f) → p ⇔ (λ t. integral (a, abs t) f) → p

证明：首先将极限定理 FUNC_POS 重写，然后使用等价策略(EQ_TAC)将等价性证明变换成两个蕴含式证明。

第一个子目标的蕴含式证明由于目标中存在两个蕴含式且它们之间的关系为蕴含关系，每个蕴含式中都有一个 e，所以先将两个 e 实例化为同一个 e，主要使用 SPEC，如：MP_TAC o SPEC "e：real"。目标式中有存在量词的证明，实际在 $0 < t$ 时，abs $t = t$，所以，两个蕴含式中的 X，即存在量词，可以写成一个。此时，目标变为"abs (integral (a, abs x) f - p) < e"，而前件中有三个条件，分别为"x ≥ &X"、"∀x. x ≥ &X ⇒ abs (integral (a, x) f - p) < e"和"0 < e"。从第 2 个条件中可以发现，其成立的条件为"x ≥ &X"。对目标来说，它成立的条件形式应该为"abs x ≥ &X"。所以使用目标中的前件匹配结果，即可得到目标：abs x ≥ &X。经过简单的变换，根据条件即可完成第一个子目标的证明。

第二个子目标的证明：由于第二个子目标的形式跟第一个子目标很相似，所以证明的思路也基本一致。但是第二个子目标中的蕴含式与第一个子目标中的蕴含式刚好相反，条件和结果进行了调换，所以在证明到目标形式为"abs (integral (a, x) f - p) < e"的时候，有所不同。此时的前件条件中有"x ≥ &X"、"∀x. x ≥ &X ⇒ abs (integral (a, abs x) f - p) < e"和"0 < e"。此时第二个条件中的目标中有"abs x"的形式，而条件中的前件却为"x ≥ &X"，并没有绝对值，即 abs 的形式。目标中也没有绝对值，即 abs 的使用。为了能使用前件中第二个条件，需要将目标的形式改写为与前件第二个条件目标相似的形式。即用 abs x 代替目标中的 x，将目标变为"abs (integral (a, abs x) f - p) < e"。而前件中第一个条件为"x ≥ &X"，x 为实数，而 X 为自然数，因此会有"&X"的形式，是将自然数取实数的表示方法。由此可知，若一个实数大于等于一个自然数，那么这个实数与其的绝对值是相等的。

证明步骤如下。

首先证明"0 ≤ x"，需要使用实数小于等于的传递定理 REAL_LE_TRANS，找到一个 0 ~ x 的值，那就是自然数 X。于是分别证明"&X ≤ x"和"0 ≤ X"，第一个目标用重写即可（前件条件中有该目标的形式）。第二个目标使用定理 ZERO_LESS_EQ（表示自然数不小于零）即可。

其次证明"x = abs x"，使用定理 ABS_REFL（实数绝对值与其本身相等成立的条件，即该实数不小于零），这就需要用到前面证明的目标"0 ≤ x"，然后将条件进行重写即可完成。

至此已经构造出了需要的目标形式"abs (integral (a, abs x) f - p) < e"，然后使用条件匹配策略 FIRST_ASSUM HO_MATCH_MP_TAC，可得到目标为"x ≥ &X"，将前件中一样的条件进行重写即可完成证明。

15.3.2　正无穷函数积分上限与常数之和的建模与验证

若函数 f 以任意常数 a 为积分下限存在正无穷积分 L，即：

$$\lim_{x \to +\infty} \int_a^x f(x)\mathrm{d}x = L$$

则有该函数以 a 为积分下限，取正无穷变量与任意常数 b 的和为积分上限的极限为 L，即：

$$\lim_{x \to +\infty} \int_a^{b+x} f(x)\mathrm{d}x = L$$

该定理表示，函数积分上限取极限时，与其上限与一常数的和取极限的结果一样。形式化证明如下。

定理 15.16   函数积分极限上限可加定理

val LIM_FUNC_BOUND_ADD =

⊢ ∀ f a p b. (λt. integral (a，t) f) → p ⇔ (λ t. integral (a，b + t) f) → p

证明：该定理的证明思路与定理 15.15 的证明思路很相似。首先将极限的定理进行重写，然后使用等价策略 EQ_TAC 进行目标重写，将等价性证明变换成为两个蕴含式的证明。

第一个子目标的蕴含式证明：由于目标中存在两个蕴含式且它们之间的关系为蕴含关系，每个蕴含式中都有一个 e，所以先将两个 e 实例化为同一个 e，主要使用 SPEC，如：MP_TAC o SPEC "e：real"。目标式中有存在量词的证明，但是目标中的两个 X 则不相同，前件中的存在量词用 X 表示，则目标中的 X 应该用 clg(&(X：num) - b：real) 表示（clg 表上取整）。此时，目标变为"∀x. x ≥ &clg (&X - b) ⇒ abs ((λt. integral (a，b + t) f) x - p) < e"，再将目标中的前件放进去，则前件中有三个条件分别为 "x ≥ &clg (&X - b)"、"∀x. x ≥ &X ⇒ abs (integral (a，x) f - p) < e" 和 "0 < e"。从第二个条件中可以发现，其成立的条件为 "x ≥ &X"。对目标来说，它成立的条件形式应该为 "b + x ≥ &X"。所以使用目标中的前件匹配结果，即可得到目标 "b + x≥&X"，经过简单的变换，主要会用到上取整定理 LE_NUM_CEILING(∀x. x≤&clg x)，根据条件即可完成第一个子目标的证明。

第二个子目标的证明：由于第二个子目标的形式跟第一个子目标很相似，所以证明的思路也基本一致。但是第二个子目标中的蕴含式与第一个子目标中的蕴含式刚好相反，条件和结果进行了调换，所以在证明到目标形式为 "abs (integral (a，x) f - p) < e" 的时候，有所不同。此时的前件条件中有 "x ≥ &X"，"∀x. x ≥ &X ⇒ abs (integral (a，abs x) f - p) < e" 和 "0 < e"。此时第二个条件中的目标中有 "b + x" 的形式，而条件中的前件却为 "x ≥ &X"，并没有和的形式，而目标中也没有和的使用。为了能使用前件中的第二个条件，需要将目标的形式改写为与前件第二个条件的目标相似的形式。即用 b + (x - b) 代替目标中的 x，将目标变为 "abs (integral (a，b + (x - b)) f - p) < e"。而前件中第一个条件为 "x ≥ &clg (&X + b)"，x 为实数，而 X 为自然数，因此会有 "&X" 的形式，是将自然数取实数的表示方法，又使用实数上取整 clg，所以又变成自然数了，然后再用符号 "&" 即可变为实数的形式。由于 "x = b + (x - b)" 的证明比较简单，这里就不赘述了。目标替换完成后，使用条件匹配策略 FIRST_ASSUM HO_MATCH_MP_TAC，可得到目标为 "x - b ≥ &X"。由于前件的第一个条件中有 "&X + b" 的形式，所以将目标转换为 "&X + b ≤x"。然后使用 MATCH 匹配实数小于等于的传递定理 REAL_LE_TRANS，则处于目标中间的一个实数为 "&clg (&X + b)"，使得目标 "&X + b ≤&clg (&X + b) ∧ &clg (&X + b) ≤x" 成立。最后使用上取整定理 LE_NUM_CEILING，并将目标进行重写，

即可完成证明。

15.3.3　正无穷函数积分上限与非负常数之积的建模与验证

若函数 f 以任意常数 a 为积分下限存在正无穷积分 L，即：

$$\lim_{x \to +\infty} \int_a^x f(x) = L$$

则有该函数以 a 为积分下限，积分上限为取正无穷变量与任意非负常数 b 的积的极限为 L，即：

$$\lim_{x \to +\infty} \int_a^{b*x} f(x) = L$$

该定理表示，函数积分上限取极限时，与其上限与任一非负常数的乘积取极限的结果一样。形式化证明如下。

定理 15.17　函数积分极限上限可乘定理

val LIM_FUNC_BOUND_CMUL =

⊢ ∀ f a p b. &0 < b ⇒ ((λt. integral (a, t) f) → p ⇔ (λ t. integral (a, b * t) f) → p)

证明：该定理的证明思路与定理 15.16 的证明思路很相似。首先将极限的定理进行重写，然后使用等价策略 EQ_TAC 进行目标重写，将等价性证明变换成为两个蕴含式的证明。

第一个子目标的蕴含式证明：由于目标中存在两个蕴含式且它们之间的关系为蕴含关系，每个蕴含式中都有一个 e，所以先将两个 e 实例化为同一个 e，主要使用 SPEC，如：MP_TAC o SPEC "e：real"。目标式中有存在量词的证明，但是目标中的两个 X 则不相同，前件中的存在量词用 X 表示，则目标中的 X 应该用&clg (&X / b)表示。此时，目标变为 "∀x. x ≥ &clg (&X / b) ⇒ abs ((λt. integral (a, b * t) f) x - p) < e"，再将目标中的前件放进去，则前件中有四个条件，分别为 "x ≥ &clg (&X / b)"、"∀x. x ≥ &X ⇒ abs (integral (a, x) f - p) < e"、"0 < e" 和 "0 < b"。从第二个条件中可以发现，其成立的条件为 "x ≥ &X"。对目标来说，它成立的条件形式应该为 "b * x ≥ &X"。所以使用目标中的前件匹配结果，即可得到目标 b * x ≥ &X，经过简单的变换，主要会用到上取整定理 LE_NUM_CEILING(∀x. x ≤ &clg x)，根据条件即可完成第一个子目标的证明。

第二个子目标的证明：由于第二个子目标的形式跟第一个子目标很相似，所以证明的思路也基本一致。但是第二个子目标中的蕴含式与第一个子目标中的蕴含式刚好相反，条件和结果进行了调换，所以在证明到目标形式为 "abs (integral (a, x) f - p) < e" 的时候，有所不同。此时的前件条件中有 "x ≥ &clg (&X * b)"、"∀x. x ≥ &X ⇒ abs (integral (a, abs x) f - p) < e"、"0 < e" 和 "0 < b"。此时第二个条件中的目标中有 "b * x" 的形式，而条件中的前件却为 "x ≥ &X"，并没有和的形式，目标中也没有乘积的使用。为了能使用前件中第二个条件，需要将目标的形式改写为与前件第二个条件目标相似的形式。即用 b * (x / b) 代替目标中的 x，将目标变为 "abs (integral (a, b * (x / b)) f - p) < e"，而前件中第一个条件为 "x ≥ &clg (&X * b)"。由于 "x = b * (x / b)" 的证明比较简单，

这里就不赘述了。目标替换完成后，使用条件匹配策略 FIRST_ASSUM HO_MATCH_MP_TAC，可得到目标为"x / b ≥ &X"。由于前件的第一个条件中有"&X * b"的形式，所以将目标转换为"&X * b ≥x"。然后使用 MATCH 匹配实数小于等于的传递定理 REAL_LE_TRANS，则处于目标中间的一个实数为"&clg (&X * b)"，使得目标"&X + b ≤&clg (&X * b) ∧ &clg (&X * b) ≤x"成立。最后使用上取整定理 LE_NUM_CEILING，并将目标进行重写，即可完成证明。

第16章　拉普拉斯变换的高阶逻辑形式化建模验证

拉普拉斯变换是工程数学中常用的一种积分变换，是一个线性变换，可将一个有引数实数 $t(t \geqslant 0)$ 的函数转换为一个引数为复数 s 的函数。有些情形下一个实变量函数在实数域中进行一些运算并不容易，但若将实变量函数做拉普拉斯变换，并在复数域中做各种运算，再将运算结果做拉普拉斯反变换来求得实数域中的相应结果，往往在计算上容易得多。拉普拉斯变换的这种运算步骤对于求解线性微积分方程尤为有效，它可把微积分方程化为容易求解的代数方程来处理，从而使计算简化。在经典控制理论中，对控制系统的分析和综合，都是建立在拉普拉斯变换的基础上的。引入拉普拉斯变换的一个主要优点，是可采用传递函数代替常系数微积分方程来描述系统的特性。这就为采用直观和简便的图解方法来确定控制系统的整个特性、分析控制系统的运动过程，以及控制系统调整提供了可能性。拉普拉斯变换在工程学上的应用：应用拉普拉斯变换解常变量齐次微积分方程，可以将微积分方程化为代数方程，使问题得以解决。在工程学上，拉普拉斯变换的重大意义在于：将一个信号从时域，转换为复频域（s 域）；在线性系统、控制自动化上都有广泛的应用。

由于拉普拉斯变换的广泛使用，迫切需要比较精确的方法来对系统进行分析和验证。传统的拉普拉斯变换应用都是采用人工计算，会存在条件不满足而继续使用拉普拉斯变换的问题。随着时代的发展，计算机的使用已经非常广泛，这也为拉普拉斯变换的分析提供了另外一个常用的方法——基于计算机的数值分析方法，包括仿真和计算机代数系统。对于拉普拉斯变换的验证分析，以往还停留在系统的建模和仿真中，主要使用基于计算机的数值方法。然而这种方法也不能保证分析的完全正确性，计算的迭代次数受限于计算机内存和计算资源，并且在广义积分中，数值计算也不能使计算值更精确。计算机代数系统则使用"符号"运算代替了"数"的运算，这在一定程度上大大优于仿真技术，特别是在精确度上。它使用核心算法推导出符号表达式的解，这在一定程度上避免了数值计算不精确的问题。但是对于庞大的符号集进行运算的算法并没有经过验证，所得到的结果仍然可能存在问题。

拉普拉斯变换作为在经典控制理论中的工具，对控制系统时域与频域的分析和综合都非常重要。通过拉普拉斯变换可采用传递函数代替微积分方程来描述系统的特性，这就为采用直观和简便的图解方法来确定控制系统的整个特性、分析控制系统的运动过程，以及综合控制系统的校正装置提供了可能性。拉普拉斯变换已经在电力、力学等众多的工程技术与科学研究领域中得到广泛的应用。在形式化验证领域中，拉普拉斯变换的形式化还很空白，在很多的定理证明库中都没有相关的理论基础，因此在对高可靠性要求的领域，拉普拉斯变换的形式化显得非常必要。

16.1　拉普拉斯变换定义形式化的建模与验证

在古典意义下傅里叶变换存在的条件是 $f(t)$ 除满足狄利克雷条件外，还要在 $(-\infty,$ $+\infty)$ 上绝对可积。实际中的常见初等函数、多项式、正余弦函数都不满足。另外，在物理线性控制等实际应用中，许多以时间 t 为自变量的函数，一般在 $t<0$ 时没有意义，或者不需要知道 $t<0$ 的情况。因此傅里叶变换要求函数的条件较强，在实际应用中受到了一些限制。

为了解决上述问题，人们发现对于任意一个不满足上述条件的函数 $\varphi(t)$，经过适当的改造能够使其满足在古典意义下的傅里叶变换。首先将 $\varphi(t)$ 乘以单位阶跃函数：

$$u(t)=\begin{cases}0, & t<0 \\ 1, & t>0\end{cases}$$

得到：

$$\mathcal{L}\left[\varphi(t)u(t)\right]=\int_{-\infty}^{+\infty}\varphi(t)u(t)\mathrm{e}^{-\mathrm{i}\omega t}\,\mathrm{d}t=\int_{0}^{+\infty}f(t)\mathrm{e}^{-\mathrm{i}\omega t}\,\mathrm{d}t \tag{16.1}$$

式中，$f(t)=\varphi(t)u(t)$。当 $t<0$ 时，$\varphi(t)$ 在没有定义或者不需要知道的情况下就可以解决问题。但是仍不能回避 $f(t)$ 在 $[0,+\infty)$ 绝对可积的限制。为此，我们考虑当 $t\to+\infty$ 时衰减速度很快的函数，即指数衰减函数 $\mathrm{e}^{-\beta t}(\beta>0)$，可得

$$\mathcal{L}\left[\varphi(t)u(t)\mathrm{e}^{-\beta t}\right]=\int_{0}^{+\infty}f(t)\mathrm{e}^{-\beta t}\,\mathrm{e}^{-\mathrm{i}\omega t}\,\mathrm{d}t=\int_{0}^{+\infty}f(t)\mathrm{e}^{-(\beta+\mathrm{i}\omega)t}\,\mathrm{d}t=\int_{0}^{+\infty}f(t)\mathrm{e}^{-st}\,\mathrm{d}t \quad (s=\beta+\mathrm{i}\omega)$$

$$\tag{16.2}$$

上式可写成：

$$L(S)=\int_{0}^{+\infty}f(t)\mathrm{e}^{-st}\,\mathrm{d}t \tag{16.3}$$

这是由实函数 $f(t)$ 通过一种新的变换得到的复变函数，这种变换就称作拉普拉斯变换。若该变换积分收敛，则函数 f 存在拉普拉斯变换；若其积分发散，则函数 f 不满足拉普拉斯变换的条件。

在高阶逻辑定理证明器中验证线性控制等物理系统，需要拉普拉斯变换的形式化模型。这里首先在 HOL4 中建立拉普拉斯变换形式化定义。

定义 16.1　拉普拉斯变换形式化定义

val lap_trans_def =
 ⊢ ∀f b w. lap_trans f b w =
  (f_lim (λt. integral (&0, abs t) (λt. f t * exp (-(b * t)) * cos (w * t))),
 f_lim (λt. integral (&0, abs t) (λt. -f t * exp (-(b * t)) * sin (w * t))))

上述拉普拉斯变换形式化的定义中，将拉普拉斯变换中的复参变量 s 写成实部和虚部

的形式 (b, w)，直接代入表达式中，结果也用实部、虚部分开的表达形式。在后续的性质定理证明中，都会沿用这种表达方式，这样做是为了让后期拉普拉斯变换性质的形式化和描述统一。对复数的操作运算则用到了复数库定理。表达式中 $f: \mathbf{R} \to \mathbf{R}$ 为要进行拉普拉斯变换的原函数，integral (a, b) $(\lambda t.\ f\ t)$ 是求函数 $f(t)$ 在区间 (a, b) 上的积分值，这部分使用了 gauge 积分定义；f_lim $(\lambda t.\ f)$ 为函数极限的定义，表示当 $t\text{->}+\infty$ 时，求 f 的极限值，这里 t 为实数。

若 $f(t)$ 在 $[0, +\infty)$ 上满足 $f(t)$ 至多有有限个第一类间断点，而且存在常数 $M > 0$ 和常数 $c \geq 0$，使

$$\left| f(t) \right| \leq M \mathrm{e}^{ct} \quad (t \geq 0) \tag{16.4}$$

则在半平面 $\mathrm{Re}\ s > c$ 上，函数 $f(t)$ 存在拉普拉斯变换 $L(s) = \displaystyle\int_0^{+\infty} f(t) \mathrm{e}^{-st}\, \mathrm{d}t$。称满足式 (16.4) 的 $f(t)$ 为 $0 \leq t$ 时增长是指数级的函数，称 c 为增长指数。由此看出，对象函数 f 的要求比傅里叶变换低，并且适用于自变量变化范围为 $[0, +\infty)$ 的情况。则拉普拉斯变换在 HOL4 中存在性条件的形式化描述如下面定义所示。

定义 16.2　拉普拉斯变换存在条件定义

val L_exists_condition_def =

⊢ ∀f b w.

L_precondition f b w ⟺

  ∃M c. ∀t.

   &0 ≤ t ∧ &0 < M ∧ &0 < c ∧ c < b ⇒

   abs (f t) ≤ M * exp (c * t) ∧ f contl t

上面定义中合取式的最后两个分别表示函数 $f(t)$ 在 $t \geq 0$ 时保证其为指数级函数和在 $t \in [0, +\infty)$ 时 $f(t)$ 至多有有限个第一类间断点的条件。这里只考虑连续性函数，在实际应用中需要验证的函数也是连续函数。

定义 16.3　前置条件定义

val L_precondition_def =

⊢∀f_1 f_2 t M c m b w.

L_precondition f_1 f_2 t M c m b w ⟺

0 < t ∧ 0 < M ∧ 0 < c ∧ c < b ∧ m < 0 ∧ m < b - c ∧

f_1 0 = 0 ∧ f_2 0 = 0 ∧ (∀t. abs (f_1 t) ≤ M * exp (c * t)) ∧

(∀t. (λt. f_1 t) contl t) ∧ (∀t. abs (f_2 t) ≤ M * exp (c * t)) ∧

∀t. (λt. f_2 t) contl t

在后续的性质证明中，会用到多个函数的限制条件，所以这里定义了两个函数的限制条件。若后续中只有一个函数需要限制条件，将使用存在条件；若有多个，则重复使用上述定义。

16.2   基本性质的建模与验证

拉普拉斯变换的性质是其在系统中应用的基础前提,这里将在 HOL4 中建立它的形式化模型。根据拉普拉斯变换定义高阶逻辑模型验证一些拉普拉斯变换的经典性质,这些性质的形式化验证不仅能确保拉普拉斯变换形式化定义的正确性,同时也在推理基于系统分析的拉普拉斯变换减少用户干预中发挥了至关重要的作用。

16.2.1   线性性质的建模与验证

拉普拉斯变换的线性性质可由两个实函数 f_1、 f_2 和两个常数 α、 β 表示如下:

$$\mathcal{L}\big[\alpha f_1(t)+\beta f_2(t)\big]=\alpha\mathcal{L}\big[f_1(t)\big]+\beta\mathcal{L}\big[f_2(t)\big] \tag{16.5}$$

其中 α、β 是常数, $L_1(s)=\mathcal{L}\big[f_1(t)\big]$, $L_2(s)=\mathcal{L}\big[f_2(t)\big]$。则拉普拉斯变换的线性性质在 HOL4 中的验证如下。

定理 16.1   线性性质

L_TRANS_LINEAR =

⊢ ∀ f g b w.

　　L_exists_condition f b w ∧ L_exists_condition g b w ⇒

　(lap_trans (λt. p * f t + q * g t) b w = p * lap_trans f b w + q * lap_trans g b w)

证明:将拉普拉斯变换的定义重写就可完成证明。但在 HOL4 中证明比较麻烦,拉普拉斯变换的定义中使用了极限和积分嵌套的形式,将拉普拉斯变换定义重写后,等式左边的复函数会变成

(lim (λt. integral (&0, abs t) (λt. (λt. p * f t + q * g t) t * exp (-(b * t)) * cos (w * t))),

lim (λt. integral (&0, abs t) (λt.-(λt. p * f t + q * g t) t * exp (-(b * t)) * sin (w * t))))

第一步,首先对实部进行变换,利用乘法的分配率 REAL_RDISTRIB 将其变为 lim (λt.integral (&0, abs t) (λt.p * f t * exp (-(b * t)) * cos (w * t) + q * g t * exp (-(b * t)) * cos (w * t)))的形式。这里,将和的积分形式变为积分之和的形式,需要用到定理 INTEGRAL_ADD。在使用这个定理之前需要证明上面积分中两个求和的式子分别可积,即 integrable (&0, abs t) (λt. p * f t * exp (-(b * t)) * cos (w * t))和 integrable (&0, abs t) (λt. q * g t * exp (-(b * t)) * cos (w * t))。在证明一个式子可积时,一般根据式子的组成形式来证明,要证明可积式子的形式为一个常数与三个函数的乘积,因此需要使用定理 INTEGRABLE_CMUL 将其变为证明三个函数的乘积可积。前面已经证明过,在函数 f 连续的条件下,(λt. f t * exp (-(b * t)) * cos (w * t))可积,所以可以直接利用引理 INTEGRABLE_EXP_COS 完成证明。其次对虚部进行变换,变换的方法与变换实部的方法基本一样,在证明(λt. -f t * exp (-(b * t)) * sin (w * t))可积时,用前面已经证明的引理 INTEGRABLE_EXP_SIN_NEG 即可。

第二步,将极限分离,利用定理 LIM_SEQ_ADD,分别将左式虚部和实部和的极限

变换为极限的和的形式：

$$\lim(\lambda t.\ \text{integral}\ (\&0\ \text{abs}\ t)\ (\lambda t.\ p * f\ t * \exp(-(b * t)) * \cos(w * t))) +$$
$$\lim(\lambda t.\ \text{integral}\ (\&0,\ \text{abs}\ t)\ (\lambda t.\ q * g\ t * \exp(-(b * t)) * \cos(w * t))) \tag{16.6}$$

然后依次将各项的常数项因子提到极限的外面，把常数项因子每向外提出一级都需要证明函数的可积性。最后将等式的右边进行变换，提出常数项。

16.2.2　微积分性质的建模与验证

拉普拉斯变换的微积分性质由原函数 f 及其导函数 f' 可以表示为

$$\mathcal{L}\left[f'(t)\right] = sL(s) - f(0) \tag{16.7}$$

式中，$\mathcal{L}\left[f(t)\right] = L(s)$。则拉普拉斯变换的微积分性质在 HOL4 中的验证如下。

定理 16.2　微积分性质

L_TRANS_DIFF =

⊢ ∀ f b w.

L_exists_condition f b w ∧ L_exists_condition (λx. deriv f x) b w ⇒

(lap_trans (λx. deriv f x) b w = (b, w) * lap_trans f b w + complex_of_real (-f &0))

证明：根据拉普拉斯变换的定义和分部积分公式

$$\mathcal{L}\left[f'(t)\right] = \int_0^{+\infty} f'(t)\mathrm{e}^{-st}\,\mathrm{d}t = f(t)\mathrm{e}^{-st}\Big|_0^{+\infty} + s\int_0^{+\infty} f(t)\mathrm{e}^{-st}\,\mathrm{d}t$$
$$= s\mathcal{L}\left[f(t)\right] - f(0) = sL(s) - f(0) \quad (\mathrm{Re}\ s > c) \tag{16.8}$$

即可得上式。

上述定理表达式中，（ f diffl f'）t 表示函数在自变量为 t 时的微积分为 f'。等式的右边实际是复数，因为在 HOL4 中复数不能直接和实数进行加减运算，所以在证明时需要将 f(&0) 写成 (f(&0)，&0) 的复数形式。在证明推理时首先需要用到分部积分定理 INTEGRAL_BY_PARTS，得到一个含有指数函数的积分计算：$\left(\left[f * \exp(-(b * t))\right] * \cos(w * t)\right)\Big|_0^{+\infty}$，它的积分区间为 (0，+∞)，根据 f 小于指数函数，余弦函数有界，这个式子积分收敛且为零，这在前面以引理的方式已经证明 L_EXP_COS_NULL，后续还会使用。后面的证明主要是积分的变换，以及常数项的提出等，过程比较烦琐，但思路很明确。由于使用了极限等定义，所以会涉及序列相关性质定理的使用。在证明过程中会遇到复数和实数的相互转换问题，通过采用 0:**R** 和 0:**C** 的形式变换来解决。

16.2.3　积分性质的建模与验证

连续函数的积分广泛用于控制系统和电器系统，通过使用拉普拉斯变换的积分性质可简化对 S 域的分析，拉普拉斯变换的积分性质可表示如下：

$$\mathcal{L}\left[\int_0^t f(t)\mathrm{d}\tau\right]=\frac{1}{s}L(s) \tag{16.9}$$

式中，$\mathcal{L}\left[f(t)\right]=L(s)$。则拉普拉斯变换的积分性质在 HOL4 中的验证如下。

定理 16.3　积分性质

val L_TRANS_INTEGRAL =

⊢ ∀ f b w.

L_exists_condition (λt. integral (&0，t) (λx. f x)) b w ⇒

(lap_trans (λt. integral (&0，t) (λx. f x)) b w = inv (b，w)*lap_trans f b w)

证明：设 $\varphi(t)=\int\limits_0^t f(\tau)\mathrm{d}\tau$，则 $\varphi'(t)=f(t)$，$\varphi(0)=0$，由拉普拉斯变换的积分公式

$$\mathcal{L}\left[f(t)\right]=s\mathcal{L}\left[\int_0^t f(\tau)\mathrm{d}t f(t)\right]-\varphi(0) \tag{16.10}$$

即得。

积分性质的证明主要依靠前面已经形式化过的微积分性质定理。首先将目标式子进行相关定义的重写，根据 inv 的定义（前文部分已经描述过）将 inv (b，w) * lap_trans f b w 变为 lap_trans f b w / (b，w)；然后根据定理 COMPLEX_EQ_RDIV_EQ 可将除数 (b,w) 移到等式的左边作为乘积因子。在使用定理 COMPLEX_EQ_RDIV_EQ 时需要证明除数不为零，即 (b,w) ≠ 0。考虑到微积分性质中含有一个 $(-f\&0，\&0)$ 项，在这里由于 $\varphi(\&0)=\&0$，即得 $(-\varphi(\&0),\&0)=\&0$，所以在证明的等式中需要构造一个零项，即 (λt. integral (&0，abs t) (λx. f x)) &0，该式即为 $\varphi(\&0)$，将其添加在等式的左边。然后将等式变形为与之前证明过的微积分性质定理相似的式子，最后使用微积分性质定理证明进行重写。在证明过程中，还用到了函数积分的微积分是其本身的性质定理等。

16.2.4　频移性质的建模与验证

拉普拉斯变换的频移性质主要用来化简含有指数函数的函数，而这类函数多是阻尼函数，经常出现在对自然系统的分析中，如谐振子的分析。频移性质是用来分析和测量相应的 S 域对系统的阻尼效应，其表示如下：

$$\mathcal{L}\left[\mathrm{e}^{at} f(t)\right]=L(s-a)\quad(\mathrm{Re}(s-a)>c) \tag{16.11}$$

式中，$\mathcal{L}\left[f(t)\right]=L(s)$，且 c 是 $f(t)$ 的增长指数。

拉普拉斯变换的频移性质在 HOL4 中的验证如下。

定理 16.4　频移性质

val L_TRANS_FREQUENCY_SHIFT =

⊢ ∀ f b w a.

L_exists_condition f b w ⇒

　　(lap_trans (λt. f t * exp (a *t)) b w = lap_trans f (b - a) w)

证明：根据定义

$$\mathcal{L}\left[e^{at}f(t)\right]=\int_0^{+\infty}e^{at}f(t)e^{-st}\,\mathrm{d}t=\int_0^{+\infty}f(t)e^{-(s-a)t}\,\mathrm{d}t=L(s-a) \qquad (16.12)$$

实际上，拉普拉斯变换中的函数可以是复变函数，这里默认使用实变函数。所以在频移性质中只考虑实轴，而不会有虚轴的位移变换，因此上面的 a 为实数。在证明时会用到同底的指数函数相乘等于其指数相加的指数函数的性质定理 EXP_ADD。

16.2.5   延迟性质的建模与验证

单位阶跃函数通常表示信号 f 在 0 时刻的状态响应。当有多个信号发生在不同时刻时，则可以方便使用单位阶跃函数 $u(t-\tau)$ 表示。实际上，当信号在时刻 $t=\tau(0\leqslant\tau)$ 时，可用函数 $u(t-\tau)f(t-\tau)$ 来表示。通过使用单位阶跃函数 $u(t-\tau)$ 也可非常容易地表示信号发生时的延迟组合。

函数 $f(t)$ 的拉普拉斯变换 $L(s)$ 与延迟函数 $u(t-\tau)f(t-\tau)$ 的拉普拉斯变换有比较简单的关系。其表示如下：

$$\mathcal{L}\left[u(t-\tau)f(t-\tau)\right]=e^{-st}L(s) \qquad (16.13)$$

式中，$\mathcal{L}\left[f(t)\right]=L(s)$，$\tau\geqslant0$。

单位阶跃函数形式化表示如下。

定义 16.4   单位阶跃函数定义

> val u_t = ⊢ ∀t. u_t t = if t < &0 then &0 else &1

定义中表示了根据变量的不同，函数取值不同。

拉普拉斯变换的延迟性质在 HOL4 中的验证如下。

定理 16.5   延迟性质

val L_TRANS_TIME_DELAY =
⊢ ∀ f' f'' f t M c b w tau.
    L_exists_condition f b w ∧ (t < &0 ⇒ f t = &0) ∧ (&0 ⩽ tau) ∧
    (∀x. &0 ⩽ x ⇒ (f' diffl (f x * exp (-(b * (x + tau))) * cos (w * (x + tau)))) x) ∧
    (∀x. &0 ⩽ x ⇒ (f' diffl -(f x * exp (-(b * (x + tau))) * sin (w * (x + tau)))) x) ⇒
    (lap_trans (λt. u_t (t - tau) f (t - tau)) b w = (exp (-((b, w) * tau))) * lap_trans f b w)

证明：根据定义，使用变量代换 $u=t-\tau$ 可得

$$\mathcal{L}\left[u(t-\tau)f(t-\tau)\right]=\int_0^{+\infty}f(t-\tau)e^{-st}\,\mathrm{d}t=\int_0^{+\infty}f(u)e^{-s(u+\tau)}\,\mathrm{d}u=e^{-st}L(s) \qquad (16.14)$$

对上述定理的证明主要基于积分的换元性质（INTEGRATION_BY_SUBST），进行变量替换等。根据拉普拉斯变换的形式化定义，在证明目标时需要将目标的实部和虚部分开，但实际两部分证明基本相似，所以只讲述实部的证明过程。在使用换元积分性质时，首先将实部目标进行等价变换，如下：

f_lim (λt'.

    integral (tau，abs t')(λt'.

      (λt. f t * exp (-(b * (t + tau))) * cos (w * (t + tau)))

        ((λt. t - tau) t') * (λt. 1) t')) =

f_lim (λt'.

    integral (0，abs t')(λt'.

(λt. f t * exp (-(b * (t + tau))) * cos (w * (t + tau))) t'))

由于无穷积分在 HOL4 中表示的特殊性,上述变换后的目标不能直接使用积分换元性质。根据换元积分的表述,需要将目标左式中的积分上限 abs t' 写为 abs t' + tau。如果这只是在里面的定积分中显然是不能变换的,但是目标中等式两边都对 t' 取极限,即表示上限取正无穷。所以使用引理 LIM_FUNC_BOUND_ADD_LEMMA 可完成积分上限表示的变换。完成变换后则可直接使用换元积分性质完成证明。

引理 16.1　换元积分

val INTEGRATION_BY_SUBST =

⊢ ∀ f f' g g' a b c d t.

    a ≤ b ∧ c ≤ d ∧ (g c = a) ∧ (g d = b) ∧

      (∀t. c ≤ t ∧ t ≤ d ⇒ (g diffl g' t) t ∧ a ≤ g t ∧ g t ≤ b) ∧

      (∀x. a ≤ x ∧ x ≤ b ⇒ (f diffl f' x) x) ⇒

    (integral (a，b) (λt. f' t) = integral (c，d) (λt. f' (g t) * g' t))

证明换元积分性质时,主要使用定理库中积分的牛顿莱布尼茨公式,因此在引理的前件中需要加入被积函数存在原函数的条件。

16.2.6　尺度变换性的建模与验证

尺度变换定理描述了在时域中缩放的效果,其表示如下:

$$\mathcal{L}\big[f(at)\big]=\frac{1}{a}L\left(\frac{s}{a}\right) \quad (\text{Re}\,s > ac) \tag{16.15}$$

式中, $\mathcal{L}\big[f(t)\big]=L(s)$ 且 $a > 0$。则拉普拉斯变换尺度变换性质在 HOL4 中的验证如下:

定理 16.6　尺度变换

val L_TRANS_TIME_SCALING =

    ⊢ ∀ f' f'' f t M c m b w a tau.

    L_exists_condition f b w ∧ a * c < b ∧ &0 < a ∧ &0 ≤ tau ∧

      (∀x. &0 ≤ x ⇒

    (f' diffl (f x * exp (-(b * inv a * x)) * cos (w * inv a * x) * inv a)) x) ∧

    (∀x. &0 ≤ x ⇒

        (f'' diffl (-(f x * exp (-(b * inv a * x)) * sin (w * inv a * x)) * inv a)) x)

      ⇒

(lap_trans (λt. f (a * t)) b w = 1 / a * lap_trans f (b / a) (w / a))

证明：根据定义，使用变量代换 $u = at$ 可得

$$\mathcal{L}\left[f\left(at\right)\right]=\int_0^{+\infty} f\left(at\right)\mathrm{e}^{-st}\,\mathrm{d}t=\frac{1}{a}\int_0^{+\infty} f\left(u\right)\mathrm{e}^{-\frac{s}{a}u}\,\mathrm{d}u=\frac{1}{a}L\left(\frac{s}{a}\right) \tag{16.16}$$

对上述定理的证明主要基于积分换元性质（INTEGRATION_BY_SUBST）进行变量替换等。根据拉普拉斯变换的形式化定义，在证明目标时需要将目标进行实部和虚部分开，但实际上两部分证明基本相似，这里讲述实部的证明过程。在使用换元积分性质时，首先将实部目标进行等价变换，如下：

f_lim (λt. integral (0，abs t) (λt.

　　(λt. f t * exp (-(b * inv a * t)) * cos (w * inv a * t) * inv a) t)) =

f_lim (λt. integral (0，abs t) (λt.

　　(λt. f t * exp (-(b * inv a * t)) * cos (w * inv a * t) * inv a) ((λt. a * t) t) * (λt. a) t))

上述变换后的目标不能直接使用积分换元性质。根据换元积分的表述，需要将目标左式中的积分上限 abs t 写为 inv a * abs t。如果这只是在里面的定积分中显然是不能变换的，但是目标中等式两边都对 t 取极限，即表示上限取正无穷。所以使用引理 LIM_FUNC_BOUND_CMUL_LEMMA 可完成积分上限表示的变换。完成变换后则可直接使用换元积分性质完成证明。

16.2.7　卷积定理的建模与验证

拉普拉斯变换的卷积性质不仅能够用来求出某些函数的拉氏逆变换，而且在线性系统的研究中起着重要作用。

根据卷积定义，两个函数 $f,g:\mathbf{R}\to\mathbf{C}$ 的卷积可用 $f*g$ 表示。则可将拉普拉斯变换的卷积定义如下：

$$\left(f*g\right)\left(t\right)=\int_{-\infty}^{+\infty} f\left(\tau\right)g\left(t-\tau\right)\mathrm{d}\tau=\int_0^t f\left(\tau\right)g\left(t-\tau\right)\mathrm{d}\tau \tag{16.17}$$

根据拉普拉斯变换定义，$t<0$ 时，$f\left(t\right)=0$。则当 $\tau<0$ 或 $t-\tau<0$ 时，上述定义中的积分值为零，因此在 $t<0$ 时，$\left(f*g\right)\left(t\right)=0$。

下面为在 HOL4 中对拉普拉斯变换卷积定义的形式化。

定义 16.5　卷积定义

L_convolution_def

　⊢ ∀f_1 f_2 t.

　　L_convolution f_1 f_2 t = integral (0，abs t) (λ tau. f_1 tau * f_2 (t - tau))

此外，假定函数 f 和 g 是分段光滑，则拉普拉斯变换的卷积容易证明存在。实际上，当固定 $t>0$ 时，以 τ 为自变量的函数 $\tau\to f(\tau)g(t-\tau)$ 同样也是分段光滑的，而且这样的函数在区间 $[0，t]$ 上总是可积。因此，在 $t\in\mathbf{R}$ 时，两个分段光滑的函数 f 和 g 的卷积一定存在。下面给出拉普拉斯变换中的卷积定理。

$$\mathcal{L}\big[f_1(t)*f_2(t)\big]=L(s)G(s) \tag{16.18}$$

式中，函数 f 和 g 满足拉普拉斯变换的条件，且 $\mathcal{L}\big[f_1(t)\big]=L(s)$，$\mathcal{L}\big[f_2(t)\big]=G(s)$。则拉普拉斯变换尺度变换卷积定理在 HOL4 中的验证如下：

定理 16.7　卷积定理

val L_TRANS_CONVOLUTION =

　⊢∀f' f'' f_1 f_2 t M c b w t.

　　L_exists_condition f_1 b w ∧　L_exists_condition f_2 b w ∧

　　(t < 0 ⇒ (f_1 t = 0) ∧ (f_2 t = 0)) ⇒

　　(lap_trans (λx. L_convolution f_1 f_2 x) b w =

　　lap_trans f_1 b w * lap_trans f_2 b w)

卷积定理中，当 $t<0$ 时，$f_1(t)=f_2(t)=0$，因此在平面 $\mathrm{Re}\ s>c$ 上有

$$L(s)G(s)=\int_0^{+\infty}f_1(t)\mathrm{e}^{-st}\mathrm{d}t\int_0^{+\infty}f_2(u)\mathrm{e}^{-su}\mathrm{d}u \tag{16.19}$$

从式 (16.19) 可以看出，第二个积分与 t 无关，所以可以将上式写成：

$$L(s)G(s)=\int_0^{+\infty}\left(\int_0^{+\infty}f_1(t)f_2(u)\mathrm{e}^{-s(t+u)}\mathrm{d}u\right)\mathrm{d}t \tag{16.20}$$

现在可以使用新变量 τ 代替 $t+u$，则可得到：

$$L(s)G(s)=\int_0^{+\infty}\left(\int_0^{+\infty}f_1(t)f_2(\tau-t)\mathrm{e}^{-s\tau}\mathrm{d}\tau\right)\mathrm{d}t \tag{16.21}$$

根据定理中的条件，将上式积分顺序改变，可以得到：

$$L(s)G(s)=\int_0^{+\infty}\mathrm{e}^{-s\tau}\left(\int_0^{+\infty}f_1(t)f_2(\tau-t)\mathrm{d}t\right)\mathrm{d}\tau \tag{16.22}$$

如式 (16.22) 所示，其内积分为函数的卷积结果。因此，$\mathcal{L}\big[f_1(t)*f_2(t)\big]$ 存在，并且 $\mathcal{L}\big[f_1(t)*f_2(t)\big]=L(s)G(s)$。

对上述定理的证明，与之前证明的过程一样，首先需要将拉普拉斯变换的定义以及卷积的定义重写，并且将等式中复变函数中的实部和虚部分开证明。本书就以实部的证明进行简要说明。当证明到如下等式：

f_lim (λt'. integral (0，abs t') (λtau.

　　f_1 tau * integral (tau，abs t' + tau) (λt.

　　f_2 (t - tau) * (exp (-(b * t)) * cos (w * t)))))) =

f_lim (λt. integral (0，abs t) (λt. f_1 t * exp (-(b * t)) * cos (w * t))) *

f_lim (λt. integral (0，abs t) (λt. f_2 t * exp (-(b * t)) * cos (w * t))) -

f_lim (λt. integral (0，abs t) (λt. -f_1 t * exp (-(b * t)) * sin (w * t))) *

f_lim (λt. integral (0，abs t) (λt. -f_2 t * exp (-(b * t)) * sin (w * t)))

可使用换元积分性质 INTEGRATION_BY_SUBST 对等式左边的内积分进行变换，可将 integral (tau，abs t' + tau) (λt. f_2 (t - tau) * (exp (-(b * t)) * cos (w * t))) 变换为 integral

(0，abs t')(λt. f_2 t * (exp (-(b * (t + tau))) * cos (w * (t + tau)))))。使用该性质定理就需要证明目标等式中上下限大小比较的问题，以及左式和右式中上下限使用换元时的相等问题，最重要的是需要证明积分函数存在原函数。在抽象形式化中，并不知道在实际进行验证时是对什么样的模型进行验证，也无法确定该模型提取出的原函数的形式，所以在这里使用定义(L_COS_DIFF)将原函数写在前件中。后面在使用该定理验证实际应用时，可将前件中原函数的定义用实际中的原函数替换，这样就保证了实际验证的正确性。

根据余弦的二倍角公式(COS_ADD)将 $\cos(w*(t+tau))$ 化简为 $\cos(w*t)*\cos(w*tau)-\sin(w*t)*\sin(w*tau)$。同时根据指数函数的性质(EXP_ADD)可将 $e^{-(b*(t+tau))}$ 化简为 $e^{-(b*t)}*e^{-(b*w)}$。根据积分性质：两函数分别可积，则函数之差的积分与函数积分之差相等(INTEGRAL_SUB)。将等式左边的内积分分成两个内积分之差的形式；再将等式左边外层的积分进行分解，将函数之差的积分写成函数积分之差的形式。可得：

f_lim (λt'.

　　integral (0，abs t')

　　　(λtau. f_1 tau * (exp (-(b * tau)) * cos (w * tau))) *

　　integral (0，abs t') (λt. f_2 t * (exp (-(b * t)) * cos (w * t))) -

　　integral (0，abs t')

　　　(λtau. -(f_1 tau * (exp (-(b * tau)) * sin (w * tau)))) *

　　integral (0，abs t')

　　　(λt. -(f_2 t * (exp (-(b * t)) * sin (w * t))))) =

f_lim (λt. integral (0，abs t) (λt. f_1 t * exp (-(b * t)) * cos (w * t))) *

f_lim (λt. integral (0，abs t) (λt. f_2 t * exp (-(b * t)) * cos (w * t))) -

f_lim (λt. integral (0，abs t) (λt. -f_1 t * exp (-(b * t)) * sin (w * t))) *

f_lim (λt. integral (0，abs t) (λt. -f_2 t * exp (-(b * t)) * sin (w * t)))

此时，即可将等式左边的极限写成单个积分极限的形式，用来对应等式的右边形式。这里主要会用到引理 FUNC_SUB(极限减法运算)以及引理 FUNC_MUL(极限的乘法运算)。这就基本可以完成证明了，在证明过程中会有一些比较细小的证明，与上述证明过程遇到的问题相似。

16.3　分数阶拉普拉斯变换模型

分数阶拉普拉斯变换是拉普拉斯变换的扩展，是分析分数阶系统的有力工具，在实际中有着重要的应用。分数阶微积分 Caputo 定义使得分数阶拉普拉斯变换更加简洁。基于分数阶微积分 Caputo 定义的拉普拉斯变换定义的数学表达式为

$$L({}_a^C D_t^\alpha f(t)) = s^\alpha F(s) - \sum_{k=0}^{n-1} s^{\alpha-k-1} f^k(0) \quad (n-1 \leq \alpha < n) \tag{16.23}$$

相较于分数阶微积分其他定义，Caputo 定义下的初值是以整数阶导数的形式给出，

该定义下的拉普拉斯变换的初始条件使用了与整数阶方程相同的物理初值表达式,且在建模应用中所产生的初值表达式均为整数阶导数,在实际中恰好有明确的物理意义,避免了不具备物理意义或者难以进行物理解释的概念出现,更适合应用于实际。下面是 Caputo 定义下的分数阶拉普拉斯变换在定理证明器 HOL4 中的形式化模型。

定义 16.6　基于 Caputo 定义的分数阶拉普拉斯变换的形式化

val FRAC_LAPLACE_Caputo = ⊢∀f alpha a t b w n. FRAC_LAPLACE_Caputo f alpha a t b w n = complex_mul((b，w) complex_rpow alpha)(lap_trans f b w) - complex_sum(0，n-1)(λk.complex_scalar_rmul((b,w) complex_rpow (alpha - &k -1))(n_order_deriv k f 0))

定义中,alpha 是微积分的阶次,(lap_trans f b w)表示函数 f 的拉普拉斯变换,b 和 w 分别表示拉普拉斯变换中复参变量 s 的实部和虚部。由于拉普拉斯变换涉及复数域,因此这里要加载 HOL4 中的复数定理库。为了避免在形式化过程中出现符号重载的错误,定义中用 complex_mul 表示两个复数相乘,用 complex_scalar_rmul 表示复数与实数相乘。这里微积分方程的初值是以整数阶导数的形式给出的,即 n_order_deriv k f 0。定义中涉及了指数是实数的复数幂运算,以及复数的求和函数的定义。指数是实数的复数幂运算在 HOL4 中的形式化描述已在前面章节中给出,而定理证明器中现有的求和函数是针对实数的,返回的结果是实数类型,而这里的返回结果是复数,因此这里借鉴实数求和函数的定义,给出复数的求和函数在 HOL4 中的定义。

定义 16.7　复数的求和函数

val complex_sum = ⊢(complex_sum((n：num)，(0：num)) f = (0：complex)) ∧ (complex_sum(n，SUC m) f = complex_sum (n，(m：num)) f+ f (n + m))

对于 Caputo 定义下的拉普拉斯变换,当初值为零时,就是分数阶拉普拉斯变换的特殊形式。在 HOL4 中的推导如下:

⊢ (∀k. n_order_deriv k f 0 = 0) ==> (FRAC_LAPLACE_Caputo f alpha a t b w n = complex_mul((b，w) complex_rpow alpha)(lap_trans f b w))

推导的关键在于数学归纳法的灵活使用,定义中求和函数的上限是整数 n-1,很容易想到数学归纳法。在 HOL4 中一般都是对 n 进行归纳,但此时若依然如此,在现有的条件下难以将假设的条件作为论证的依据进行推导,证明无法继续进行。这里若对 n-1 进行数学归纳,当 n-1 取第一个值也就是 0 时,根据 complex_sum 的定义,很容易证明 complex_sum (0，0)(λk. 0)=0。此时若在第二步引入了变量 v,且假设 n-1=v,目标是成立的,要证明的是当 n-1=v+1 时,目标也成立。这里考虑将假设中的 n 特殊化为 v+1,假设就可以转化成与目标一样的形式,继而推导出目标。

RL 定义是分数阶微积分另一个常用的定义,这里也给出 RL 定义下分数阶拉普拉斯变换的数学表达式及其形式化模型:

$$L({}^{RL}_aD^\alpha_t f(t)) = s^\alpha F(s) - \sum_{k=0}^{n-1} s^k {}^{RL}_aD^{\alpha-k-1}_t f(t)|_{t=0} \quad (n-1 \leqslant \alpha < n) \quad (16.24)$$

定义 16.8　基于 RL 定义的分数阶拉普拉斯变换的形式化

val FRAC_LAPLACE_RL= ⊢∀f alpha a t b w n.FRAC_LAPLACE_RL f alpha a t b w n

= complex_mul（(b，w) complex_rpow alpha）（lap_trans f b w)-complex_sum（0，n-1）（λk.complex_scalar_rmul（(b，w) complex_rpow（&k)）（frac_rl f (alpha-&k-1) a 0)）

　　比较 Caputo 定义和 RL 定义下分数阶拉普拉斯变换的数学表达式，不难看出，它们的相同点是都包含了整数阶的拉普拉斯变换，不同之处在于等式右边第二项的初值表达式：RL 定义下的拉普拉斯变换的初值 ${}^{RL}_{a}D_{t}^{\alpha-k-1}f(t)|_{t=0}$ 是以分数阶的形式给出，并没有相应的实际物理意义；而 Caputo 定义下的初始条件使用了与整数阶方程相同的初值形式，在实际中恰好有明确的物理意义。

第17章 分数阶系统的形式化分析

本章将利用前面已经建立的高阶逻辑形式化模型和定理验证分数阶系统的优越性能。

17.1 FC 元件的形式化分析

在岩土流变学中,对岩土类介质的应力松弛以及黏滞效应的精确描述是研究者所关注的热点,同时也是研究的难点。传统的虎克体、牛顿体等力学元件是一些通过整数阶微积分描述的理想元件,而现实中的岩土流变学不仅拥有这些容易研究的理想行为,还拥有一些分数阶系统的特性。一种新的力学元件 FC 元件使用了分数阶模型[1]。该模型能刻画流变学材料的所有特性,即从理想弹性体到理想黏性体的所用中间状态,并且包含理想状态。FC 软件模型如图 17.1 所示。

图 17.1　FC 元件

它的应力-应变关系数学表达式如下:

$$\sigma(t) = \xi_0 D_t^{\beta} \varepsilon(t) \tag{17.1}$$

其中, $\sigma(t)$ 、 $\varepsilon(t)$ 分别是在时间 t 下的应力函数和应变函数; ξ 为系统的黏性系数; β 的取值区间是 $[0,1]$ 。当 $\beta = 0$ 时, FC 元件呈现虎克体元件的相关特性;当 $\beta = 1$ 时, FC 元件呈现牛顿体元件的相关特性。虎克定律和牛顿定律只描述了属性参数 β 的无穷集合中的两个端点的 FC 元件的特性。

下面验证 FC 元件的两个重要属性在 HOL 中的形式化分析。首先用高阶逻辑形式化 FC 元件模型,利用分数阶微积分 GL 的形式化定义对 FC 元件的形式化如下。

定义 17.1　FC 元件的应力

|- ! k Strain_t Beta t.Stress_t k Strain_t Beta t = k * frac_cal Strain_t Beta 0 t t

其中, Strain_t 是 t 时刻的应变, Stress_t 是 t 时刻的应力, Beta 是分数阶微积分的阶数。在该定义的基础上对 FC 元件的两个重要属性进行形式化验证。这两个属性形式化得到的高阶逻辑定理如下所示。

定理 17.1　FC 元件与虎克体的关系

|- 0 < t ∧ (Beta = 0) ==> (Stress_t k Strain_t Beta t = k * Strain_t t)

定理 17.2　FC 元件与牛顿体的关系

|- frac_cal_exists Strain_t 1 0 t t ∧ n_order_deriv_exists 1 Strain_t t ∧ 0 < t ∧ (Beta = 1) ==> (Stress_t k Strain_t Beta t = k * n_order_deriv 1 Strain_t t)

定理 17.1 验证了在微积分阶数 Beta=0 的情况下，FC 元件呈现虎克体元件特性。证明定理 17.1 主要用到前面验证的分数阶微积分零阶性质。定理 17.2 验证了在微积分阶数 Beta=1 的情况下，FC 元件呈现牛顿体的特性。它的证明主要用到分数阶微积分与整数阶微积分的一致性，同时还涉及许多基于实数理论的推理。

17.2　分抗元件的形式化

电路中的元器件往往被人们认为是显示出电阻特性、电容特性或者电感特性的，但是由于材料或者其他的一些原因，实际电路中的元器件往往不是显现出这些理想的特性，而是介于这些特性之间，如果忽略这些特性就会导致建模不精确，而如果根据这些特性对电路进行调整，就会出现精度不够准确的问题，利用分数阶模型就可以更为准确地描述这种行为。

分抗元件是一个线性的电子电路元件，能显现出介于电容和电感之间的特性，也是分数阶微积分在电路中的一个应用。分抗元件是指具有分数阶阻抗的元件，能够对信号完成分数阶微积分运算的功能，其有别于通常的阻抗、容抗或感抗元件，用符号 F 表示。图 17.2 是分抗元件的电路符号图。

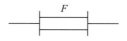

图 17.2　分抗元件电路符号图

在复频域中对分抗元件进行分析，它的阻抗表达式为 $Z(S) = k \cdot S^v$。其中，k 是常系数，其含义与实际表示的元件有关；v 是分数阶微积分运算的阶次，也是分抗元件进行运算的阶次，并且将具有 $Z(S) = k \cdot S^{-v} (v > 0)$ 形式的分抗元件称为分数电容，将具有 $Z(S) = k \cdot S^v (v > 0)$ 形式的分抗元件称为分数电感。对于二端口的分抗元件，加在其两端的电压 $V(S)$ 和流过的电流 $I(S)$ 满足欧姆定律，如下所示：

$$V(S) = I(S) \cdot k \cdot S^v \tag{17.2}$$

$$i(t) = k \cdot D^v[v(t)] \tag{17.3}$$

此时分抗两端的电压 $V(S)$ 是流过分抗的电流 $I(S)$ 的 v 阶微积分关系。由于分数阶微积分阶次 v 的任意性，分抗元件比普通元件定义更广，功能也更强。下面的定义是分抗元件在定理证明器 HOL4 中的形式化模型。

定义 17.2　分抗元件的形式化

val Resistoductance = ⊢∀k v_t v t.i_t k v_t v t = k * frac_c v_t v 0 t

其中，i_t 是 t 时刻流过分抗元件的电流；v_t 是 t 时刻分抗元件两端的电压；k 是常系数。

由电路分析理论可知，通过电阻 R 的电流表达式是 $i(t) = \dfrac{v(t)}{R}$，通过电容 C 的电流是 $i(t) = C\dfrac{\mathrm{d}v(t)}{\mathrm{d}t}$，通过电感 L 的电流是 $i(t) = \dfrac{\int_0^t v(\tau)\mathrm{d}\tau}{L}$。引入分抗的概念后，流过电阻 R、电容 C、电感 L 的电流可以分别看成分抗元件运算阶次为 0、1、−1 的特殊情况。因此，传统的电阻、电感、电容只是实际元件的三种理想模型，而分抗元件的分数阶微积分模型能更好地刻画电路中实际元件的性能。在分抗元件形式化定义的基础上，下面对分抗元件的三个基本属性进行形式化验证。首先是分抗元件与电阻的关系：

val RD_RESISTANCE = ⊢∀k v_t t. (v = 0：real) ==> (i_t k v_t v t = k * v_t t)

当运算的阶次 v 为 0 时，这时分抗元件与理想电阻是一致的，流过分抗元件的电流与电压的关系在时域表示为 $i(t) = k \cdot v(t)$，此时 $k = \dfrac{1}{R}$，R 是电阻。这条属性的验证是首先用分抗元件形式化定义对目标进行重写，然后运用定理化简，即可完成证明。

下面形式化验证分抗元件与理想电容的关系：

val RD_CAPACITANCE =
⊢∀k v_t t.(v = &(1：num)) ∧ (∀v t n l a. frac_c_exists v_t v a t n l) ∧ (n_order_deriv 1 v_t 0 = 0) ==> (i_t k v_t v t = k * deriv v_t t)

分数阶微积分的阶次 v 为 1 时，这时分抗元件显示电容特性，流过分抗元件的电流与两端的电压的关系在时域表示为 $i(t) = k \cdot \dfrac{\mathrm{d}v(t)}{\mathrm{d}t}$，此时 $k = C$，C 是电容量。证明过程主要用到的是前文的定理。

最后再形式化验证分抗元件与理想电感的关系：

val RD_INDUCTANCE =
⊢∀k v_t t.(v = -&(1：num)) ∧ FLR_NEG_1 ∧ FLR_NEG_0 ==> (i_t k v_t v t = k * lim (λ n.integral (0, t − 1 / 2 pow n) v_t))

分抗元件的运算阶次 v 为 −1 时，这时分抗元件与理想电感达到一致。当 v=−1 时，经过分抗元件的电流与元件两端的电压在时域的表达式为 $i(t) = k\int_0^t v(\tau)\mathrm{d}\tau$，此时 $k = \dfrac{1}{L}$，L 是相应的电感。该属性在 HOL4 中形式化验证的过程主要应用到的是前文的定理。

17.3 分数阶微积分电路的形式化

使用分抗元件构造的最基本的分抗电路，就是分数阶高通与低通电路，分别完成分数阶微分和分数阶积分运算。下面将在定理证明器 HOL4 中对分数阶微分和积分电路进行形式化建模与部分属性的验证。

1. 分数阶微分电路

图 17.3 是由分抗元件构成的一个分数阶微分电路，该电路实现对输入信号的分数阶

微分运算功能，在频域的幅频特性表现为高通滤波。

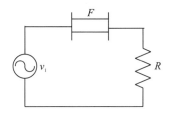

图 17.3　分数阶微分电路

电路的输出电压 $v_o(t)$ 即电阻 R 两端的电压，该电路的输出电压与输入电压的关系是：

$$v_o(t) = RC \cdot D^v v_i(t) \quad (v>0) \tag{17.4}$$

式中，$v>0$，$D^v v_i(t)$ 表示输入电压 $v_i(t)$ 的 v 阶微分，阶次 v 与电路中分抗元件的阶次是一致的。分数阶微分电路的数学定义在定理证明器 HOL4 中的形式化表示如下。

定义 17.3　分数阶微分电路的形式化

val FRAC_RC_DIFFL = ⊢∀R C vi_t v t.

vo_D_t R C vi_t v t = R * C * frac_c vi_t v 0 t

其中，vo_D_t 和 vi_t 分别是 t 时刻微分电路的输出电压和输入电压，它们都是 real->real 的函数类型；frac_c 表示分数阶 Caputo 微积分。v 是运算的阶次，当 $v=1$ 时，上述形式化模型定义的就是一阶微分电路；当 $v=1/2$ 时，表示的是半微分电路；当 $v=1/3$ 时，表示的是 1/3 阶微分电路。

微分电路的输出信号反映的是输入信号的突变部分，也就是说只有输入信号发生突变的时刻微分电路才有输出，所以当微分电路的输入是完全没有变化的恒量时，电路是没有输出的，即流过分抗元件的电流为 0。下面是这个性质在 HOL4 中的验证：

val FRAC_DIFFL_CONST = ⊢0<v ∧（∀a t n l. frac_c_exists（λt.v_0：real）v a t n l）==>（vo_D_t R C（λt.v_0：real）v t = 0）

前件 0<v 是为了保证分数阶微积分表示的是微分，而 frac_c_exists（λx.v_0：real）v a x n l 是说明 v_0 存在分数阶 Caputo 微积分。在这两个前提下，可以推出，当分数阶微分电路的输入是恒定的常数 v_0 时，电路的输出为 0，这与前文的分析结果是一致的。

2. 分数阶积分电路

根据微分电路与积分电路的对偶性质，交换微分电路中分抗元件和电阻的位置就可以得到分数阶积分电路，电路形式如图 17.4 所示。

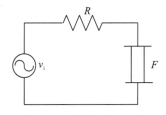

图 17.4　分数阶积分电路

这个电路的输出电压 $v_o(t)$ 即分抗元件 F 两端的电压，该电路的输出电压是输入电压的 v 阶积分，数学表达式为

$$v_o(t) = \frac{1}{RC} \cdot D^{-v} v_i(t) \quad (v>0) \tag{17.5}$$

其中，$v>0$，则 $-v<0$，$D^{-v} v_i(t)$ 表示输入电压 $v_i(t)$ 的 v 阶积分，上述定义在 HOL4 中的形式化表示如下。

定义 17.4　分数阶积分电路的形式化

val FRAC_RC_INT = ⊢∀R C vi_t v x.

vo_I_t R C vi_t v t = 1 / (R * C) * frac_c vi_t v 0 t

其中，vo_I_t 和 vi_t 分别是 t 时刻电路的输出和输入电压，它们均是 real->real 的函数类型；$-v$ 是积分的阶次，当 $v=1$ 时，上述定义表示的是一阶积分电路。对于一阶积分电路，当输入电压是恒量时，电路的输出可以做以下的推导得出结果：

$$v_o(t) = \frac{1}{RC} \cdot D^{-1} v\_0 = \frac{1}{RC} \cdot \int_0^t v\_0 \mathrm{d}t = \frac{1}{RC} \cdot v\_0 \cdot t \tag{17.6}$$

该属性在 HOL4 中的验证为：

val FRAC_RC_INT_1 = ⊢ (∀a t n l. frac_c_exists (λ t.v_0: real) v a t n l) ∧ FLR_NEG_1 ∧ FLR_NEG_0 ==> (vo_I_t R C (λ t.v_0: real) (-1) t = 1 / (R * C) * v_0 * t)

在定理证明器 HOL4 中利用上面定义，以及分数阶微积分定义性质的形式化，所推导出来的结果与数学上推导的结果是一致的。

17.4　直流电机传递函数的高阶逻辑形式化建模与验证

通常，一般电子产品的设计，如直流无刷电机的分析和功能验证都是通过模拟仿真技术来实现的。但是模拟仿真对于验证一个中等规模设计的所有可能输入是不足的，从而导致设计只有部分被验证。

在实际直流控制系统(图 17.5)中求磁场控制电动机的函数，一般可以建立如下方程：

$$V_f = r_f + l_f \frac{\mathrm{d}i_f}{\mathrm{d}t} \tag{17.7}$$

$$T_m = k_m i_f \tag{17.8}$$

$$T_m = J \frac{\mathrm{d}^2\theta_m}{\mathrm{d}t^2} + Q \frac{\mathrm{d}\theta_m}{\mathrm{d}t} + P\theta_m \tag{17.9}$$

式中，$J = J_m + J_c / \eta^2$，$Q = f_m + f_c / \eta^2$，$P = k_c / \eta^2$，分别表示传动系统对传动轴的总传动惯量、总黏滞系数和总反馈系数。经拉普拉斯变换最终可得其传递函数：

$\dfrac{\Omega_m(S)}{V_f(S)} = \dfrac{k_0}{1 + \tau_m S}$。

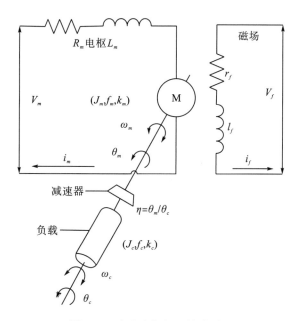

图 17.5　直流电机伺服传动原理

　　电机传递函数的验证思路如图 17.6 所示，这里高阶逻辑形式化验证的工作主要是虚线方框中的内容。首先将电机的数学模型转换为逻辑模型，并在定理证明器 HOL4 中进行形式化描述；其次使用前面形式化的拉普拉斯变换相关定理性质对电机的逻辑模型进行推理证明，得到电机的传递函数；最后对在 HOL4 中推理证明出的传递函数与数学模型中演算得到的传递函数进行等价性验证。验证结果表明了传递函数的正确性以及拉普拉斯变换在 HOL4 中形式化的正确性。

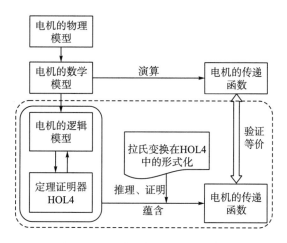

图 17.6　直流电机传递函数验证

　　在 HOL4 中首先将上述直流电机的三个基本方程进行形式化，其结果如表 17.1 所示。

表 17.1 直流电机方程定义

数学方程	形式化定义
$V_f = r_f + l_f \dfrac{\mathrm{d}i_f}{\mathrm{d}t}$	val V_f_def = ⊢ ∀r_f l_f i_f i_f f'. V_f r_f l_f i_f i_f f' = (λt. r_f * i_f t + l_f * i_f f' t)
$T_m = k_m i_f$	val T_m_def = ⊢ ∀k_m i_f. T_m k_m i_f = (λt. k_m * i_f t)
$T_m = J\dfrac{\mathrm{d}^2\theta_m}{\mathrm{d}t^2} + F\dfrac{\mathrm{d}\theta_m}{\mathrm{d}t} + K\theta_m$	val T_m1_def = ⊢ ∀J Q K Theta_m'' Theta_m' Theta_m. T_m1 J Q K Theta_m'' Theta_m' Theta_m = (λt. J * Theta_m'' t + Q * Theta_m' t + K * Theta_m t)

表 17.1 中可以看到电动机转矩的表达式有两种形式，即 $T_m = k_m i_f$ 和 $T_m = J\dfrac{\mathrm{d}^2\theta_m}{\mathrm{d}t^2} + F\dfrac{\mathrm{d}\theta_m}{\mathrm{d}t} + K\theta_m$，但在 HOL4 中对基本定义的形式化时不能用同样的名字来表示，所以分别用 T_m_def 和 T_m1_def，定义中并不能表现出其等价性，所以，在后续的证明中需要将其等价放在证明目标的前置条件里。

利用前面在 HOL4 中已形式化的拉普拉斯变换性质定理对表 17.1 中的的三个式子进行变换。

对表格中第 1 个式子变换的结果为 $V_f(S) = (r_f + l_f S)I_f S$，下面为推理证明：

val it =
⊢ ∀ i_f i_f f' t M c m b w r_f l_f.
L_precondition i_f i_f f' t M c m b w ∧ (∀t. (i_f diffl i_f f' t) t) ⇒
(lap_trans (V_f r_f l_f i_f i_f f') b w = ((r_f, 0) + l_f * (b, w)) * lap_trans i_f b w)

上述变换结果的前件都是进行拉普拉斯变换的前提条件，M、c、m、b、w 等都是在进行拉普拉斯变换时的存在性前提条件，均为实数，在第二部分拉普拉斯变换的定义形式化中已经介绍过。(r_f : real) 为励磁回路电阻，(l_f : real) 为励磁回路电感，(i_f : real -> real) 为励磁回路电流，(i_f f' : real -> real) 为励磁回路电流的导函数。励磁回路电流 i_f 应当满足其在 $[0, +\infty)$ 上增大是指数级的，即 $(\forall t.\ \mathrm{abs}\ (i\_f\ t) \leq M * \exp\ (c * t))$，并且其在该区间是连续可导的，它的导函数 i_f f' 在 $[0, +\infty)$ 上也连续，假设励磁回路电流在零时刻的大小为零。上式的变换中主要运用前面形式化的拉普拉斯变换线性性质 $\mathcal{L}[\alpha f_1(t) + \beta f_2(t)] = \alpha\mathcal{L}[f_1(t)] + \beta\mathcal{L}[f_2(t)]$ 和微分性质 $\mathcal{L}[f'(t)] = sL(s) - f(0)$。

对表格中第 2 个式子变换的结果为 $T_m(S) = k_m i_f$，下面为推理证明：

val it =
∀i_f t M c m b w k_m. L_precondition i_f i_f t M c m b w ⇒
(lap_trans (T_m k_m i_f) b w = k_m * lap_trans i_f b w)

这是对电动机转矩拉普拉斯变换的式子，式中 k_m 是电动机转矩常数，对这个式子的变换运用的是拉普拉斯变换中的基本性质线性性质 $\mathcal{L}[\alpha f_1(t) + \beta f_2(t)] = \alpha\mathcal{L}[f_1(t)] + \beta\mathcal{L}[f_2(t)]$。

表格中第 3 个式子变换的结果为 $T_m(S)=(JS^2+QS+P)\Theta_m(S)$，下面为推理证明：

val L_TRANS_T_m1 =

⊢ ∀ Theta_m'' Theta_m' Theta_m t M c m b w J Q P.

L_precondition Theta_m'' Theta_m' t M c m b w ∧

(∀t. (Theta_m diffl Theta_m' t) t) ∧ (∀t. (Theta_m' diffl Theta_m'' t) t)

⇒ (lap_trans (T_m1 J Q P Theta_m'' Theta_m' Theta_m) b w =

(J * (b, w) * (b, w) + Q * (b, w) + (P, 0)) * lap_trans Theta_m b w)

上面是对电动机转矩的另一式子的拉普拉斯变换，式中除了之前说明的一些变量和条件之外，(Theta_m'' : real -> real) 为电枢（转子）角频移的二次导函数，(Theta_m' : real -> real) 为电枢（转子）角频移的导函数，(Theta_m : real -> real) 为电枢（转子）角频移。同样，这个式子的变换也用到了拉普拉斯变换中的线性性质和微积分性质。

根据上面经过拉普拉斯变换后的三个式子，进行整理推导，需要证明直流电动机的传递函数就是 $\dfrac{\Omega_m(S)}{V_f(S)}=\dfrac{k_0}{1+\tau_m S}$。

下面为直流电机传递函数的证明结果：

val it =

⊢ ∀ i_f i_f' Theta_m'' Omega_m Theta_m t M c m b w r_f l_f k_m k_0 J Q P Tau_m.

r_f ≠ 0 ∧ Q ≠ 0 ∧ L_precondition i_f i_f' t M c m b w ∧

(∀t. (i_f diffl i_f' t) t) ∧ L_precondition Theta_m Omega_m t M c m b w ∧

L_exists Theta_m'' t M c m b w ∧ (∀t. (Theta_m diffl Omega_m t) t) ∧

(∀t. (Omega_m diffl Theta_m'' t) t) ∧ (lap_trans (T_m k_m i_f) b w =

lap_trans (T_m1 J Q P Theta_m'' Omega_m Theta_m) b w) ∧

J * (b, w) * (b, w) + Q * (b, w) + (P, 0) ≠ 0 ∧

((r_f, 0) + l_f * (b, w)) * lap_trans i_f b w ≠ 0 ∧ (P = 0) ∧ (l_f = 0) ∧

(Tau_m = J / Q) ∧ (k_m / (r_f * Q) = k_0) ⇒

(lap_trans Omega_m b w / lap_trans (V_f r_f l_f i_f i_f') b w =

(k_0, 0) / ((1, 0) + Tau_m * (b, w)))

其中，(k_0 : real) 为 k_m/(r_f * Q)，是为了简化结果进行替换的；(Tau_m：real) 为机械时间常数；(Omega_m : real -> real) 为电枢（转子）转速。通过推理的结果，可以验证在条件方程的前提下，电机的传递函数为 $\dfrac{\Omega_m(S)}{V_f(S)}=\dfrac{k_0}{1+\tau_m S}$，这就证明了其传递函数的正确性。

17.5　RL 电路电流的高阶逻辑形式化建模与验证

RL 电路作为最基本的电子元件的一种组合，在各种电路中使用得非常多。一般对电路中电流的求解是通过拉普拉斯变换的方法进行的。因此，在本例中，将使用拉普拉斯变换的形式化模型对 RL 电路中的电流进行验证。RL 电路如图 17.7 所示。

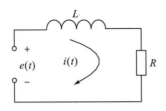

图 17.7 时域 RL 电路

图 17.7 中，激励信号为单位阶跃 $e(t) = u(t)$，根据拉普拉斯变换的卷积定理以及相关性质，对该电路电流 $i(t) = \dfrac{1}{R}\left(1 - e^{\frac{R}{L}t}\right)$ 的结果进行验证。

上述时域电路图可等效为频域电路图，如图 17.8 所示。

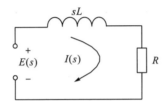

图 17.8 频域 RL 电路

根据图 17.8 所示，可知图中电流在频域的表达式应为：$I(s) = \dfrac{1}{R + sL} E(s)$。$\dfrac{1}{R + sL}$ 为频域电路中的导纳（阻抗的倒数），可以写成 $\dfrac{1}{L} \cdot \dfrac{1}{s - \left(-\dfrac{R}{L}\right)}$。电压的拉普拉斯变换（频域表示）为：$E(s) = \mathcal{L}[u(t)] = \dfrac{1}{s}$。

1. 推导

根据拉普拉斯变换的位移性质，若 $\mathcal{L}[f(t)] = L(s)$，则有 $\mathcal{L}[e^{at} f(t)] = L(s - a)$，则可以得到导纳（频域）的拉氏逆变换为 $\dfrac{1}{L} e^{-\frac{R}{L}t}$，这个结果可以根据拉普拉斯变换进行验证。则将电流在频域中的表达式进行拉氏逆变换，根据卷积定理，得到结果为：

$$i(t) = \frac{1}{L} e^{\frac{R}{L}t} * u(t) = \int_0^t u(\tau) \cdot \frac{1}{L} e^{\frac{R}{L}(t-\tau)} \, d\tau = \frac{1}{R} e^{\frac{R}{L}(t-\tau)} \Big|_0^t = \frac{1}{R}\left(1 - e^{\frac{R}{L}t}\right)$$

。由此验证了之前的电流结果的正确性。

2. 形式化建模验证

定义 17.5 单位阶跃信号的形式化定义：

val u_f =

   ⊢ ∀t. u_f t = if t < 0 then 0 else 1 : thm

验证 $f'(t)=\dfrac{1}{L}\mathrm{e}^{-\frac{R}{L}t}$ 的拉普拉斯变换结果为 $f(t)=\dfrac{1}{R+sL}$。

引理 17.1　阶跃函数频域表示

val L_TRANS_INSTANCE_UF_LEMMA =

⊢∀ M c b w.

　　0 < M ∧ 0 < c ∧ c < b ⇒

　　(lap_trans (λt. u_f t) b w = (b / (b * b + w * w)，- (b / (b * b + w * w)))))

上面的引理为证明阶跃函数的拉普拉斯变换的结果，即为 $\mathcal{L}\big[u(t)\big]=\dfrac{1}{s}$，当

$u(t)=\begin{cases}0, & t<0\\1, & t\geqslant0\end{cases}$ 时，$\mathcal{L}\big[u(t)\big]=\dfrac{1}{s}$。

导纳的表示证明：根据前文阶跃函数的引理证明，可以推理出，某函数 f（即为上述 RL 电路在时域中的导纳）的拉普拉斯变换若为 $\dfrac{1}{L}\cdot\dfrac{1}{s-\left(-\dfrac{R}{L}\right)}$，那么该结果可以写成

$F(s-a)$ 的形式，即 a 为 $-\dfrac{R}{L}$；再根据拉普拉斯变换的位移性质 $\mathcal{L}\big[\mathrm{e}^{at}f(t)\big]=F(s-a)$，可将其变为 $\mathcal{L}\big[\mathrm{e}^{at}f(t)\big]$。下面为证明过程。

引理 17.2　导纳等价性表示证明 1

val L_TRANS_INSTANCE_LEMMA =

⊢ ∀ M c b w R_c.

　　0 < M∧0 < c∧c < b∧0 < L ⇒

　　(lap_trans (λt. 1 / L * exp (-(R_c / L) * t)) b w =

lap_trans (λt. 1 / L) (b - -(R_c / L)) w)

上述的证明为说明导纳（频域）在使用拉普拉斯变换表示时存在两种等价的表示方法，即使用拉普拉斯变换的位移性质。

引理 17.3　导纳等价性表示证明 2

val L_TRANS_INSTANCE_ADMIN=

⊢∀ M c b w R_c t L.

　　0 < M ∧ 0 < c ∧ c < b∧ 0 < L ∧ 0 < R_c ⇒

　　(lap_trans (λt. 1 / L) (b - -(R_c / L)) w) = 1 / L * 1 / (b - (- (R_c / L)))

上述定理证明了导纳的另一种表示方法（根据位移性质），证明了导纳在上述推导的正确性。

引理 17.4　电流在时域中的表达式

下面为证明电流在时域的表达式，是根据前文导纳拉氏逆变换的结果进行证明的。

val L_TRANS_INSTANCE_LEMMA2 =

　　⊢ ∀ M c b w R_c L.

　　　　0 < M ∧ 0 < c ∧ c < b ∧ 0 < L ∧ 0 < R_c ∧

(∀t.

    abs ((λt. 1 / L * exp (-(R_c / L) * t)) t) <= M * exp (c * t)) ∧

(t < 0 ⇒ ((λt. 1 / L * exp (-(R_c / L) * t)) t = 0)) ∧

(∀t. abs ((λt. u_f t) t) ⩽ M * exp (c * t)) ∧ (∀t. (λt. u_f t) contl t) ⇒

(lap_trans (λt. u_f t) b w * lap_trans (λt. 1 / L) (b - -(R_c / L)) w =

    lap_trans (λt. 1 / R_c * (1 - exp (-(R_c / L) * t))) b w)

    下面是对电流在时域中的表达式结果进行证明，使用的是积分的方法，证明的结果与前文使用拉普拉斯变换的卷积定理证明的结果一样，这同时也说明了拉普拉斯变换卷积定理的形式化证明的正确性和本例中在推理电流在时域中的表达式是正确的。

val L_TRANS_INSTANCE_LEMMA3 =

⊢ ∀x R_c L.

    0 < x ∧ 0 < R_c ∧ 0 < L ⇒

    (integral (0, x) (λtau. 1 / L * exp (-(R_c / L) * (x - tau))) =

        1 / R_c * (1 - exp (-(R_c / L) * x))))

17.6　药物动力学验证

    药物动力学研究药物及其代谢产物在体内各种体液、组织及排泄物中的浓度随时间变化的规律，它借助动力学的原理及数学处理方法对这些变化规律提出一定的数学模型，定量地描述与概括药物在体内吸收、分布、生物转化和排泄过程的动态规律。由于这种数学规律的揭示往往通过建立微积分方程来实现，因此，求解微积分方程就成为解决此问题的关键。拉普拉斯变换是药物动力学中常用的一种数学方法，它是一种积分变换，能把求解微积分方程转化为求解代数方程，使解题步骤大大简化，从而成为求解微积分方程初值问题的有力工具。

    药物动力学中一种常用的模型为，可以近似地把机体看成单个同体单元，适用于给药以后，药物迅速分布到血液、其他体液及组织中，并达到动态平衡的情况。

    下面介绍静脉恒速注射模型。

    若把计量为 D_0 的药物在 T 时间内以恒速(速度 $k_0 = D_0 / T$)滴入人体，如静脉滴注单参注射液，则体内除有这一输入速度外，同时还有一个消除速度 kx，这样体内药物量 x 变化的数学模型为

$$\frac{\mathrm{d}x}{\mathrm{d}t} = -kx + k_0 \tag{17.10}$$

其中，k 为消除素的常数初始条件。$t = 0$ 时，$x = 0$，可以用拉普拉斯变换求体内血药浓度 C 随时间 t 的变化规律。设 $x(0) = 0$，对式(17.10)两端去拉普拉斯变换，得

$$\mathcal{L}\left[\left(\frac{\mathrm{d}x}{\mathrm{d}t}\right)\right] = -k\mathcal{L}\left[x(t)\right] + \mathcal{L}\left[k_0\right] \tag{17.11}$$

    整理可得

$$L(s) = \frac{k_0}{s(s+k)} = \frac{k_0}{k}\left(\frac{1}{s} - \frac{1}{s+k}\right) \tag{17.12}$$

取拉普拉斯逆变换，可得

$$x = \frac{k_0}{k}\left(1 - e^{-kt}\right) \tag{17.13}$$

两端再除以表现分布容积 V，则血药浓度方程为

$$C(t) = \frac{k_0}{kV}\left(1 - e^{-kt}\right) \tag{17.14}$$

滴注完时（$t = T$）的体内血药浓度为

$$C(T) = \frac{D_0}{kVT}\left(1 - e^{-kT}\right) \tag{17.15}$$

体内药物变化含量随时间变化的形式化定义如下：

速度 k0 的形式化定义为

val k0_def = ⊢ ∀ D0 T. k0 = D0 / T

根据上式中的模型，可以给出体内药物含量 x 的函数定义，其形式化定义如下：

val x_t_def = ⊢ ∀k k0 x. x_t k k0 x = (λt. -k * x t + k0)

对 x 的形式化定义进行拉普拉斯变换，证明 x 的拉普拉斯变换结果为 $\frac{k_0}{k}\left(\frac{1}{s} - \frac{1}{s+k}\right)$。

证明如下：

val L_TRANS_X_LEMMA =

⊢ ∀ M c m b w k k0 x.

　0 < M ∧ 0 < c ∧ c < b ∧ m < 0 ∧ m < b - c ⇒

　(lap_trans x b w =

　　k0 / k * ((b / (b * b + w * w), -(b / (b * b + w * w)))) -

　　((b + k) / (b + k) * (b + k) + w * w, -((b + k) / (b + k) * (b + k) + w * w))))

上面证明的结果显示了之前推导的正确性。由于拉普拉斯变换的形式化是基于实数的，所以在表示复数时，一般会用实数的序数对表示，而不是直接使用复数的表示方法，如上述复数 $\frac{1}{s}$ 在证明中，用实数对表示为：(b / (b * b + w * w)，-(b / (b * b + w * w)))，表示实部和虚部。

对于拉普拉斯逆变换得到 x 的结果：

$$x = \frac{k_0}{k}\left(1 - e^{-kt}\right) \tag{17.16}$$

证明如下：

val L_TRANS_X_LEMMA =

⊢∀ M c m b w k k0 x.

0 < M ∧ 0 < c ∧ c < b ∧ m < 0 ∧ m < b - c ⇒

　(lap_trans (λt. k0 / k * (1 - exp (-k * t))) b w =

　　k0 / k * ((b / (b * b + w * w), -(b / (b * b + w * w))) -

$((b + k) / (b + k) * (b + k) + w * w, -((b + k) / (b + k) * (b + k) + w * w))))$

证明的结果说明上述推导是正确的，x 的拉普拉斯变换结果的逆拉普拉斯变换结果与 x 相同。

根据血药浓度的定义，可将其形式化定义如下：

val C_t_def = ⊢ ∀v x.C_t x v = (λt. x t / v)

则将 x 的表达式代入血药浓度的定义中，可得到上述的血药浓度的表示。证明如下：

val L_TRANS_CT =

⊢∀ k D0 T x v.

$v > 0. \Rightarrow$ C_t x v = (λt. D0 / (k * v * T) * (1 - exp (-k * t)))

上述证明还需要将之前的药物滴入速度的定义 k0 进行重写，得到 D0 / T。最终，基于拉普拉斯变换的形式化证明了药物以恒定速度滴入人体时血药浓度随时间的变化情况，同时说明了其推导的正确性。

17.7　分数阶控制系统的形式化

随着社会的发展，智能产品已源源不断地应用于人类生活的各个领域。人们对智能产品的智能化水平和可靠性提出了更高的要求。分数阶控制是整数阶控制理论的扩展，已有研究者将分数阶控制应用到智能产品的设计中，来提高控制系统的准确性。采用分数阶微积分进行建模，是提高控制系统性能的有效方式。智能产品底层的控制系统运行情况复杂，系统辨识与建立模型涉及诸多因素。对其进行分数阶控制，能够得到更加精确的控制。采用高阶逻辑定理证明器能更好地验证分数阶系统的准确性。

这里介绍分数阶系统的形式化。它的形式化主要分为两部分。一是建立分数阶系统高阶逻辑形式化模型，二是为分数阶系统的行为建立高阶逻辑形式化模型并进行验证。

17.7.1　分数阶 PID 控制器的形式化

进给伺服系统以移动部件的速度和位置作为控制量，能根据指令信号精确地控制执行部件的运动速度与位置，以及几个执行部件按一定规律运动所合成的运动轨迹。图 17.9 为直流电机驱动的进给伺服系统的原理框图。

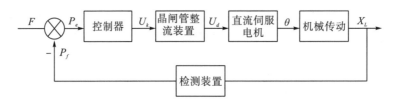

图 17.9　直流电机驱动的进给伺服系统原理框图

根据图 17.9 中各部件的工作原理，得出各个部分的传递函数，得到被化简的原理框图，如图 17.10 所示。

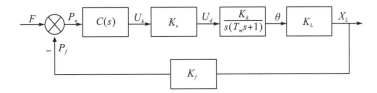

图 17.10　化简后直流电机驱动的进给伺服系统的原理框图

由图 17.10 得到进给伺服系统被控对象的传递函数表达式:

$$P(s) = \frac{K_s K_d K_L}{s(T_m s + 1)} \tag{17.17}$$

考虑到传递函数中比例增益系数会与分数阶控制器中的比例系数 K_p 合并, 为了研究方便, 这里将控制对象的比例系数设定为 1 的理想情况, 所以被控对象的传递函数被理想化为

$$P(s) = \frac{1}{s(Ts + 1)} \tag{17.18}$$

综上所述, 我们不难确定简化后的进给伺服系统的近似原理图, 如图 17.11 所示。

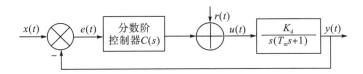

图 17.11　进给伺服系统近似原理框图

其中, 控制器环节采用的是分数阶控制器, 该系统就是一个分数阶进给伺服系统, 这里主要考虑的是分数阶 PD 控制器和分数阶 PI 控制器。分数阶控制器采用分数阶微积分搭建数学模型, 首先采用定理证明的方法对这两种分数阶控制器进行形式化分析。另外, 伺服控制系统中电路的延时会对系统的动态特性产生影响, 这里仅考虑使用定理证明的方法研究系统中分数阶控制器的基本特性, 并对系统的稳态误差进行简单的推导, 从而证明使用定理证明方法对分数阶控制系统进行形式化分析的有效性, 因此, 在形式化的过程中直接忽略系统中电路延迟对系统动态特性的影响。

1. 分数阶 PD 控制器

首先给出形式化分析分数阶 PD 控制器的整体研究思路, 主要包括形式化建模和形式化验证。首先利用分数阶微积分 Caputo 定义的形式化描述将分数阶 PD 控制器的数学模型转化为逻辑模型, 具体分为时域逻辑模型和频域逻辑模型。对于时域逻辑模型, 首先利用定义对时域模型中的微积分项进行拉普拉斯变换的推导, 说明 Caputo 定义实际建模的优势; 其次, 应用定理验证它和理想的 P 和 PD 控制器的关系; 最后验证一个分数阶 PD 控制的线性, 进而验证其稳定性, 并与用分数阶系统稳定性判定方法得到的结果进行比较。对于频域逻辑模型, 利用它进行稳态误差的推导并与其数学演算结果进行比较。

1) 形式化模型

图 17.12 是分数阶 PD 控制系统的结构图，虚线框中是分数阶 PD 控制器，包括比例环节和微分环节。

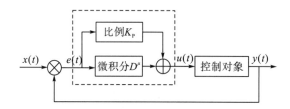

图 17.12   分数阶 PD 控制系统结构图

分数阶 PD 控制器在时域和频域中的数学表达式分别为

$$u(t) = K_p e(t) + K_d [{}_0^C D_t^\mu e(t)] \quad (0 < \mu) \tag{17.19}$$

$$C(s) = \frac{U(s)}{E(s)} = K_p + K_d s^\mu \quad (0 < \mu) \tag{17.20}$$

其中，K_p、K_d 和 μ 分别是比例系数、微分系数和微分阶次；$u(t)$、$e(t)$ 分别是控制器的输出和输入；$U(s)$ 和 $E(s)$ 分别是 $u(t)$ 和 $e(t)$ 的拉普拉斯变换；$C(s)$ 是分数阶 PD 控制器的传递函数。这里基于分数阶微积分 Caputo 形式化定义，首先建立分数阶 PD 控制器在定理证明器 HOL4 中的形式化描述。

定义 17.6   分数阶 PD 控制器的时域形式化模型

val FOPD_controller_time_domain = ⊢∀u_t_pd K_p e_t K_d mu t.

 u_t_pd (K_p: real) (e_t: real->real) (K_d: real) (mu: real) (t: real) = K_p * e_t t + K_d * frac_c e_t mu 0 t

定义 17.7   分数阶 PD 控制器传递函数的形式化模型

val FOPD_controller_transfer_function = ⊢∀C_s_pd s K_p K_d mu.C_s_pd s (K_p: real) (K_d: real) mu = (K_p, 0) + K_d * (s complex_rpow mu)

其中，e_t 和 u_t_pd 分别对应 t 时刻的输入和输出；C_s_pd 表示的是传递函数；K_p、K_d、mu 分别对应比例系数、微分系数以及微分的阶次，这里 K_p 是实数，而(K_d * (s complex_rpow mu))实际是复数，在 HOL4 中实数不能直接和复数进行加减运算，所以定义中需要将实数 K_p 写成(K_p, 0)的复数形式。

利用这个例子说明 Caputo 定义相较于 RL 定义在初值方面所表示出来的优势。当拉普拉斯变换中的 n 取值为 3 时，对分数阶 PD 控制器时域数学表达式中的微分项分别进行 RL 定义以及 Caputo 定义下拉普拉斯变换的推导，其结果分别为

$$L\{{}_0^{RL} D_t^\mu e(t)\} = s^\mu E(s) - {}_0^{RL} D_t^{\mu-1} e(t)\big|_{t=0} - s\,{}_0^{RL} D_t^{\mu-2} e(t)\big|_{t=0} \tag{17.21}$$

$$L\{{}_0^C D_t^\mu e(t)\} = s^\mu E(s) - s^{\mu-1} e(0) - s^{\mu-2} e'(0) \tag{17.22}$$

为了验证该结果的正确性，并说明前文 RL 定义和 Caputo 定义下拉普拉斯变换形式化描述的有效性，基于定理证明器 HOL4 严谨的逻辑性和完备性，在 HOL4 中分别进行拉普拉斯变换的推导，首先是 RL 定义下的推导结果：

⊢∀ e alpha a t. (n=3)∧((b，w)<>0) ==>(FRAC_LAPLACE_RL e mu a t b w n = complex_mul ((b，w) complex_rpow mu) (lap_trans e b w) - (frac_rl e (mu - 1) a 0，0) - complex_scalar_rmul (b，w) (frac_rl e (mu - 2) a 0))

上述 HOL4 中的推导结果与传统纸笔方法演算的结果是一致的，这说明了 RL 定义下拉普拉斯变换形式化描述的正确性和有效性，同时也证明了传统纸笔方法得到的结果也是正确的。由推导结果可知，RL 定义下的分数阶 PD 控制器微分方程的初值为(frac_rl e (mu-1) a 0)和(frac_rl e (mu-2) a 0)，对应的数学式为 ${}^{RL}_aD_t^{\mu-1}e(0)$ 和 ${}^{RL}_aD_t^{\mu-2}e(0)$，均是以分数阶微分的形式给出，没有实际的物理意义。

下面是 Caputo 定义下的推导结果：

⊢∀e alpha a t b w. (n=3) ==> (FRAC_LAPLACE_Caputo e mu a t b w n = complex_mul ((b，w) complex_rpow mu) (lap_trans e b w) - complex_scalar_rmul ((b，w) complex_rpow (mu - 1)) (e 0) - complex_scalar_rmul ((b，w) complex_rpow (mu - 2)) (derive e 0))

同样地，上述 HOL4 中的推导结果与纸笔演算的结果是一致的，也说明了给出的 Caputo 定义下的分数阶微积分拉普拉斯变换形式化模型的正确性和有效性。从数学演算和 HOL4 的推导结果均可看出，Caputo 定义下的初值为(e 0)和(derive e 0)，分别表示 $e(0)$ 和 $e'(0)$，而这两个式子的意义正好是零时刻的输入信号和输入信号的变化率，正好是实际应用中合理的物理解释。可见，基于 Caputo 定义的分数阶微积分的拉普拉斯变换的初值以整数阶的形式给出，有实际的物理意义，避免了没有物理意义或者难以进行物理解释的概念的出现，这正是 Caputo 定义更适用于实际的原因。

2)形式化验证

基于分数阶 PD 控制器的形式化建模，进而形式化验证其部分属性，说明前文形式化的定义和定理的正确性，以及用定理证明方法形式化分析的有效性。

分数阶 PD 控制器是传统 P、PD 控制器的延伸，而传统 P、PD 控制器是分数阶 PD 控制器的两种特殊情况。当微分器的微分运算阶次为 0 时，分数阶 PD 控制器与理想的 P 控制器是一致的；当微分器的微分运算阶次为整数 1 时，分数阶 PD 控制器与整数阶 PD 控制器是一致的，即：

$$K_pe(t) + K_d[{}^C_aD_t^0e(t)] = (K_p + K_d)e(t) \tag{17.23}$$

$$K_pe(t) + K_d[{}^C_aD_t^1e(t)] = K_pe(t) + K_d\frac{d[e(t)]}{dt} \tag{17.24}$$

这个属性的实质是分数阶微分与整数阶微分的关系，证明过程主要用到了前文的定理。该属性在 HOL4 中的形式化验证如下：

⊢∀k e_t t.(∀v t n l a. frac_c_exists e_t v a t n l) ∧ (n_order_deriv 1 e_t 0 = 0) ==> ((mu = &(0：num)) ==> (u_t_pd K_p e_t K_d mu t = (K_p + K_d) * e_t t)) ∧ ((mu = &(1：num)) ==> (u_t_pd K_p e_t K_d mu t = K_p * e_t t + K_d * derive e_t t))

这里将上述两个属性写成一个目标进行验证，两个属性的逻辑表达用符号"∧"连接起来。当微分运算阶次 $\mu = 0$ 时，微分环节与比例环节的作用一样，此时的比例系数是 $K_p + K_d$，分数阶 PD 控制器表现为理想的 P 控制器。当运算阶次 $\mu = 1$ 时，分数阶 PD 控制器的微分环节进行一阶微分，此时表现出来的就是传统 PD 控制器的特性。以上就验证了分数阶 PD 控制器与传统 P、PD 控制器的一致性。

在文献[2]中，N.M.F Ferreira 将分数阶 PD 控制器用于两个合作机器人机械臂的位置和力的控制，采用两个尺寸相同的机械臂，合作操纵一个物体模型，并考虑机械臂与物体之间的阻尼及刚度的影响，并取得了比整数阶控制器更好的控制效果。N.M.F Ferreira 所使用的分数阶 PD 控制器的数学模型表达式为

$$u(t) = 0.1259e(t) + 0.001555[{}_0^C D_t^{0.5} e(t)] \tag{17.25}$$

对于该分数阶 PD 控制器，这里将采用定理证明的方法，在 HOL4 中利用已经形式化的分数阶微积分及性质，验证该系统是否稳定。稳定性是一个系统最基本的结构特征。根据稳定性的定义，当分数阶 PD 控制器的输入是单位脉冲信号且时间趋于无穷时，若该控制器的输出是趋于零的，则说明该分数阶 PD 控制器是趋于稳定的。这里首先形式化验证分数阶 PD 控制器是满足线性的：

⊢∀u_t_pd_1 u_t_pd_2 (e_t_1: real->real) (e_t_2: real->real) (t: real) (k: real) (l: real) (v: real) (a: real) (t: real) (n: num) (p: real) (q: real) K_p K_d mu. ((∀e_t_1 e_t_2 v a t n p q l. (frac_c_exists e_t_1 v a t n l) ∧ (frac_c_exists e_t_2 v a t n l) ∧ (frac_c_exists (λ t. (k: real) * (e_t_1 t): real) v a t n l) ∧ (frac_c_exists (λ t. (l: real) * (e_t_2 t): real) v a t n l)) ∧ (u_t_pd_1 (K_p: real) e_t_1 (K_d: real) (mu: real) t = K_p * e_t_1 t + K_d * frac_c e_t_1 mu 0 t) ∧ (u_t_pd_2 K_p e_t_2 K_d mu t = K_p * e_t_2 t + K_d * frac_c e_t_2 mu 0 t)) ==>

(u_t_pd K_p ((λ t. (k * e_t_1 t + l * e_t_2 t)): real->real) K_d mu t = k * (u_t_pd_1 K_p e_t_1 K_d mu t) + l * (u_t_pd_2 K_p e_t_2 K_d mu t))

上述推导说明，当控制器的输入 $e_1(t)$ 对应输出 $u_1(t)$，而输入 $e_2(t)$ 对应输出 $u_2(t)$ 时，此时对于任意的常数 k 和 l，若输入为 $k*e_1(t)+l*e_2(t)$，则输出为 $k*u_1(t)+l*u_2(t)$，这就说明了分数阶 PD 控制器是线性的。由于常数 k 和 l 的任意性，N.M.F Ferreira 所使用的分数阶 PD 控制器也必然是线性的，在此基础上，下面验证该 FOPD 控制器的稳定性：

⊢ (∀t v a x n l. frac_c_exists (unit_imp t) v a x n l) ==> (u_t_pd (0.1259) ((unit_imp (0: real)): real->real) (0.001555) (0.5) (0: real) = (0.1259: real)) ∧ (0<t ==> (lim(λ(n: num). (u_t_pd (0.1259) ((unit_imp (t: real)): real->real) (0.001555) (0.5) (&n))) = (0: real)))

其中，unit_imp 是单位脉冲信号。在 HOL4 中构造的目标分为时间 t 为 0 和趋于无穷两种情况，关键在于构造时间 t 趋于无穷的情况，这里用序列库中的极限 lim(λn) 来表示 n 趋于无穷，但 n 是自然数，与时间 t 是实数的事实不相符。这里采用符号"&"将 n 转换为实数类型，通过 n 趋于无穷，使&n 也趋于无穷，从而表示时间 t 趋于无穷。上述结果表明，在时间 t=0 时，控制器有大于零的输出，而随着时间的增大，这个输出逐渐减小，当时间趋于无穷大时，控制器的输出是零。根据线性系统稳定性的定义，这说明 N.M.F Ferreira 所使用的该分数阶 PD 控制器是稳定的。该推导结果与分数阶系统稳定性的判定方法得到的结果是一致的，说明了推导结果的正确性，也说明了基于高阶逻辑的定理证明方法对分数阶系统进行形式化证明的有效性。

2. 分数阶 PI 控制器

在文献[3]中,作者提出了将分数阶 PI 控制器和同时定位与建图(simultaneous localization and mapping,SLAM)相结合的方法,并将这种方法应用于 NAO 仿人机器人[注]导航的仿真。结果表明了,在机器人的自主定位和导航中,分数阶 PI 控制器可以减少实际位置和估计位置的误差,结果优于传统的 PI 控制器和 U 控制器,这种方法在 NAO 仿人机器人导航中是非常有效而且可靠的。

1)形式化模型

图 17.13 是分数阶 PI 控制器的系统结构图,它包括比例环节和分数阶积分环节。

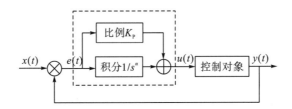

图 17.13　分数阶 PI 控制器系统结构图

$$u(t) = K_p e(t) + K_i [{}_0^C D_t^{-\alpha} e(t)] \quad (\alpha > 0) \tag{17.26}$$

$$C(s) = \frac{U(s)}{E(s)} = K_p + \frac{K_i}{s^\alpha} \quad (\alpha > 0) \tag{17.27}$$

式(17.21)、式(17.22)分别是分数阶 PI 控制器的时域和频域表达式,其在 HOL4 中的形式化描述如下。

定义 17.8　分数阶 PI 控制器的形式化模型

val FOPI_controller_time_domain = ⊢∀u_t_pi K_p e t K_i alpha t. u_t_pi K_p e t K_i alpha t = K_p * e_t t + K_i * frac_c e t (-alpha) 0 t

定义 17.9　分数阶 PI 控制器传递函数的形式化模型

val FOPI_controller_frequency_domain = ⊢∀C_s_pi s K_p K_i alpha.C_s_pi s (K_p: real) (K_i: real) alpha = K_p + K_i * s complex_rpow (-alpha)

上述定义中,K_p、K_i、alpha 分别对应数学表达式中的比例系数 K_p、积分系数 K_i 和积分阶次 α。

2)形式化验证

分数阶 PI 控制器是传统理想 PI 控制器的延伸,而传统 PI 控制器是分数阶 PI 控制器的一种特殊情况。当阶次为-1 时,两者是一致的,即:

$$K_p e(t) + K_i [D^{-1} e(t)] = K_p e(t) + K_i \int e(t) \tag{17.28}$$

该属性的形式化验证如下所示:

⊢((lambda = 1) ∧ FLR_NEG_1 ∧ FLR_NEG_0 ∧ (∀v t n l a. frac_c_exists e_t v a t n l))

---

① 该机器人是世界上应用最广泛的人型机器人之一,具有 25 个自由度、100 多个传感器、机载电脑,支持 23 国语言,支持远程控制,可实现完全编程。

==>（u_t_pi K_p e_t K_i lambda t = K_p * e_t t + K_i * lim（λn.integral（0，t - 1/2 pow n） e_t））

这个属性的实质是分数阶一阶积分与整数阶一阶积分的关系，在HOL4中的验证过程主要用到了前文的相应定理。

下面在定理证明器中验证分数阶PI控制器是线性的。当输入$e_1(t)$对应输出$u_1(t)$，而输入$e_2(t)$对应输出$u_2(t)$时，此时对于任意两个常数k和l，若输入线性叠加为$k*e_1(t)+l*e_2(t)$，使得输出也线性叠加为$k*u_1(t)+l*u_2(t)$，则说明分数阶PI控制器是线性的。在HOL4中的推导如下：

⊢∀u_t_pi_l u_t_pd_i（e_t_1: real->real）（e_t_2: real->real）（t: real）（k: real）（l: real）（v: real）（a: real）（t: real）（n: num）（p: real）（q: real）K_p K_i lambda.（（∀e_t_1 e_t_2 v a t n p q l.（frac_c_exists e_t_1 v a t n l）∧（frac_c_exists e_t_2 v a t n l）∧（frac_c_exists（λt.(k: real) * (e_t_1 t): real）v a t n l）∧（frac_c_exists（λt.(l: real) * (e_t_2 t): real）v a t n l））∧（u_t_pi_1（K_p: real）e_t_1（K_i: real）（lambda: real）t = K_p * e_t_1 t + K_i * frac_c e_t_1（-lambda）0 t）∧（u_t_pi_2 K_p e_t_2 K_i lambda t = K_p * e_t_2 t + K_i * frac_c e_t_2（-lambda）0 t））==>

（u_t_pi K_p（（λt.(k * e_t_1 t + l * e_t_2 t））: real->real）K_i lambda t = k *（u_t_pi_1 K_p e_t_1 K_i lambda t）+ l *（u_t_pi_2 K_p e_t_2 K_i lambda t））

文献[3]通过改变分数阶PI控制器的参数可以得到最佳的性能，且性能最佳时对应的参数分别为：比例系数K_p=0.7；积分系数K_i=0.2；积分阶次alpha=-0.1。上述线性性质的证明中参数k和l的任意性说明了文献中得到的最优的控制器也必然是线性的。

3. 稳态误差分析

稳态误差是衡量系统性能的一项指标，由拉普拉斯变换的终值定理可知，稳态误差e_{ss}的频域表达式为

$$e_{ss} = \lim_{s \to 0} sE(s) \tag{17.29}$$

式中，$E(s)$是系统误差$e(t)$的拉普拉斯变换。这里首先给出上式在定理证明器HOL4中的形式化模型。

定义17.10 稳态误差频域表达式的形式化

⊢∀e_ss E_s. e_ss E_s =（lim（λn.（1/2 pow n）* RE（E_s（1/2 pow n）））-（1/2 pow n）* IM（E_s（1/2 pow n））），lim（λn.（1/2 pow n）* IM（E_s（1/2 pow n）））+（1/2 pow n）* RE（E_s（1/2 pow n））））

上述定义中，e_ss为稳态误差，E_s对应误差$e(t)$的拉普拉斯变换，定义中将拉普拉斯变换中的复参变量s写成实部和虚部的形式$\left(\dfrac{1}{2^n}, \dfrac{1}{2^n}\right)$，$\dfrac{1}{2^n}$是为了使$s \to 0$而构造的。由于极限函数 lim 的限制，结果也用实部虚部分开的表达形式，后文对系统稳态误差的推导也沿用这种表达方式。（RE E_s）和（IM E_s）分别表示取复数 E_s 的实部和虚部。对于图17.11给出的分数阶进给伺服系统，其稳态误差表达式为

$$e_{ss} = \lim_{s \to 0} sE(s)$$
$$= \lim_{s \to 0} s[X(s) - B(s)]$$
$$= \lim_{s \to 0} s[X(s) - X(s)C(s)G(s)H(s)] \qquad (17.30)$$
$$= \lim_{s \to 0} s[X(s) - X(s)C(s)G(s)]$$

式中，$X(s)$ 是系统输入的拉普拉斯变换；$C(s)$ 是分数阶控制器的传递函数；$G(s)$ 是控制对象的传递函数；$H(s)$ 的取值为 1，因为图 17.11 是一个单位负反馈系统。进而在 HOL4 中对上述推导进行验证：

⊢∀s X_s B_s C_s G_s. (∀s.E_s s = X_s s - B_s s) ∧ (∀s.B_s s = X_s s * C_s s * G_s s * H_s s) ∧ (∀s. H_s s = (1: complex)) ==> (e_ss E_s = (lim (λn. (1 / 2 pow n) * RE(X_s (1/2 pow n) - X_s (1/2 pow n) * C_s (1/2 pow n) * G_s (1/2 pow n)) - (1 / 2 pow n) * IM(X_s (1/2 pow n) - X_s (1/2 pow n) * C_s (1/2 pow n) * G_s (1/2 pow n))), lim(λn. (1 / 2 pow n) * IM(X_s (1/2 pow n) - X_s (1/2 pow n) * C_s (1/2 pow n) * G_s (1/2 pow n)) + (1 / 2 pow n) * RE(X_s (1/2 pow n) - X_s (1/2 pow n) * C_s (1/2 pow n) * G_s (1/2 pow n)))))

　　上述目标的前件给出了这些量之间的关系，通过推导的结果，可以验证图 17.11 的分数阶进给伺服系统的稳态误差与之前的数学演算结果完全一致，只是沿用了定义的表达方式，将结果写成实部和虚部分开的形式，证明了其稳态误差数学表达式的正确性。

　　前文已经给出进给伺服系统控制对象的传递函数为 $G(s) = \dfrac{1}{s(Ts+1)}$，此时若分数阶控制器采用的是分数阶 PD 控制器，则控制器部分的传递函数为 $C(s) = K_p + K_d s^\mu$，此时的稳态误差为

$$e_{ss} = \lim_{s \to 0} s\left\{ X(s) - X(s)(K_p + K_d s^\mu)\left[\frac{1}{s(Ts+1)}\right]\right\} \qquad (17.31)$$

　　此时若控制器部分采用的是分数阶 PI 控制器，则控制器部分的传递函数为 $C(s) = K_p + \dfrac{K_i}{s^\alpha}$，此时的稳态误差就是

$$e_{ss} = \lim_{s \to 0} s\left[X(s) - X(s)\left(K_p + \frac{K_i}{s^\alpha}\right)\left(\frac{1}{s(Ts+1)}\right)\right] \qquad (17.32)$$

　　上述分数阶进给伺服系统的稳态误差在 HOL4 中的推导结果中，控制器和控制对象的传递函数均是任意的，该推导结果具有普遍性，而控制部分分别采用的是分数阶 PD 控制器和分数阶 PI 控制器，并且给出特定的控制对象的传递函数，那么稳态误差的结果只是上述推导结果的一种特殊情况，只需将控制器和控制对象的具体传递函数替换结果中的 $C(s)$ 和 $G(s)$ 就可以推导出这种特殊情况下的结果，这里就不再给出具体的证明。

　　另外，从验证结果也可以看出，图 17.11 中使用分数阶控制器的分数阶进给伺服系统的稳态误差不仅与控制对象的参数有关，还与比例系数、微积分系数和微积分阶次有关，可通过调节这些参数，达到减小甚至基本消除稳态误差的目的，而分数阶的微积分阶次使得其阶次的调节范围变大，增大了消除稳态误差的概率。

4. 数阶 PID 控制器

这里利用高阶逻辑形式化分析分数阶 PID 控制器以及分数阶 PID 控制器与传统 PID 控制器的关系。首先在 HOL 中形式化分析分数阶 PID 控制器模型。利用已经形式化的 GL 定义建立分数阶 PID 控制器的高阶逻辑模型，其形式如下所示。

定义 17.11　分数阶 PID 控制器的高阶逻辑模型

|- ! Lambda Mu K_P K_I K_D e t t.u_t Lambda Mu K_P K_I K_D e t t =

K_P * e t t + K_I * frac_cal e_t (-Lambda) 0 t t + K_D * frac_cal e_t Mu 0 t t

其中，u_t 是输出信号；e_t 是输入信号；Lambda 和 Mu 分别是积分阶次和微分阶次；K_P、K_I 和 K_D 分别是 PID 控制器的比例增益、积分常数和微分常数。

用该定义形式化分析分数阶 PID 控制器的相关性质。形式化后的高阶逻辑定理如表 17.2 所示。

表 17.2　分数阶 PID 控制器的相关定理

定理名	HOL 中的形式化
FRAC_PID_CLASSIC_PID	|- 0 < t ∧ (Lambda = 1) ∧ (Mu = 1) ∧ frac_cal_exists e_t 1 0 t t ∧ deriv_exists e_t t ==> (u_t Lambda Mu K_P K_I K_D e t t = K_P * e t t + K_I * integral (0, t) e_t t + K_D * deriv e_t t)
FRAC_PID_PI	|- 0 < t ∧ (Lambda = 1) ∧ (Mu = 0) ==> (u_t Lambda Mu K_P K_I K_D e t t = (K_P + _D) * e t t + K_I * integral (0, t) e t t)
FRAC_PID_PD	|- 0 < t ∧ (Lambda = 0) ∧ (Mu = 1) ∧ frac_cal_exists e_t 1 0 t t ∧ deriv_exists e_t t ==> (u_t Lambda Mu K_P K_I K_D e t t = (K_P + K_I) * e t t + K_D * deriv e_t t)
FRAC_PID_GAIN	|- 0 < t ∧ (Lambda = 0) ∧ (Mu = 0) ==> (u_t Lambda Mu K_P K_I K_D e t t = (K_P + K_I + K_D) * e t t)

表 17.2 中第一条定理表明当积分阶次和微分阶次都为 1 时分数阶 PID 控制器就是传统的 PID 控制器。第二条定理表明当积分阶次为 1、微分阶次为 0 时分数阶 PID 控制器就是传统的 PI 控制器。第三条定理表明当积分阶次为 0、微分阶次为 1 时分数阶 PID 控制器就是传统的 PD 控制器。第四条定理表明当积分阶次为 0、微分阶次为 0 时分数阶 PID 控制器就是增益。它们的证明过程主要用到了分数阶积分与传统积分的一致性和分数阶微分与传统微分的一致性。它们的证明过程还涉及大量基于实数理论的推理。定理中的前提条件保证了定理的成立。其中，frac_cal_exists 和 deriv_exists 分别保证了输入的分数阶微积分和传统微积分的存在。拥有分数阶微积分的相关定理的形式化确保了分数阶 PID 控制器形式化的顺利进行，验证了分数阶系统模型的正确性。

17.7.2　分数阶闭环系统的形式化

分数阶闭环控制系统主要由分数阶 PID 控制器和被控系统组成，并且由反馈信号控制系统变化。其中被控系统也是一个分数阶系统。分数阶系统是一类能用分数阶微积分的数学模型更好地描述性能和行为的系统。分数阶系统不仅仅使用分数阶微积分方程描述，分数阶传递函数也是描述分数阶系统的常用模型。

在时域中，分数阶系统可以由 n 项分数阶微积分方程描述，其方程如下：

$$a_n D^{\beta_n} y(t) + a_{n-1} D^{\beta_{n-1}} y(t) + \cdots + a_0 D^{\beta_0} y(t) = u(t) \tag{17.33}$$

其中，$D^{\beta} = {}_0 D_t^{\beta}$，表示这个微积分的上下标是 0 和 t；$a_i (i = 0, 1, \cdots, n)$ 表示任意的常量；$\beta_j (j = 0, 1, \cdots, n)$ 表示任意的实数，并且 $\beta_n > \beta_{n-1} > \cdots > \beta_1 > \beta_0 \geqslant 0$。

利用分数阶微积分的高阶逻辑定义 frac_cal 与求和函数 sum 对分数阶系统进行高阶逻辑建模，在 HOL4 中的表示如下。

定义 17.12 分数阶系统的形式化

|- FRAC_ORDER_SYSTEM <=>! n p a y u t.0 <= p 0 ∧ (! j. j < n ==> p j < p (SUC j))
==> (sum (0，SUC n) (\i. a i * frac_cal y (p i) 0 t t) = u t)

定义 17.12 以分数阶微分方程的数学模型为基础进行形式化表示。在形式化过程中，数学模型中常量和阶数都带有下标。为了方便表示，此处使用了函数思想。用 $a(i)$ 表示 a_i，其中 $a(i)$ 是变量为 i、类型为 num->real 的函数；用 $p(j)$ 表示 β_j，其中 $p(j)$ 是变量为 j、类型为 num->real 的函数。这里为了迎合 HOL4 的所有符号能用键盘输入的思想，把函数体写为 p 而非 β。前提条件 ! j. j < n ==> p j < p (SUC j) 满足了分数阶系统中分数阶微积分的阶数递增的要求。

分数阶系统的另一种常用描述形式是在频域上的表示。频域上的模型称作传递函数。如下所示：

$$G_f(s) = \frac{Y(s)}{u(t)} = \frac{1}{a_n s^{\beta_n} + a_{n-1} s^{\beta_{n-1}} + \cdots + a_0 s^{\beta_0}} \tag{17.34}$$

分数阶系统的时域模型和频域模型是等价的，并且可以相互转化，下面定理验证了分数阶时域模型与频域模型的等价性。

定理 17.3 FRAC_ORDER_SYSTEM_TD_FD

|-0 < s ∧ (! i. 0 < a i) ∧ U s <> 0 ∧ (LAPLACE s u t = U s) ∧ (LAPLACE s y t = Y s) ∧ FRAC_LAPLACE ∧ FRAC_ORDER_SYSTEM ==> (Y s / U s = 1 / sum (0，SUC n) (\i. a i * s rpow p i))

该定理证明了分数阶系统的时域模型经过拉普拉斯变换可以得到对应的传递函数。其中，LAPLACE s u t = U s 和 LAPLACE s y t = Y s 要求输入函数 $u(t)$ 和输出函数 $y(t)$ 必须满足拉普拉斯变换的条件，从而可以利用分数阶拉普拉斯变换的定义 FRAC_LAPLACE 推导出 $u(t)$ 和 $y(t)$，能进行分数阶拉普拉斯变换。在推导过程中需要 U(s) 和 sum (0，SUC n) (\i. a i * s rpow p i)) 做除数，于是它们必须满足不等于零的条件，U s <> 0 显然满足了 U(s) 不等于零，而 sum (0，SUC n) (\i. a i * s rpow p i)) 不等于零，可由 0 < s 和 ! i. 0 < a i 推导得出。在这些条件下可以推出分数阶系统 FRAC_ORDER_SYSTEM 拥有对应的传递函数，可表示为 1 / sum (0，SUC n) (\i. a i * s rpow p i)。

下面形式化分数阶闭环控制系统。其对应的数学模型如下：

$$G_S(s) = \frac{G_f(s) G_c(s)}{1 + G_f(s) G_c(s)} \tag{17.35}$$

分数阶闭环控制系统对应的高阶逻辑模型如下所示。

定义 17.13　分数阶闭环控制系统

|- ! a p n Lambda Mu K_P K_I K_D s.G_s a p n Lambda Mu K_P K_I K_D s =G_f a p s n * G_c Lambda Mu K_P K_I K_D s / (1 + G_f a p s n * G_c Lambda Mu K_P K_I K_D s)

定义中分别用 G_f、G_c、G_s 表示分数阶被控对象的传递函数、分数阶 PID 的传递函数和分数阶闭环系统的传递函数，并且 G_s 是通过 G_f 和 G_c 得到。为了方便应用，对分数阶的定义进行了一般化。在 HOL4 中的形式化如下。

定理 17.4　FRAC_ORDER_CLOSED_LOOP_SYSTEM_TRANSFER_GENERAL

|- ! n a s p K_P K_D K_I Lambda Mu. 0 < s ∧ (! i. 0 < a i) ∧ u_t Lambda Mu K_P K_I K_D e t t <> 0 ==> (G_s a p n Lambda Mu K_P K_I K_D s = (K_D * s rpow (Lambda + Mu) + K_P * s rpow Lambda + K_I) / (sum (0，SUC n) (\i. a i * s rpow (p i + Lambda)) + K_D * s rpow (Lambda + Mu) + K_P * s rpow Lambda + K_I))

其中，Lambda、Mu 分别是积分和微分的阶数；K_P、K_I、K_D 分别是比例增益、积分系数和微分系数；s 是该传递函数的变量。定理的证明需要通过 s>0 和 (! i. 0 < a i) 这两个前提条件得出 sum (0，SUC n) (\i. a i * s rpow p i) 不等于零，然后根据 s rpow Lambda 始终大于零推出 s rpow Lambda * sum (0，SUC n) (\i. a i * s rpow p i) 不等于零，再加上控制器的传递函数 u_t Lambda Mu K_P K_I K_D e t t 不等于零可推出 (1 + 1 / sum (0，SUC n) (\i. a i * s rpow p i) * (K_P + K_I * s rpow -Lambda + K_D * s rpow Mu)) 不为零，这些式子不为零满足了分母不等于零的条件，从而根据 HOL4 中相关定理推导得出

$$G_S(s) == \frac{K_D s^{\lambda+\mu} + K_P s^{\lambda} + K_I}{\displaystyle\sum_{i=0}^{n} a_i s^{\beta_i+\lambda} + K_D s^{\lambda+\mu} + K_P s^{\lambda} + K_I} \tag{17.36}$$

成立。

一些数学运算在我们看来非常简单，但在 HOL4 中必须依照高阶逻辑，并利用已有的定理去推导，于是在推导过程中需要把等式变成 HOL4 中已有定理的形式，去重写定理。使子目标转化为已有定理的形式是一件比较复杂的事情，因为它们需要同时满足 HOL4 的形式结构，这也体现了 HOL4 的严谨性。寻找与已有定理的相同形式也就是寻找两式之间的等价变换式，并且使该等价变换式符合已有定理的形式。例如，前文的除法运算，必须明确写出或证明出分母不等于零，如果没有该前提，使用 HOL4 定理库中除法相关定理重写时无法得到结果。

17.7.3　位置伺服系统的形式化

位置伺服系统在控制系统中的主要作用是跟踪上位系统或控制装置发出的位置指令信号，并把指令信号作为反馈信号发送给控制器，由控制器控制系统做出运动，同时保证运动的准确性。为了精确控制运动，许多研究者把分数阶 PID 控制器引入到位置伺服系统中，利用它的精确控制功能满足位置伺服系统的需要。针对 7.1 节中的位置伺服系统，及其设计的分数阶 PID 控制器为

$$G_c(s) = 61.57 + \frac{91.95}{s^{0.5}} + 2.33 s^{0.6} \tag{17.37}$$

这里用定理证明的方法验证分数阶控制系统的稳定性。

由系统传递函数和分数阶 PID 控制器的传递函数可推出在分数阶控制器控制下位置伺服系统的闭环传递函数：

$$G_s(s) = \frac{2.33s^{1.1} + 61.57s^{0.5} + 91.95}{0.38s^{4.5} + 4.31s^{3.5} + 26.08s^{2.5} + 203.32s^{1.5} - 1.97s^{0.5} + 2.33s^{1.1} + 61.57s^{0.5} + 91.95}$$

$$(17.38)$$

分数阶系统的时域模型和频域模型是等价的，可以通过拉普拉斯变换进行相互转化。通过分数阶拉普拉斯逆变换把闭环传递函数转为时域上的模型：

$$y(t) = \frac{2.33D^{1.1}f(t) + 61.57D^{0.5}f(t) + 91.95}{\begin{array}{c}0.38D^{4.5}f(t) + 4.31D^{3.5}f(t) + 26.08D^{2.5}f(t) + 203.32D^{1.5}f(t)\\ -1.97D^{0.5}f(t) + 2.33D^{1.1}f(t) + 61.57D^{0.5}f(t) + 91.95\end{array}}$$

$$(17.39)$$

这里用形式化的方法验证系统的稳态输出，验证了在输入为单位阶跃响应时分数阶控制系统的稳态输出。单位阶跃信号是指当 $t<0$ 时，信号量恒为 0；当 $t>0$ 时，信号量恒为 1。它是一种理想化的信号模型，因为在现实中，信号是连续的，不会在 0 点出现突然增加。建立这种理想模型，可以简化正在分析的问题，抓住主要因素分析系统，把焦点聚集在研究问题上。很多研究都是基于单位阶跃响应进行分析的，从而保证基于单位阶跃响应的研究的正确性是必要的。这里采用定理证明的方法验证单位阶跃响应下分数阶控制系统的稳态。首先要在高阶逻辑定理证明器中建立单位阶跃响应的形式化模型。在 HOL4 中的定义如下。

定义 17.14　单位阶跃响应

|- ! x. unit x = if 0 < x then 1 else 0

具有了单位阶跃响应的高阶逻辑形式化模型后，还需要分数阶微积分的一些基础定理，其中需要形式化一个积分函数为某一个常数的分数阶微积分，它的结果返回零。对其建立的高阶逻辑模型如下。

定义 17.15　常数的分数阶微分

|- FRAC_CAL_CONST <=> ! v t c. 0 < v ∧ (frac_cal (\t. c) v 0 t t = 0)

根据建立的高阶逻辑模型，验证分数阶位置伺服控制系统能够得到稳态值。在分数阶位置伺服控制系统时域模型的基础上，建立高阶逻辑的形式化模型并验证。

定理 17.5　单位阶跃响应下的位置伺服系统

|- ? t.0<t ∧ FRAC_CAL_CONST ==> ((2.33 * frac_cal (\t. unit t) 1.1 0 t t +61.57 * frac_cal (\t. unit t) 0.5 0 t t + 91.95) / (0.38 * frac_cal (\t. unit t) 4.5 0 t t +4.31 * frac_cal (\t. unit t) 3.5 0 t t +26.08 * frac_cal (\t. unit t) 2.5 0 t t +203.32 * frac_cal (\t. unit t) 1.5 0 t t -1.97 * frac_cal (\t. unit t) 0.5 0 t t +2.33 * frac_cal (\t. unit t) 1.1 0 t t +61.57 * frac_cal (\t. unit t) 0.5 0 t t + 91.95) =1)

定理中"?"代表逻辑中的存在，即存在一个时间使位置伺服系统达到稳态。这里稳态是指该控制系统输入是单位阶跃响应的情况下输出总是可以达到 1。其中，frac_cal 是分数阶微积分 GL 定义的高阶逻辑形式化。

单位阶跃响应在大于零的时刻才等于常数 1，根据常数的分数阶微积分可得到单位阶跃响应的分数阶微积分等于零。在零时刻单位阶跃响应处于跳跃状态，此处不连续，无法得到分数阶微积分，可以看出在 $t-jh$ 大于零的时刻单位阶跃响应才为常数，但是此时刻是存在的。因为求和函数的变量 j 的最大值为 t/h，那么 jh 小于等于 t，又因为定理中给出前提条件 $0 < t$，故 $t-jh$ 大于零。于是得出分数阶微积分的函数体 $\text{unit}(t-jh)$ 为常数 1，可得 ${}_{0}D_{t}^{\alpha}\text{unit}(t)$ 为零。最后可推出定理成立。也就是说，分数阶位置伺服控制系统可以达到稳态输出。该控制系统稳态性的验证说明了位置伺服系统在分数阶 PID 控制器下是稳定有效的。

参 考 文 献

[1] Meral F C, Royston T J, Magin R. Fractional calculus in viscoelasticity: An experimental study[J]. Communications in Nonlinear Science and Numerical Simulation, 2010, 15(4): 939-945.

[2] Ferreira N M F, Machado J A T, Tar J K. Fractional control of two cooperating manipulators[C]. IEEE International Conference on Computational Cybernetics, 2008: 27-32.

[3] Wen S, Chen X, Zhao Y, et al. The study of fractional order controller with SLAM in the humanoid robot[J]. Advances in Mathematical Physics, 2014, 2014(4): 57-66.